2012 한국건축설계교수회
창립 10주년 기념
초대작품집

# Strangely Familiar

## 낯설게 익숙한

# 한국건축설계교수회 창립 10주년을 맞이하며

2002년 4월 13일 대한건축학회 강당에서 "건축설계교수협의회"라는 명칭으로 "한국건축설계교수회" 창립총회가 열린지 벌써 10년이라는 시간이 흘렀습니다. 10년이라는 짧은 시간 동안에 명실공히 교수건축가들의 리더 그룹으로서 성장할 수 있었던 것은 회원 교수 여러분들 스스로의 왕성한 활동은 물론 매년 초대작가전에 적극적인 참여의 덕분이라 생각합니다. 특히 10년의 시간이 흐르는 동안 이정만 초대회장님을 비롯한 3명의 명예회장들과 임원들의 노고에 회원을 대표하여 다시 한 번 깊은 감사를 드립니다.

이제 10년을 뒤로하고 앞으로 10년을 바라보며 힘차게 교수회를 이끌어 갈 새로운 회장단은 건축교육에 참여하는 설계교수들의 교육, 실무 및 관련 연구 활동을 지원하고, 회원 상호간의 친목과 협력을 도모함으로써 건축문화 창달에 기여함을 목적으로 창립된 설계교수회의 정체성을 보다 굳건히 하며 학문 간의 소통을 통한 열린 학회를 만들어 갈 것입니다. 한국건축설계교수회는 앞으로 학문적, 직업적, 제도적 기틀을 재구축하기 위해 건축 관련 단체와 협력을 강화할 것이며, 역점 사업으로 추진해 온 초대작가전이 보다 역동적이고 현실감 있는 기획전이 되도록 노력할 것입니다. 또한 작년부터 시작한 건축신인전이 교수와 학생 간의 소통의 장으로써 자리매김하게 만들 것이며, 특히 올해 창립 10주년을 기념하여 "아시아 건축신인전"이라는 국제적인 전시회를 서울에서 개최할 예정입니다. 다시 한 번 한국건축설계교수회가 설계교육의 영역을 뛰어 넘어 건축계를 리드하는 선도적인 단체로서 더욱 발전 할 수 있도록 지속적인 참여와 깊은 관심을 부탁드립니다.

2012년 5월

(사)한국건축설계교수회 회장 이영수

# 한국건축설계교수회 10년을 돌아보며

초대작품전과 콜로키움, 연구세미나를 통해서 아이디어와 비전을 나누고 더 좋은 우리나라 건축설계교육을 위해 같이 노력해 온 10년을 돌아볼 때, 그 과정에 공감하고 위로하며 동행해 온 모든 동료들의 헌신을 기억하면서 우리 앞에 새롭게 주어진 10년을 향한 도전을 기대합니다. 항상 건축계의 미래형 중심세력이자 핵심집단임을 인식하고 구성원들이 서로를 향한 자부심과 기대감을 갖고 열심히 노력해 온 설계교수회의 모든 인물들을 즐겁게 추억하고 또한 대두되는 새로운 인재들이 펼쳐갈 앞으로의 시대를 기쁨 속에 상상합니다.

21세기가 시작되며 건축설계와 교육의 발전을 위한 공동노력의 필요성을 공감하고 있던 설계이론연구회의 회원들과 청주대 이재헌, 홍익대 김형우, 인하대 동정근, 건국대학원 이정근 교수 등의 공감대에 의해서 설계와 교육이라는 선망되는 두 전문영역을 동시에 감당해야 하는 설계교수들의 정체성 확립과 권익보호를 위한 전문가집단으로 결성하게 되었고, 건축전문계와 건축학계를 향한 발언권의 유지, 설계교수의 인력풀 조성, 새로운 교육방향 협의 및 검증 등의 역할을 감당 해왔습니다. 건축학회장 정재철, 김진균, 심우갑 교수들의 동의 또는 지원이 도움이 되었고 성균관대 임창복, 단국대 정무웅, 전북대 박찬규, 인하대 원정수 교수의 후원이 힘이 되었습니다. 특정 분야 교수들의 집단행동에 대해서 우려의 눈길도 있었으나 차분하게 좋은 뜻을 펼쳐가는 가운데 정체감을 확립해 감으로써 주변의 인정을 받을 수 있었다고 생각하고, 이제는 건축분야의 통합세력으로 인근 분야의 전문가와 교수들을 폭넓게 포함하는 노력이 필요하다고 생각합니다.

많은 설계교수들은 실무경험 후 늦게 학교로 진입해서 사회적 능력과 현실감각을 갖추었으나 교수생활에의 적응도가 낮고 학계에서의 입지와 발언권도 확립이 안 되어서 업적평가, 강의시수 등 교수직 초기의 제도적 과제들 때문에 힘들어 하고 있습니다. 설계교수회는 관련 자료축적과 정보교환의 장이 되어 도움을 주었고, 우리나라 건축교육의 전환기에 설계교육 내용과 교육담당자의 정체성 확립을 위한 노력으로 각 건축교육 프로그램에서 설계교수 인력확충의 계기를 제공하였습니다. 또한 건축 실무분야와의 관계정립을 위해 노력하고 제도권과의 공적 관계설정을 위해 재단법인으로 등록하였습니다.

이제 새로운 10년을 바라보면서 사회적인 존재와 역할이 확보된 한국건축설계교수회는 자신감을 갖고 관련 분야를 포용하고, 전문실무계와의 호혜관계를 수립하며, 대외적인 발언과 책임을 감당하여 우리나라 설계교육의 컨텐츠와 방법론을 선진화하는 리더쉽을 발휘할 때입니다. 회원들의 건투를 기대합니다.

2012년 5월

(사)한국건축설계교수회 명예회장 이정만

# 목차 CONTENTS

# A Cultural Project for Brussels Capital of Europe

Location: Brussels, Belgium
Site Area: 20.700㎡
Plaza: 11.300㎡
Gross Floor Area 38.200㎡
Size: Building Floors 5, Underground Floors 2
Height 30 m
Dimension: 200 m by 40 m

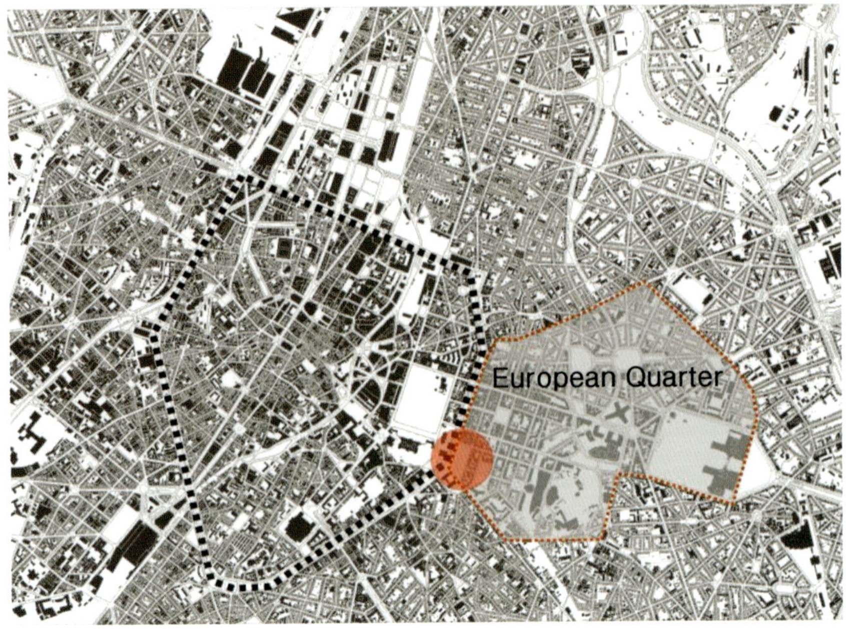


The European Culture is a difficult concept to grasp as Europe is a medley combination of different and well-established individual cultures. Thus Brussels as the Capital of Europe plays an important role in the representation of the European Culture and architecture is undoubtedly one of the answers.

The European Quarter in Brussels can be seen as the Mundaneum concept of Paul Otlet: an utopia for a world city of communication in which all the fact of knowledge come together in a global centre and then redistribute this knowledge to all places in the world. I used this concept of network in order to conceive a new type of public building capable to host different events from different places in Europe. It refers to a larger network of existing cultural institutions, promoting identity by exalting differences.
The aim is to give to the project the opportunity to initiate collaboration with and among European cities and citizens. In turn this work has the potential to establish the new Cultural Project as the initiator of the European ideas.

Thematic exhibitions, festivals, conferences and debate on the European questions will take place in the Performing Art Centre. Also everyday life activities are crucial. People can use the building as a meeting place, they can find spaces to work, create, rehears, represent themselves or their organization. Local cultural institutions as well as international artistic or cultural institutions can use the building in order to confront their ideas about Europe or to express or denounce new realities within Europe.
Thus the building exalts its public essence as a political stage, in which the public realm involves and symbolises activities important to citizenship and to the existence of a civic society.

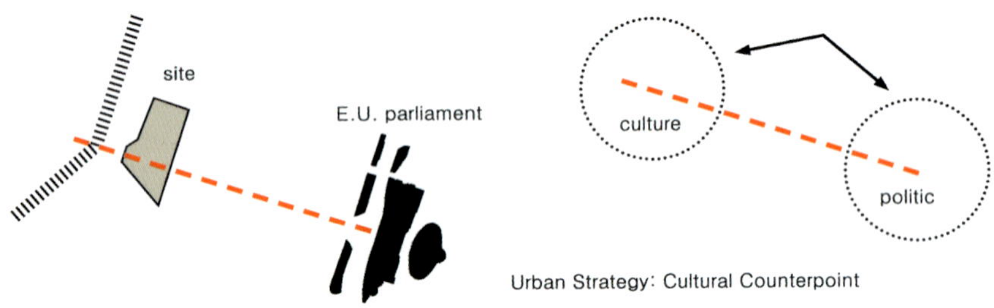


Urban Strategy: Cultural Counterpoint

**Dario Pedrabissi**

Korea University of Technology and Education – Department of Architectural Engineering – Assistant Professor

He received his Bachelor of Science in architecture from Florence University in Italy and his Master of Science in architecture and urbanism from the University of Technology, Delft, The Netherlands. As a designer he worked in architectural firms dedicated to large projects. As a self-employed he gained commissions in interior renovations and house extensions. He is currently researcher focused on architectural and urban design, and teacher of history of western architecture and design studios.

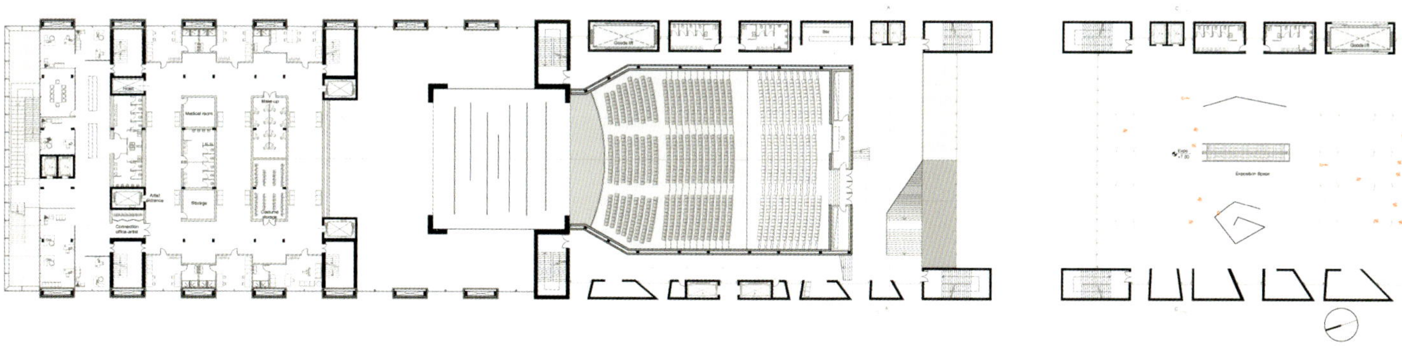

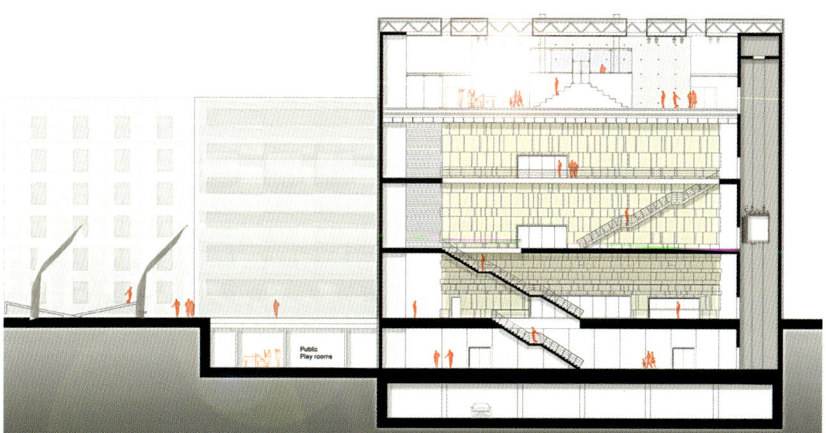


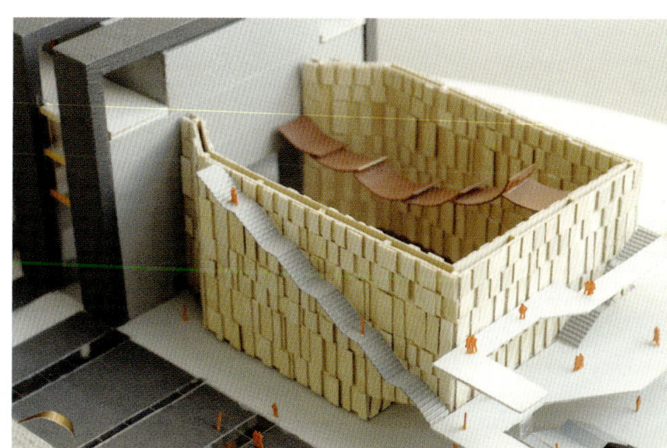

'S' 면 주민자치센터

# contacts visually, physically, and spacially

'낯설게 익숙한 (Strangely Familiar)' 이라는 주제는 공간에서 풀어질 것이다.
공간에서 공간으로 이어지고 유도되는 동선은 매우 낯선 레이어(layer)들의 돌출을 지나면서 익숙한 목적지로 다다른다.
설정된 높고 낮은 레이어들의 교차는 간접 접촉의 실험적 이야기를 해주게 될 것이다.
건축 프로그램은 매우 익숙한 사무업무와 휴식공간, 편의시설 들로 구성되어 있으나, 이 프로그램으로 유도되는 사용자들의 공간은 낯선 공간적 조직을 경험하게 된다.
그 공간적 조직은 시각적 접촉(visual contact, 물리적 접촉(physical contact), 공간적 접촉(spacial contact)을 수행하게 된다.

자연과 하나되고, 며의 주민들이 하나되는 커뮤니티의 장 - 정겨운 마을 만들기

## CONTACT, 접촉

Visual Contact : 마을안에서 앞산과 뒷산을 바라 볼수 있는 **시각적 소통**

Spacial Contact : 단절된 프로그램을 소통시켜 연계성을 확보하는 **공간적 소통**

Physical Contact : 보행동선, 광장, 조경, 페이빙 등 다양한 레이어를 통한 **물리적 소통**

**강대호 Kang deaho**
전주대학교 건축대학 교수

강대호 교수는 연세대학교 건축공학과 공학사, 공학석 · 박사 학위를 취득하고 독일 하노버대학박사 후 과정 (post-doc) (한국과학재단 지원),미국 애리조나 주립대학 건축대학 (School of Architecture, Arizona State University, AZ, U.S.A) 교환교수 등을 거쳐, 현재 전주 대학교 건축학과 교수로재직 하고 있으며 (주)대미건축과 협력작업을 하고 있다.

**민윤기 Min yoonki**
(주)건축사사무소 신도시21 대표

민윤기 대표는 연세대학교 공과대학 건축공학과를 졸업하고 (주) 대우, 종합건축사사무소 일건에서 근무하였음. 종합건축사사무소 신도시 건축을 설립하였고, 현재 (주)건축사사무소 신도시21 대표이사이며 전주대학교 건축학과 견임교수로 재직하고 있음

## 배치조닝

1. 메인 프로그램  2. 비쥬얼 컨택  3. 소프트 스페이스  4. 관입  5. 외부공간  6. 페이빙  7. 레이어

## 배치도

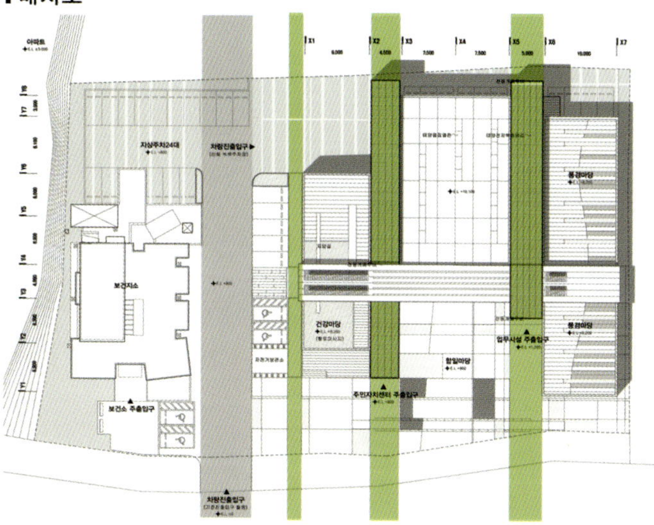

## 지상 1층 평면도

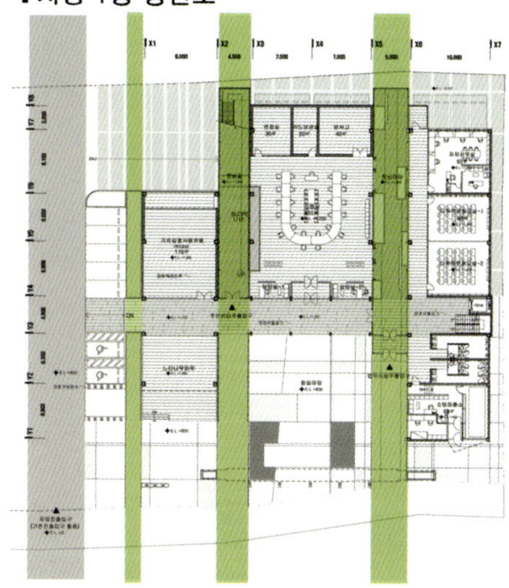

## 지상 2층 평면도

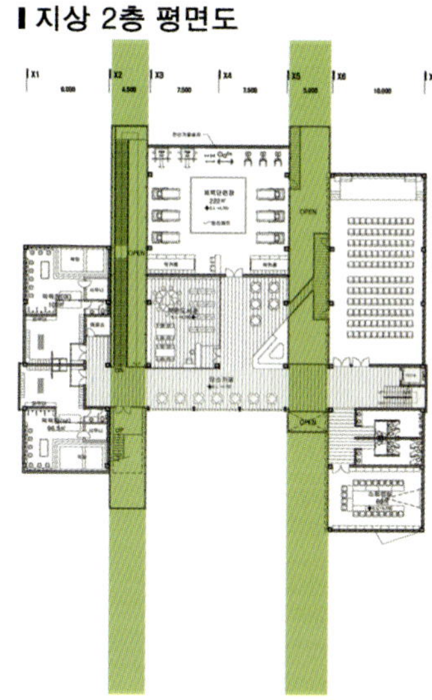

## 계획의 주안점

· 보건소와 연계성 확보
- 통합된 전면광장계획 (보행가로에서의 연속성)
- 보건소 주차장과 통합활용 (법정220% 주차확보)

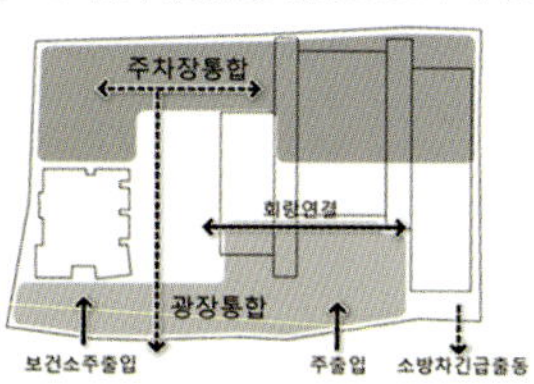


· 일조시간 시뮬레이션
- 남측 고층건물(아파트)을 고려한 일조시간검토 Social, Passive Tuve를 이용한 자연채광 확보

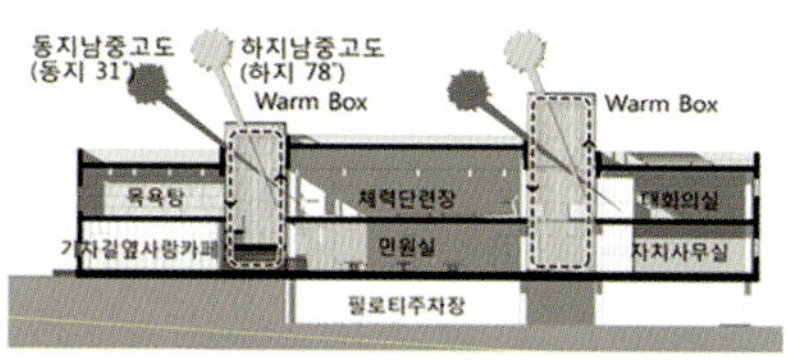


## 햇님마당, 햇님길을 통한 에너지절약계획

· Hybrid Heating

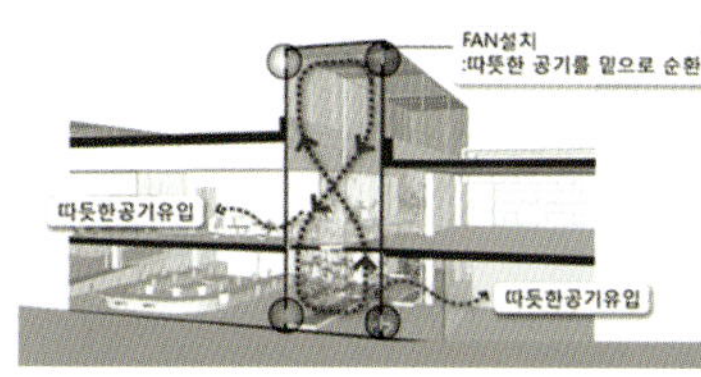


· Syphone Cooling

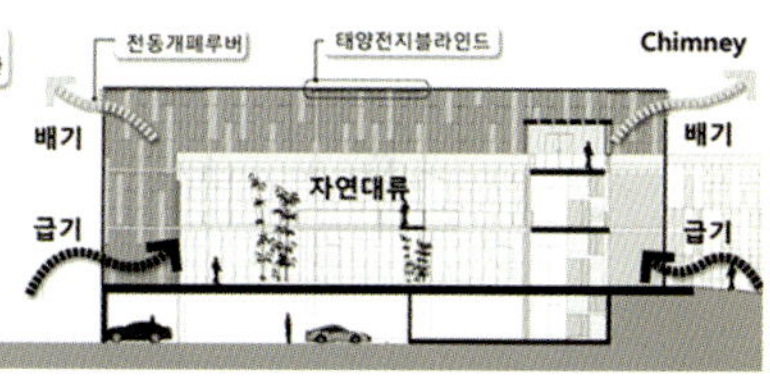

"담소카페"
햇님길과 햇님마당에서 들어오는 밝은 빛으로 주민들의 따뜻한 카페와 합일 광장이 한눈에 내려보이며, 주변 풍경을 감상하며 담소를 즐기는 공간

"햇님길"
친환경 Passive, Social Tube는 편의공간을 이용하는 주민들의 동선 공간으로, 1/12 완만한 경사로를 통해 상부 목욕탕, 카페, 체력단련장과 연결되는 친환경공간이다.

# 라이프찌히 초중고교 계획안

**현상설계** Pablo–Neruda–Grundschule und Anton–Philipp–Reclam–Gymnasium
**공모주관** Municiaplity of Leipzig, Germany
**건축설계** Rapp+Rapp, Rotterdam

본 계획안은 독일 라이프찌히 초중고교 현상공모 제출안으로 도심에 위치한 기존 중고교(Gymnasium)에 대한 리노베이션과 초등학교와 방과후 학교 그리고 실내체육관을 증축하는 프로젝트이다. 프로젝트에서 중요하게 다루어진 것은 도시에서 읽혀지는 흐름(통학 및 커뮤니티 연계동선)에 대해 건축이 대응하는 방식에 관한 것이다. 기존건물이 지닌 직각체계안에서 도시적 흐름을 건축의 내외부공간에 연속적으로 받아들임으로 새로운 질서를 만들어 내는 것이다. 이러한 과정에서 기존 건물의 활용은 디자인 프로세스 상에서 새롭게 만들어진 낯선 건축환경에 대해 친숙함을 전달해 주는 기반으로 작동 되었다.

Construction Phases

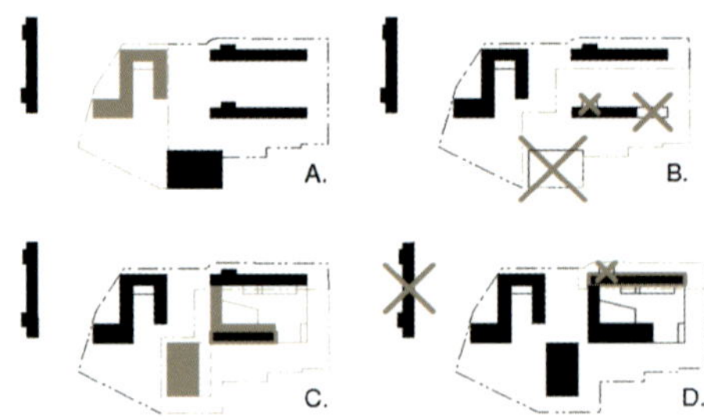


Design Process

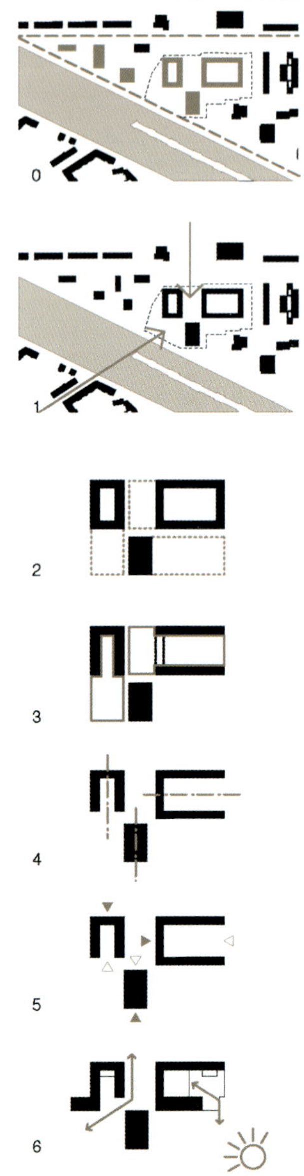


Site Analysis

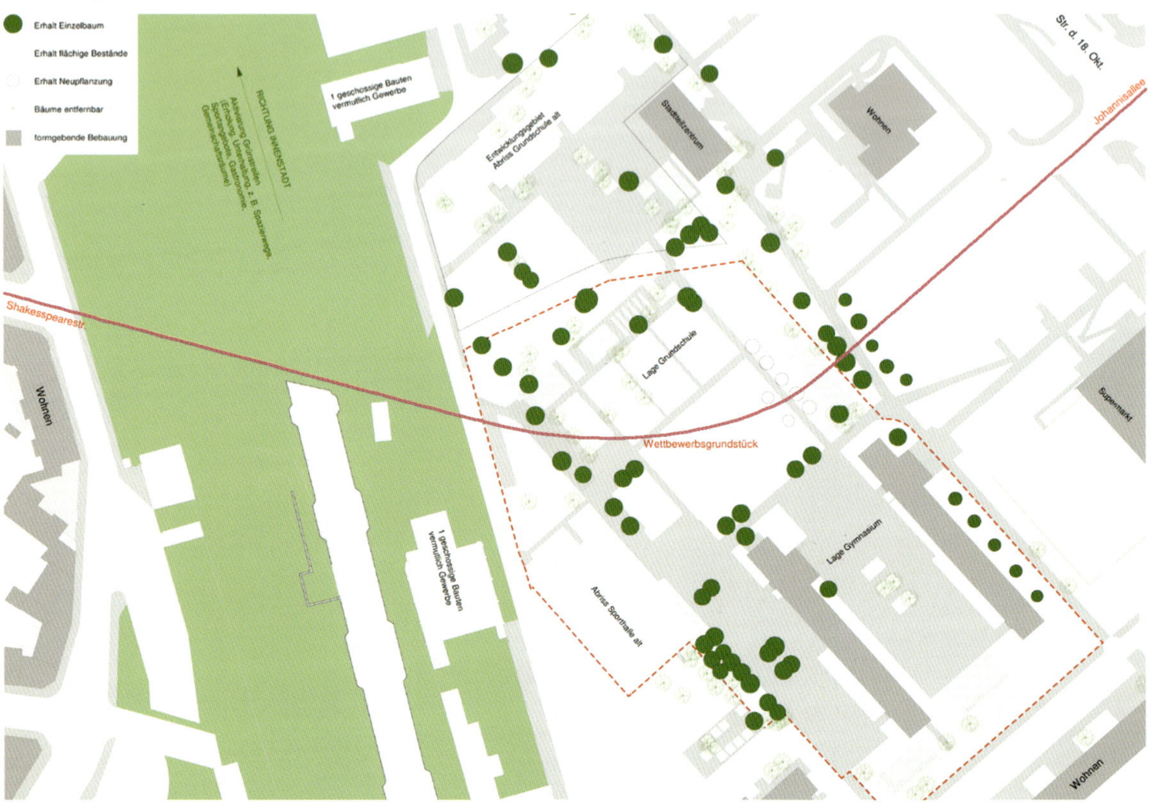

**강혁진 Kang Hyuk-Jin**
한국교통대학교 건축학과 전임강사

인하대학교 건축공학과 학사 및 동 대학원 건축학과 석사이며, 원도시건축과 삼우설계에서의 실무 후 네덜란드 아인트호벤공과대학에서 건축학석사를 취득하였다. 한국 및 네덜란드 건축사이며 네덜란드 로테르담에 있는 Rapp+Rapp에서 실무경험을 한 뒤, 귀국 후 삼우설계에서 근무하다 국립한국교통대학교 건축학과 교수로 임용되었다. 건축설계, 단지계획 및 도시설계를 담당하고 있으며 촉각적 혹은 장소적 건축 및 도시에 관심을 갖고 있다.

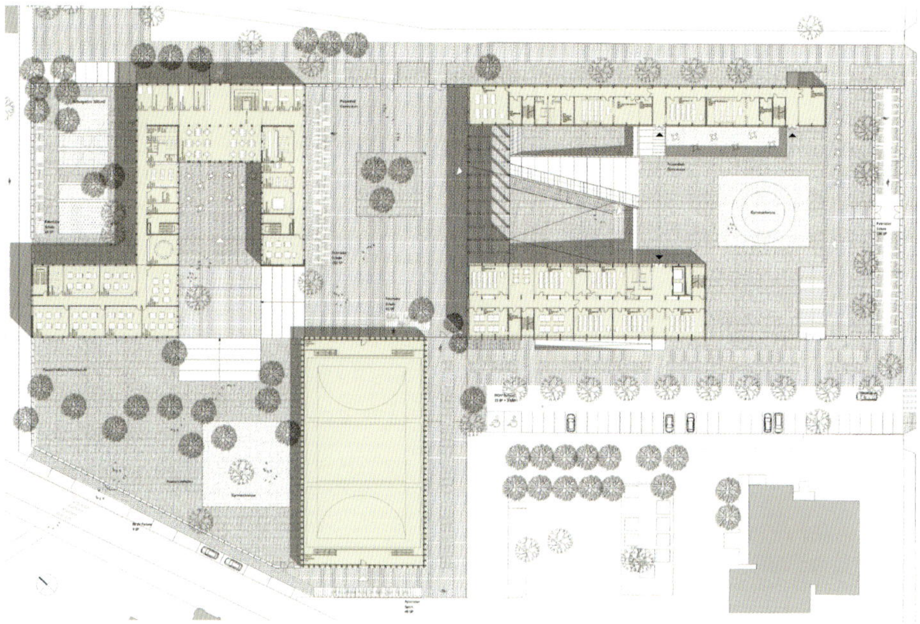

Ground Floor Plan

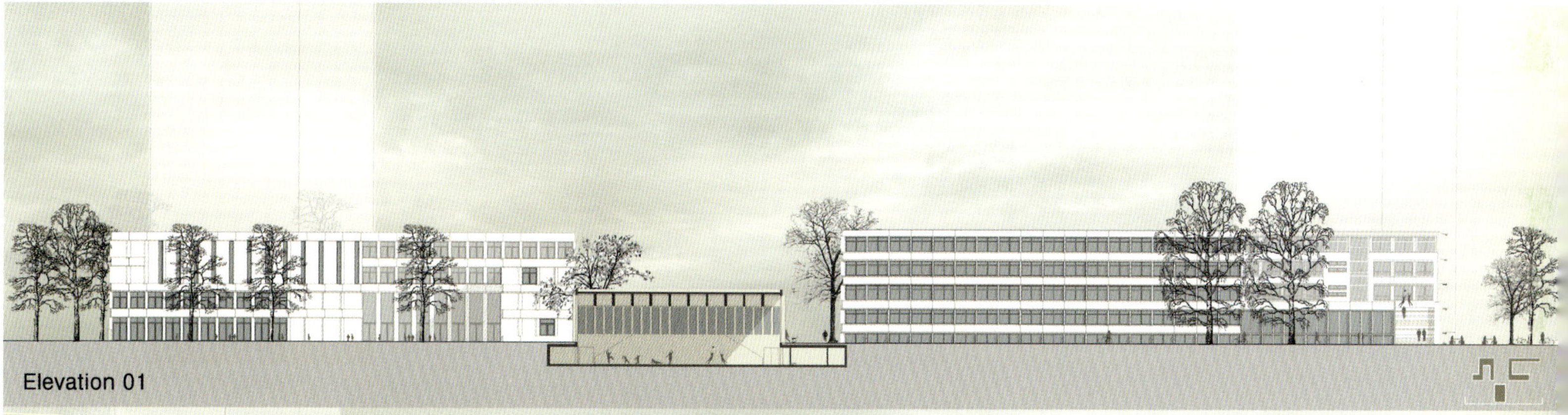

Elevation 01

Elevation 02

The Pilgrimage Visitor Center of Sabong Holy Place

# 사봉성지 순례 방문자센터 · 경당

## 사봉성지 개요

**대지 위치** : 경상남도 진주시 사봉면 무촌리 987-1 일원
**대지 면적** : 33,000㎡ (약 10,000평)
**기존시설물** : 순교자 묘역, 사봉공소, 순교자 기념비 십자가의 길, 대형 십자가, 장승, 성모상, 주차장, 예수성심상
**계획시설물** : 순교자 기념성당, 순교자 기념탑, 순례자 방문센터,야외 미사공간, 순례자 쉼터, 청소년 수련장, 기타 관리시설
**주요마감재** : 경당 - 벽 / 시멘트벽돌 위 흰색 수성페인트, 지붕 / 징크판 접기
사제관, 부속시설 - 벽 / 삼나무 외장, 지붕 / 아스팔트 슁글

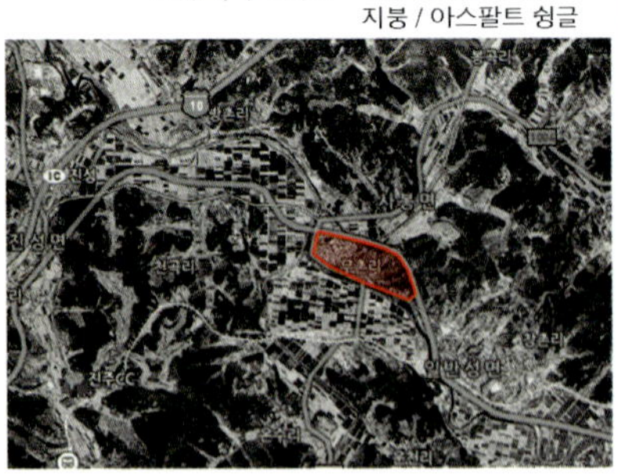

## 순교자 정찬문鄭燦文 안토니오

경상도 진주 허유고개 중촌(현 경남 진주시 사봉면 중촌리)의 양반 집안에서 정온 선생의 후예로 태어난 정찬문鄭燦文 안토니오(1822-1866)는 먼저 영세 입교한 아내의 권면으로 1863년 41세 때 입교하였다.

병인박해가 일어난 1866년 가을 체포되어 진주로 끌려간 정찬문 안토니오는, 25일 동안 옥에 갇혀 거듭되는 혹독한 문초를 받았으나 끝내 배교하지 않았다. 어느 날 안토니오는옥에서 끌려나와 무수히 매를 맞게 되었으나 그는 결코 신앙을 버리지 않았다. 다시 투옥된 그날 밤 숨을 거두어 진주지방 첫 순교자가 되었다. 이 때가 1867년 1월 25일(음력 1866년 12월 30일)로 그의 나이 45세였다. 정 안토니오가 순교한 뒤 시신은 3일 동안 옥에 버려져 있었다. 이후 그의 조카들이 시신을 거두어 고향 인근에 장사 지냈는데, 그때까지도 그의 몸이 굳지 않고 얼굴에 화색이 있어 산 사람 같았다고 한다.

현재 정찬문 안토니오는 '하느님의 종'으로 선정되어 시복 시성을 앞두고 있다.

## 허유고개 무두묘無頭墓 성지 개발

순교한 정 안토니오의 묘는, 살옥殺獄 되어 고복考覆과 연관된 시신이라 머리를 가져갈 수 없어, 머리 없이 몸만을 수습하여 매장하였기에 무두묘無頭墓 라고 알려지며 오랜 세월 방치되어왔다.

1946년 문산성당 서정도 베르나르도 신부가 이웃의 증언에 따라 발굴하여 1948년 약간 위쪽으로 이장하였고, 1975년 새로이 조성된 사봉공소의 순교자 묘역으로 옮겨 모셨으며 1978년 순교비를 건립하였다. 문산성당 설립 100주년을 기념하여 2005년 순교자 묘역에 새로운 사봉공소를 건립하였고, 이후 꾸준히 정찬문 안토니오 순교자 묘역이 있는 사봉공소의 성지를 개발하고 있다.

순교자 묘역

사봉공소

## 寺奉聖地 마스터플랜

**고성룡 koh seong lyong**
경상대학교 건축학과 정교수

**100년 넘게 경남의 가톨릭 중심이었던 진주 문산성당의 사봉성지는 1866년 병인박해 때 진주지역 최초의 순교자인 정찬문 안토니오의 묘소가 있는 경남의 대표적인 성지이다. 묘역과 사봉공소가 있는 언덕 아래 대지에 방문자센터를 계획하였다. 성지 순례의 사전 안내와 인근 신자들을 위해 경당을 중심에 두었다. 사제관과 부속 시설들은 수더분하게 삼나무로 외부 마감하였다. 다만 경당만은 방문센터의 초점이 되도록 시멘트벽돌 위 백색페인트로 도장하고 징크판 지붕을 얹었다. 경당 남쪽 외벽에는 야외에서 미사를 집전하도록 제단을 두었다. 경당 실내는 소성당과 다목적실을 두어 미사와 안내, 기념품의 전시와 판매 등의 활동을 담았다.** 건축적으로 강조되는 매싱이나 표현보다는, 센터방문 이후 전개되는 순례라는 종교적 체험이 극대화되도록 건축 표현을 자제하였다.

## 건축개요

**대지위치** 경상남도 진주시 사봉면 무촌리 1015, 1016, 462-1, 462-2
**대지면적** 1841.33 ㎡ (약 557평)
**건축면적** 367.75 ㎡ (약 111.24평)
**용적률** 19.91 %
**건폐율** 19.91 %
**주요시설** 경당 및 다목적실, 사제관, 화장실 및 세족장, 쉼터, 성모동굴, 순교자 기념비, 안내판, 안마당, 진입마당, 주차장

## 배치도

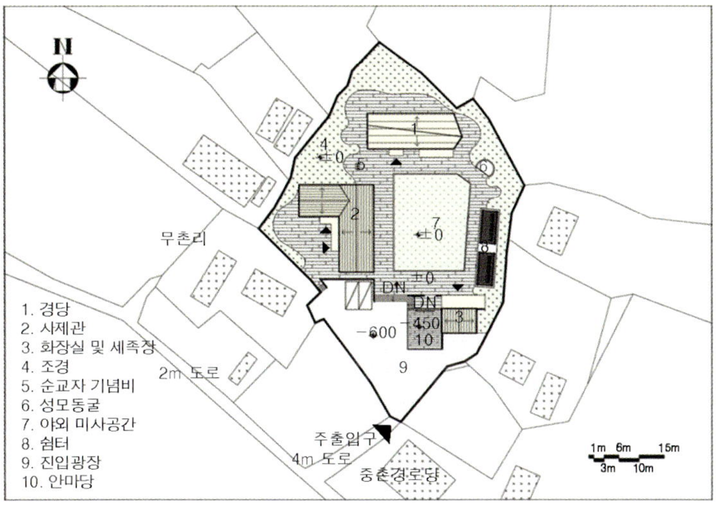

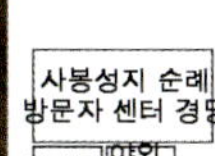


## 경당 평면

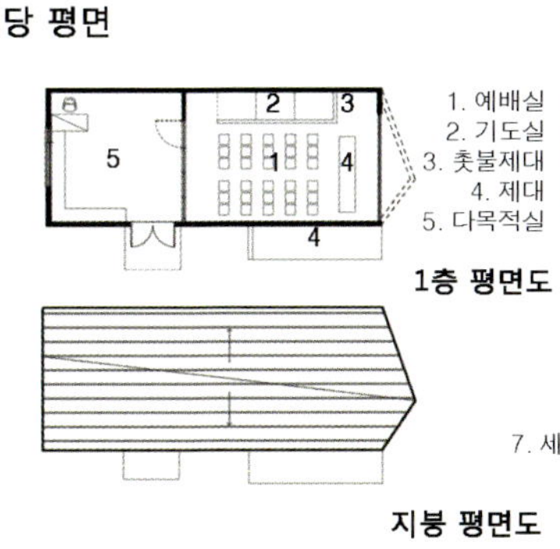


## 사제관 입면

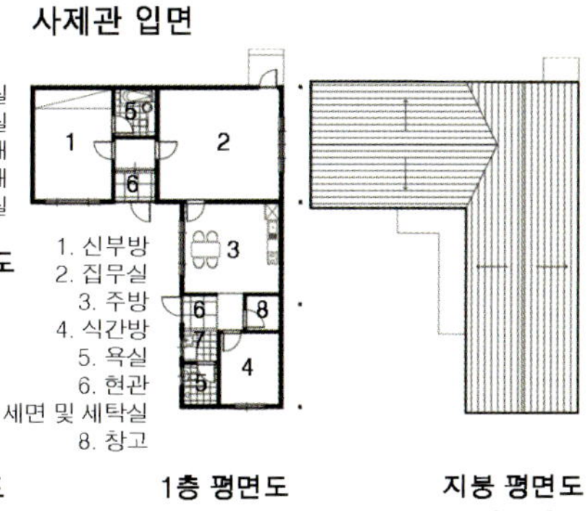


## 경당 입면

## 사제관 평면

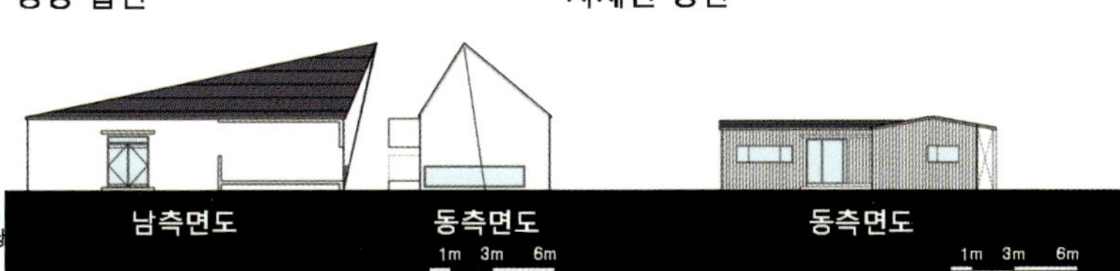

相生林 자연과 인간과의 상생

# Another Forest (숲속의 숲)

주소 : 강원도 정선군 고한읍 만항재 산상의화원내 바람길 정원
설계 : 곽대원 (Desing Guild 대표)
설계 기간 : 2011. 6 ~ 2011. 8
시공 : 수피아 건축
공사 기간 : 2011. 7 .1~ 2011. 7 .31

Address : Baram Gil Garden within the Flower Garden on a Mountain, Gohan-eub,Jungsun-gun, Gangwondo
Plan: Daewon Kwak (CEO, Design Guild)
Plan duration: 2011.6-2011.8
Construction: Supia Construction
Construction duration: 2011.7.1-2011.7.31

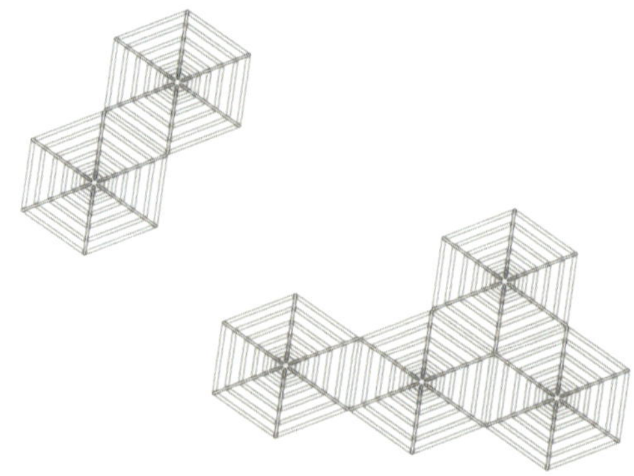

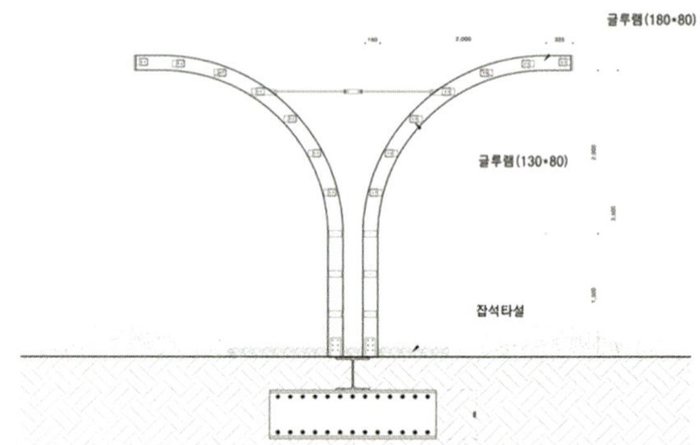


## 자연과 인간의 상생 (相生)

인간의 욕심이란 본디 끝이 없는지라, 하나를 가지면 또 다른 무언가를 요구할 수밖에 없는 것이다. 사람의 손길을 원하지 않는 자연의 숭고함을 간직한 만항재, 산상의 화원은 다시 한 번 인간의 교만과 자만이 자연을 훼손하고 파괴해서는 안 된다는 교훈을 마음깊이 되새겨 주고 있다. 또한, 이 상생의 교훈은 본 프로젝트의 시발점이자 종착점이 되었다.

Coexistence of Nature and Man

Man' s greed is insatiable, wanting another while already possessing the same. Manhangjae containing subiminal nature, which resents being touched by man gives the lesson that man' s pride and arrogance must not destroy or damage nature. This lesson on the harmonious coexistence of man and nature has become the starting and ending point of this project.

## Programmed Tree (second phase for 2012)

대자연과 인간의 행동방식과의 사이의 매개자(mediator)로서, 나무는 나무는 비단, 그늘을 제공하는 휴식의 공간이 아닌 다양한 프로그램을 제공한다.

As the mediator between mother nature and man' s activities, trees provide not only rest and shade but various programs as well.

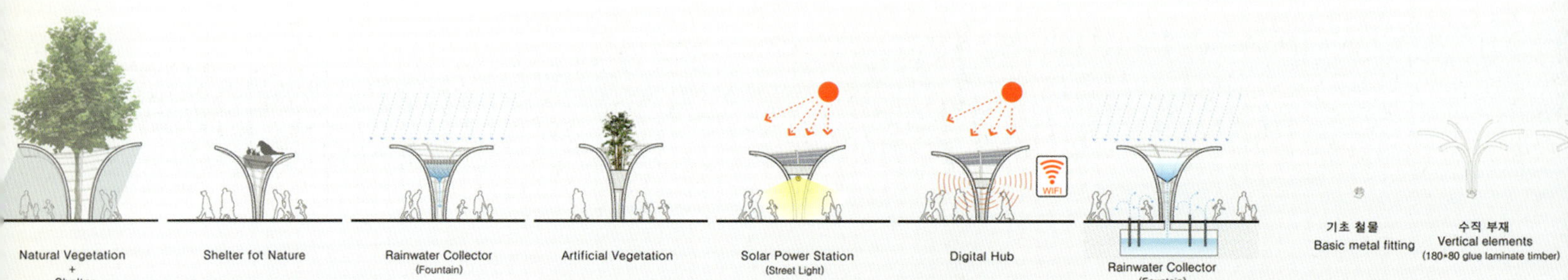

相生林
사람의 손길을 원치 않는 자연의 숭고함이 간직된 산상의 화원은 인간의 교만과 자만이 자연을 훼손하고 파손하여서는 안된다는 교훈을 마음깊이 새겨주고 있다. 이 교훈은 相生林의 시발점이자 종착점이 되었다. 상생림은 인간과 숲의 관계를 맺어주는 역할을 지향한다. 숲 속에 존재하며, 숲과는 다른 프로그램을 제공하며, 숲을 그 안에 담는다. 또한, 상생림은 인간을 담는 공간이라기 보다는 인간의 행위가 일어날수 있는 장소로서 존재한다.

Another Forest
Tentatively 'market tree' Deeply engraved in the flower garden of the mountain where subliminal nature, which resents being touched by man, has been preserved, is the lesson that man' s pride and arrogance must not destroy or damage nature. This lesson has become the starting and ending point of the project. Another Forest is oriented at performing the role of establishing the proper relationship between man and the forest. Existing within the woods, it provides a program that differs from the woods yet contains a forest within itself. Also, Another Forest is a place where human activities can occur, rather than being a space that captures humans.

**곽 대 원 Kwak, Daewon**
삼육대학교 건축대학 교수

국민대 건축대학 건축학과를 졸업하고, 네델란드로 건너가 Berlage Institute 에서 석사학위를 취득하였다. (Associate Design,Urban ecology–Phoenix / Arizona) 로테르담에 있는 MVRDV에서 근무 하였으며, (Smart city, 동대문 디자인 플라자) 런던에 있는 Acme에서director로 근무하였다. (Un memorial, 강북시립미술관, Isa town, Weilburg Terraces등 다수) 그러던 중 런던에서 Design Guild를 설립하여 2010년 귀국하여 그 작업을 이어오고 있다. Parametric software를 활용하여, 작업의 능률을 높이고, 새로운 디자인의 가능성을 실험하고 있으며, 또한 인테리어 디자인, 가구 디자인등 영역을 넘나들며 새로운 디자인을 시도하고 있다

터파기 Bed Excavation

버림 Con'c 및 철근배근 Con'c Dumping

기초 철물 설치 Installation of Basic Metal Fittings

중앙 구조 철물 Metal Fittings of the Central Struct

거푸집 설치 및 Con'c 타설 Con'c Placing

Con'c 타설 Con'c Placing

중앙구조철물 설치1 Installation of the Central Structure's Metal Fittings

중앙구조철물 설치-2 Installation of the Central Structure's Metal F

Con'c 양생 Con'c Curing

되메우기 Refilling

수평 부재 Horizontal-elements

수평 부재 조립-1 Horizontal-elements Assembly

글루램 공장제작-1 Glue Laminate Shop Fabrication

글루램 공장제작-2 Glue Laminate Shop Fabrication

수평 부재 조립-2 Installation of Vertical Infrastructure

부재 조립 전경 View of structural members Assemb

## Day & Night

낮 동안에 사람들은 숲 속에서 뜨거운 햇볕을 피해 피크닉을 즐기고 휴식을 취한다. 어둠이 내린 후 Another forest는 가로등 역할을 하며, 또 다른 activity 를 유발한다. 주간에는 휴식처로, 야간에는 숲 속의 또 다른 랜드마크적 명소로 활용도를 극대화 한다.

During the daytime, people hide from the sun in the forest as well as rest and hold picnics therein. After dusk, Another Forest plays the role of a street lamp and induces other activities. It thus maximizes its use as a resting place during the day and as another landmark of the forest during the night.

하나의 나무는 사람들에게 휴식(shelter)를 제공하는 공간(space)의 역할을 해왔다.개개의 나무가 모여, 숲을 이루고, 그 숲은 비로서 사람들의 행위(activity)를 당는 장소(place)가 된다.

A single tree has been performing the role of providing shelter to people.
Individual trees gather to create a forest, and the forest thus becomes a place that embraces people's activities.

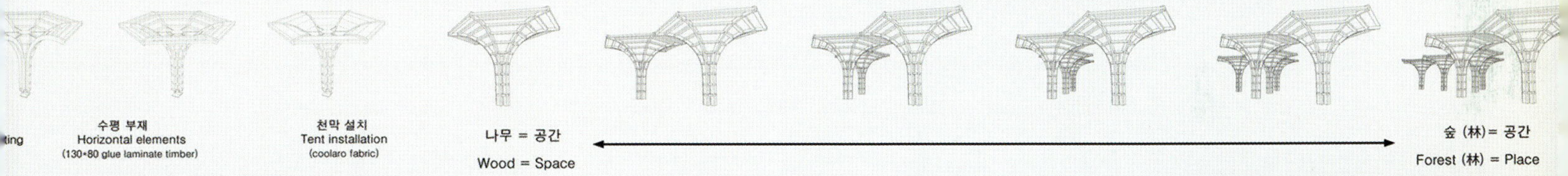

Cognitive Towers

# Urban Totem

우주의 정체, 대상의 실재를 확인하는 신념, 또는 아이디어

**인식의 탑**

끊임없이 반복되는 구축과 파괴, 그리고 재구축

인식의 탑-완성되지 않는 프로젝트 (Thank God!)

우주의 영원한 수수께끼

카메라 렌즈에 의해 선택된 이미지들-추상

본질의 도출, 그리고 재조합

**tower**-수직의 컨텍스트

다니엘 앙리 칸 와일러(Daniel-Henry Kahnweiler)의 초상(肖像)

파괴와 함축-의미의 재현

투시도로부터의 해방-폐쇄와 개방, 은폐와 폭로

**구영민 Koo, Young Min**
인하대학교 건축학부 교수

구영민 교수는 미국 뉴욕 프랫 인스티튜트(Pratt Institute)에서 건축학사, 코넬대(Cornell University)에서 건축석사학위를 취득하였다. 현재 국내 외에서도 실무를 진행하며, 페이퍼 아키텍처를 토대로 한 창작활동을 하고 있으며, 프랑스와 중국, 러시아 등지에서 초빙교수 및 교환 교수로 활동 중이다. 대표 작품집으로 'Poetics of Crack(s)', 'Machine in the Garden', 'Urban Pagoda' 등이 있으며, 2006년 UIA 공모전 제4지역(아시아/태평양) 대상을 수상하였다. 저서로는 〈틈의 다이얼로그〉, 〈Imageable Plateau〉, 〈Refuge_인천 건축가 30대의 꿈〉, 〈건축사이로〉, 〈인천재발견〉, 〈왜 다시 인천인가?〉, 〈여주 수녀원〉 등이 있다.

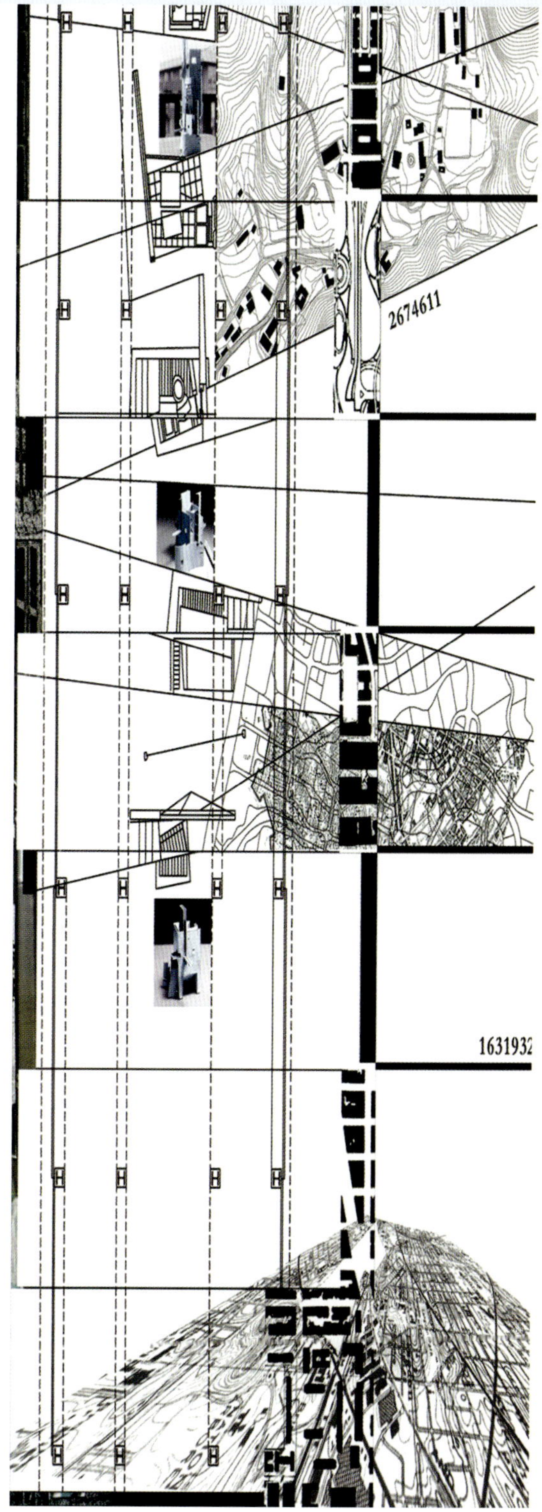


**토템**－또 다른 시간의 기호
기둥이나 지주에 기록된
**신화와 역사**의 편린들
그리고 토템의 상징들
선택된 이미지들의 일반화－분석
**재구성**의 단계를 밟아가는
**콜라주**의 원시적 과정

# LUMIERE: 안암동 원룸

**대지** 서울시 성북구 안암동 1가
**대지면적** 137.51㎡(41.59평)
**연면적** 272.16㎡(82.32평)
**건축면적** 75.15㎡(22.73평)
**용적율** 197.92%
**건폐율** 54.65%
**규모** 지상5층, 12세대
**주차** 4대

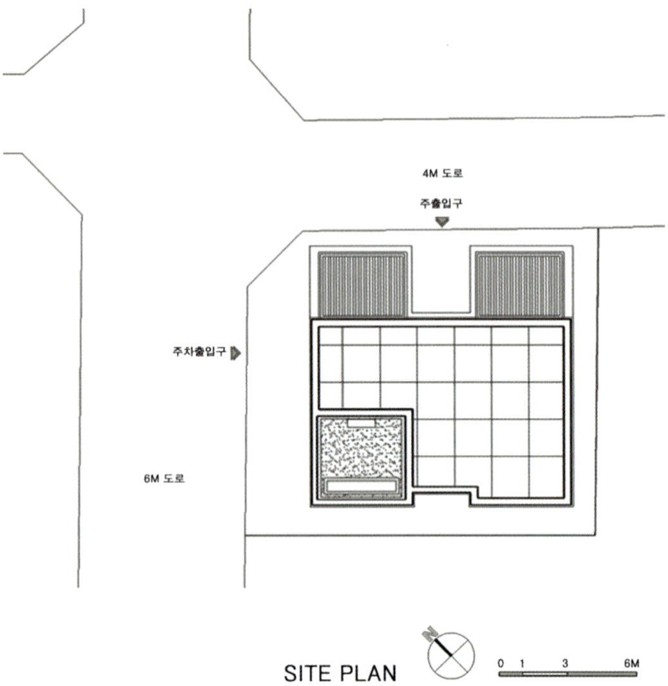


SITE PLAN

NORTH ELEVATION　WEST ELEVATION　EAST ELEVATION　SOUTH ELEVATION

**권 순 정 Kwon, Soonjung**
아주대학교 공과대학 건축학과 교수

안암동 원룸은 노후된 한옥이 듬성듬성 남아 있는 안암동 주택가에 직장인이나 학생들을 위한 최소한의 거주공간을 마련하는 것으로 시작되었다. 이미 주변의 낡은 한옥은 빠른 속도로 원룸으로 대체되어가고 있었다. 한옥들이 깔고 앉은 땅값에 비해 한옥의 경제적 생산성이 맞지 않았기 때문일 것이다. 대지 위치는 성신여대입구역(4호선), 보문역(6호선), 성신여대, 고려대 등으로부터 10여분 거리에 위치한다. 독신의 학생들이나 직장인들이 살기에는 비교적 편리한 대중교통 접근성을 가지고 있다. 한옥을 보존하고 싶었지만 너무 낡은 한옥이라 기술적으로 보존이 어려웠다. 그리고 내부의 공간이 살기에 불편했으며, 역사적으로 보존가치가 적은 것은 물론 경제적 생산성이 거의 없었기 때문에 기존의 낡은 한옥은 새로운 현대식 건물로 대체하지 않을 수 없었다.

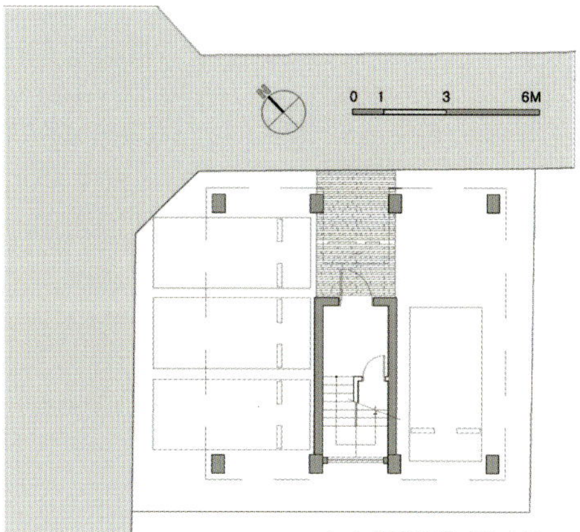


1st FlOOR PLAN

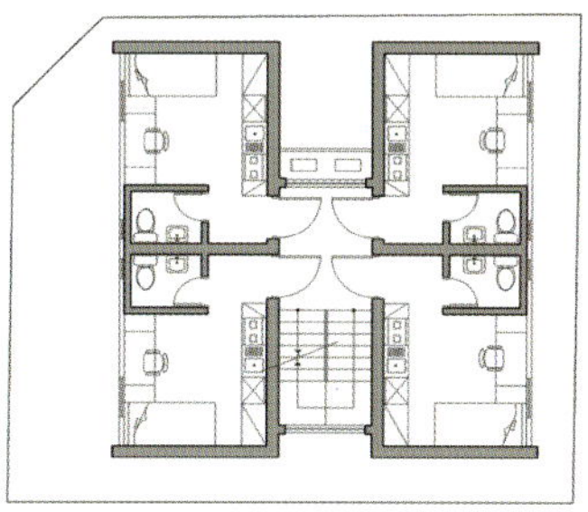

2nd FlOOR PLAN

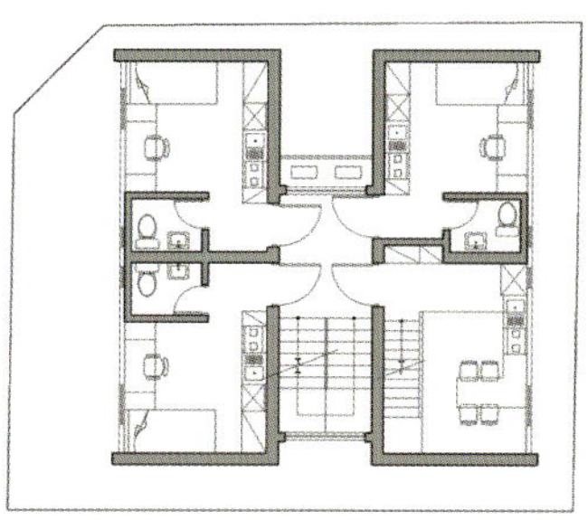

4th FlOOR PLAN

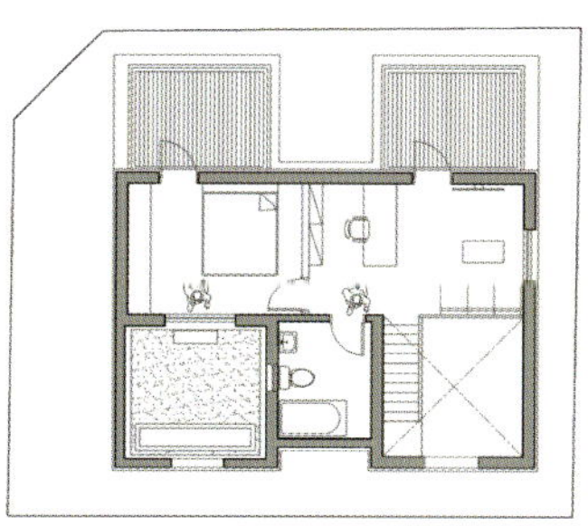

5th FlOOR PLAN

대지는 기껏해야 40평에 불과하였다.

도시적 맥락에서 기존의 낡은 한옥거리에 색동 칠을 하고 싶었다. 물론 현대식 몸뚱이에 색동옷을 입히는 "어색한 친근함" 이었다. 짙은 회색의 화강석 테두리에 색동 유리를 채워 건물의 외피를 구성하였다. 다만 상층부는 집주인이 기거하는 공간으로 친근한 거주성을 나타내고자 우드사이딩의 목재로 마감하였다.

공간적으로는 어떻게하면 경제적 생산성을 높이면서 거주의 편의성을 확보하는가가 과제였다. 최상층부는 주인이 살 수 있는 제법 넓은 면적을 할애하였고 저층부는 한세대의 면적이 화장실을 포함해 4평에도 미치지 못한다. 연면적 80평에 모두 12세대를 계획하였다.

이렇게 상충되고 서로 낯선 요소를 조합해 익숙하고 친근한 동네의 모습과 건축의 공간을 만들어내고자 하였다.

Busan Opera House Competition Entry

# OCEAN GROTTO of Reverberation

**대지** 부산
**대지면적** 34,938㎡
**연면적** 58,940㎡
**건축면적** 14,600㎡
**용적율** 168%
**건폐율** 42%
**규모** 지상11층, 지하3층

The proposed design provides the fluid cultural urban place on the sea for Pusan. Instead of landfill to create the land, the opera theater and the auditorium are lifted above sea level to create flexible water-landscape. The floating islands made of barges will transform the whole waterfront into ever changing flexible outdoor space for performing arts and cultural events.

Along with Taejong-dae, the rock-cliff of Pusan and its harbors, the ocean grotto will become the landmark and cultural urban center for the metropolis.

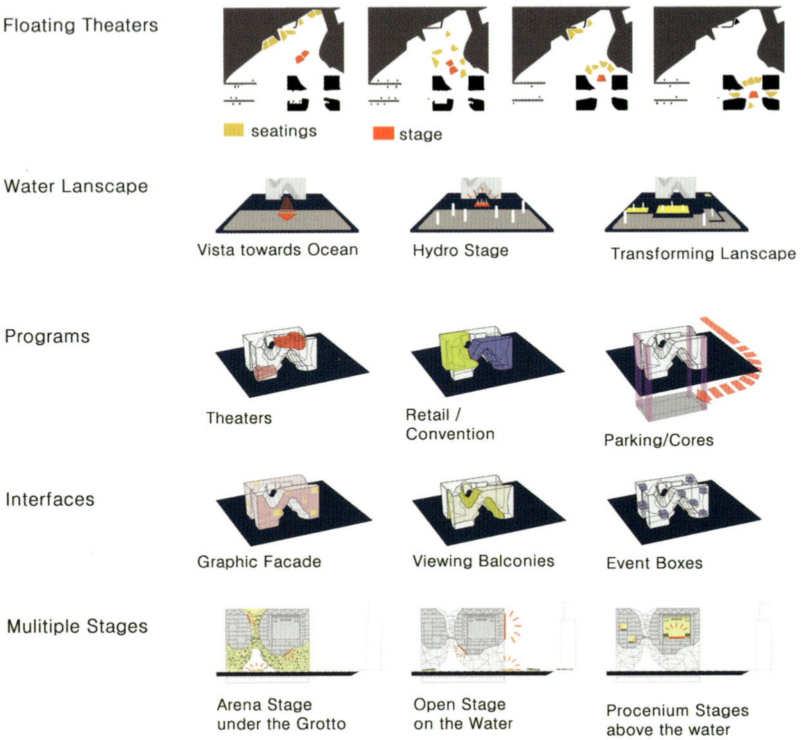

**김관수 Kwansoo Kim**
경희대학교 건축학과 부교수

연세대 건축공학과 및 Harvard University Graduate School of Design에서 각각 학부과정 및 건축학 석사 (M.Arch)과정을 졸업하였으며, 미국 뉴욕주 건축사로서 Polshek Partnership Architects, Curtis + Ginsberg Architects 및 (주)건축사 사무소 한울 건축 등에서 에서 실무 경력을 쌓았다. 2005년 부터 경희대학교 건축학과 교수로 재직 중이다.

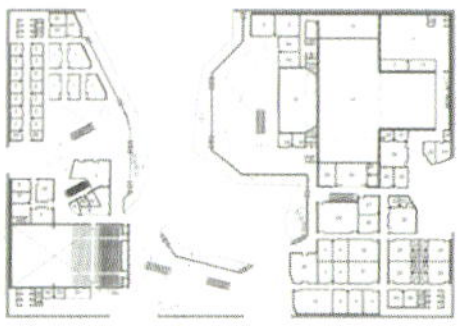

5th plan

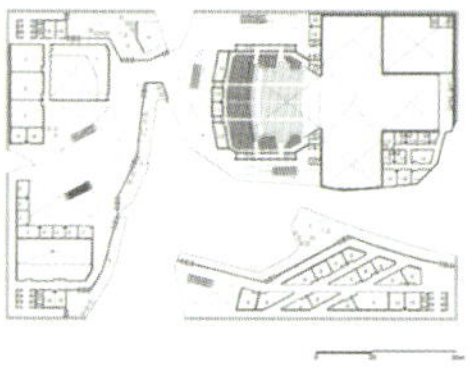

7th Plan

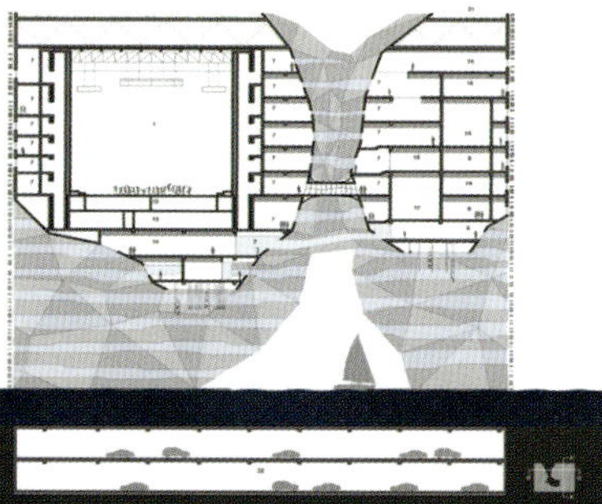

Cross Section

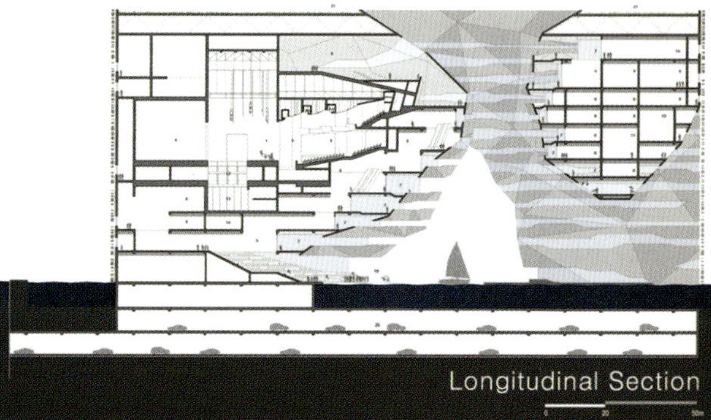

Longitudinal Section

## Moon Jar of the Sound
부산오페라하우스 국제현상설계 계획안

# Dalhangari

### Main Concept

We try to make architecture which creates place rather than occupy place.
We decide to float absolute pure line of Moon-jar over the ocean. Method of making Moon jar is overlapping two potteries of hemisphere shape together. We reversed this manufacturing process and separated Moon-jar into two hemispheres. One becomes ground level platform and the other becomes above ground platform on the sea. The white exterior of architecture will be covered by ceramic tile produced by traditional porcelain manufacturing techniques.

Another idea we came up with is applying the spatial ideas of Korea's traditional architecture into the opera house. We imagine providing ocean views in all directions to visitors of Busan Opera house on the ground as well as above ground like Gyeonghoeru. In order to achieve this, we placed most of main functions of the opera house in the platform 33m high. By lifting up the building we can free the ground level and make a plaza for people. Audience can enter the opera house through the escalator from the ground without stop. So people can experience the same architectural promenade as Gyeonghoeru

### Concept Diagram

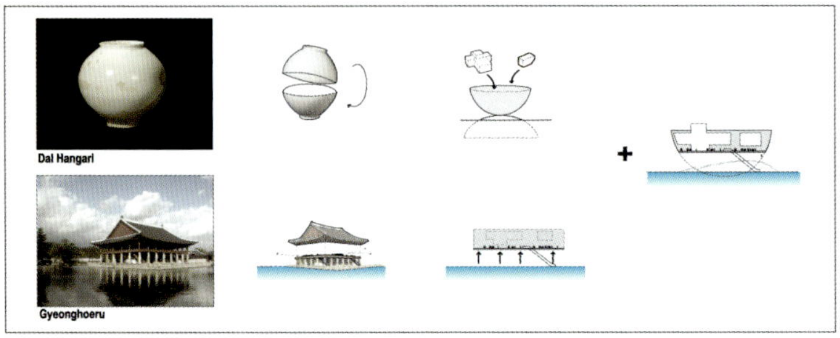


### Space distribution Diagram

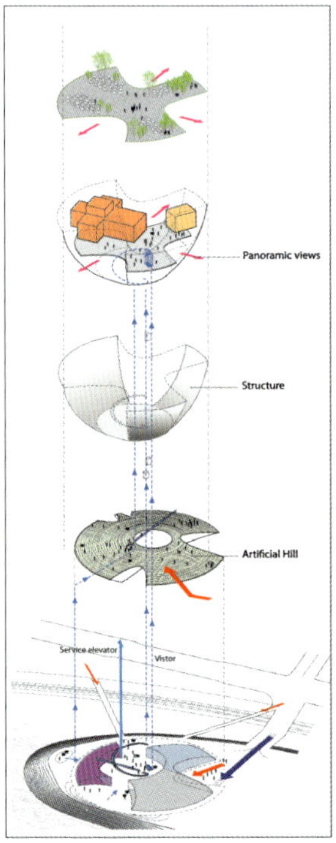


### Organization of Main Functions

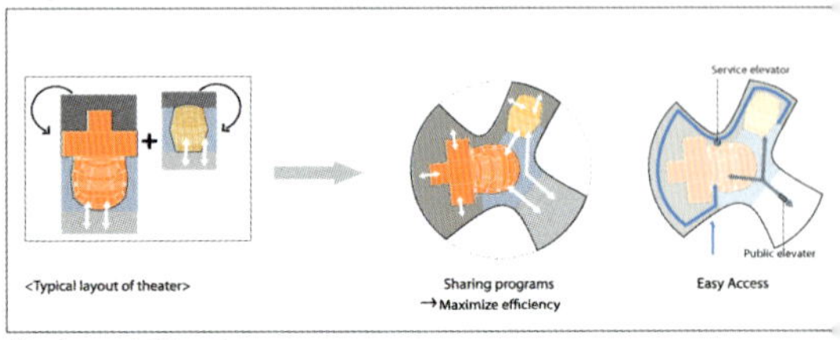


### Design of Structure

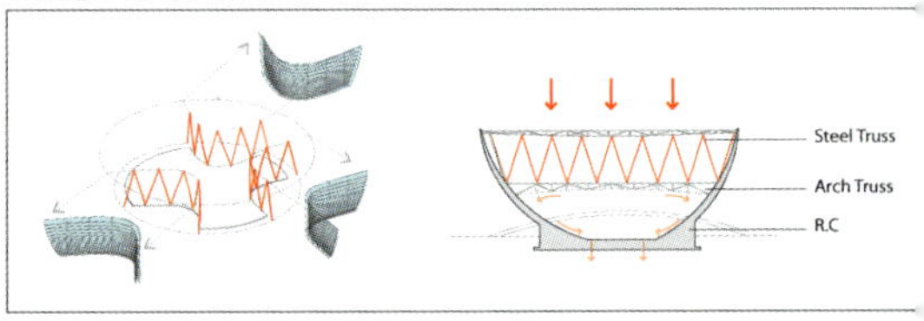


### Concept of Sustainability (M.E.P System)

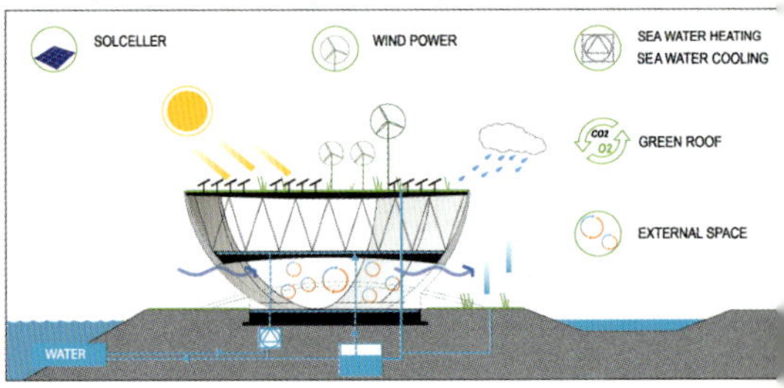

김남훈 Kim Nam Hoon, AIA, Leed AP
명지대학교 건축대학 조교수

한양대학교 건축학과, 대학원을 졸업하고 하버드건축대학원에서 건축학석사(Master in Architecture)학위를 취득했다. 미국건축사협회(AIA) 정회원이며 CannonDesign, CBT Architects에서 다수의 마스터플랜, 병원, 교육시설, 복합상업시설의 프로젝트건축사 및 디자이너로 활동했다. 2007년부터 명지대학교 교수로 재직하며 Klab 디자인 연구소를 통해서 서울시 도시갤러리프로젝트 참여작가, 건축회관 아이디어현상설계 2등 수상 및 다수의 국제현상에 참여하며 디자인작업을 하고 있다.

Site Plan

Floor Plan

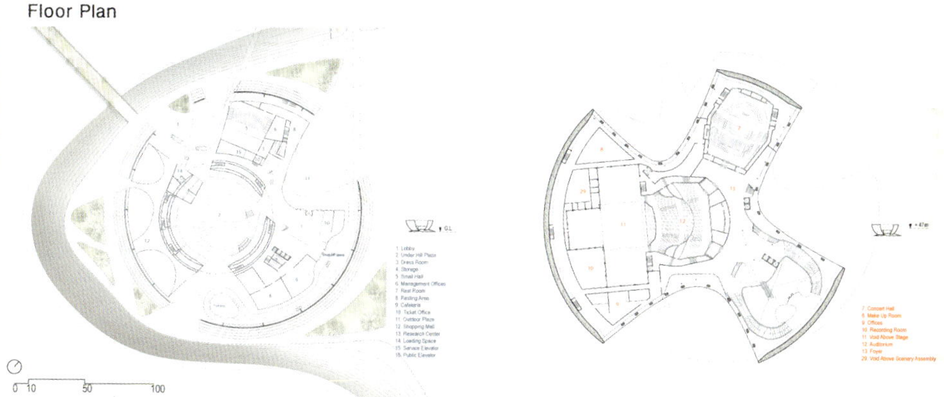


Section Plan

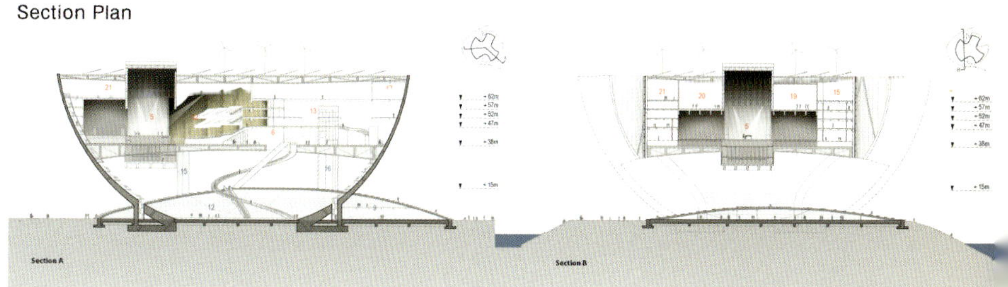

## 단국대학교 산학협력관 현상설계 당선안

# D-CUBE

**대지** 경기도 용인시 수지구 죽전동 산46-2, 47번지
**대지면적** 1,035,367㎡
**연면적** 49,106.87㎡
**건축면적** 4,490.66㎡
**용적율** 25.43%(캠퍼스 전체 연면적:228,840.21㎡)
**건폐율** 6.33%(캠퍼스 전체 건축면적:61,041.25㎡)
**규모** 지상10층, 지하4층
**건물높이** 44m
**주차** 411대(장애인주차 16대 포함)

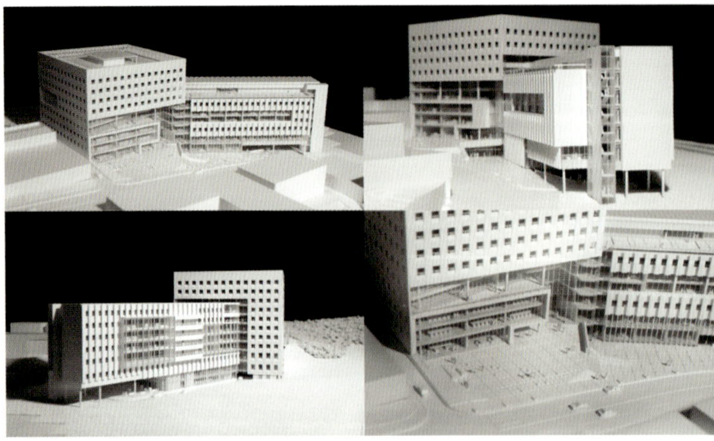

입지상, 기능과 성격상 단국대학교를 외적 상징화 시킬 수 있는 건축물이었다. 그러나 예산상의 한계, 주변건물과의 컨텍스트 및 기능상의 연계 등은 서로 다른 이상을 타협하고, 조화시켜야하는 어려움을 안고 있기도 했다. 항공기 고도제한으로 인해 건축물의 높이 제한(45m)과 상징성의 구현, 결국 매스로 집요하게 파고들 수 밖에 없었다.
정사각형의 평면은 코아가 가운데 있다하더라도 결국은 채광과 환기를 한꺼번에 해결해야만 하는 문제가 또 있었다. 외부공간과 학생들의 쉼터, 머물 수 있는 공간, 옥상 녹화, 친환경 요소의 도입은 짧은 시간에 서로 다른 요구사항을 한 건축물 안에 조화롭게 구현시켜야하는 또 다른 도전거리였다.

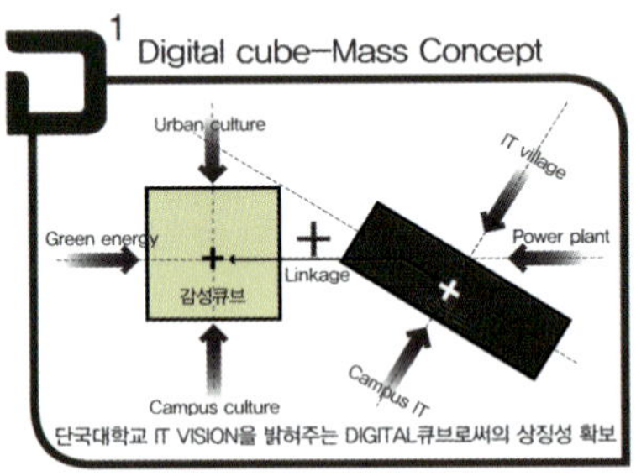

단국대학교 IT VISION을 밝혀주는 DIGITAL큐브로써의 상징성 확보

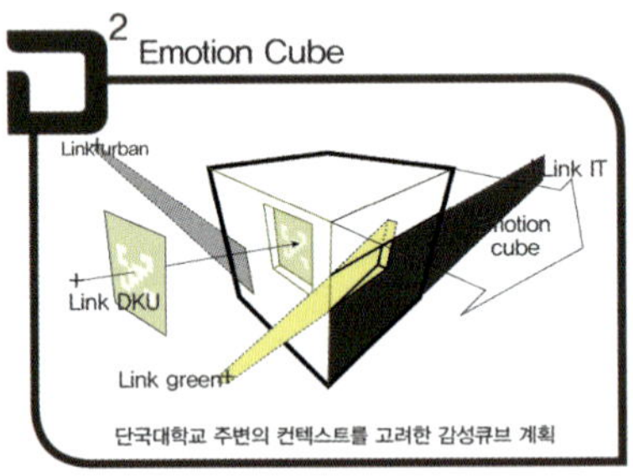

단국대학교 주변의 컨텍스트를 고려한 감성큐브 계획

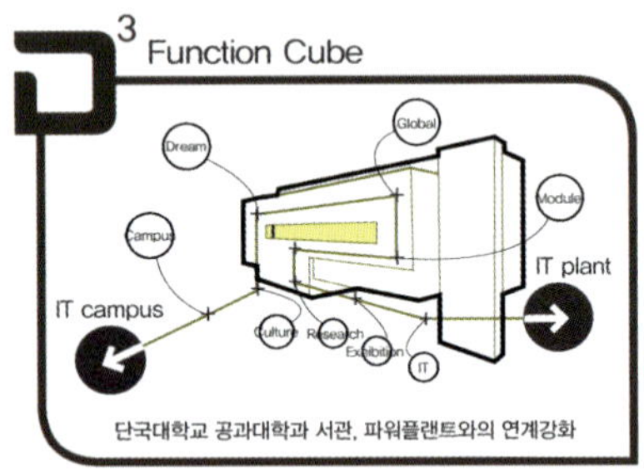

단국대학교 공과대학과 서관, 파워플랜트와의 연계강화

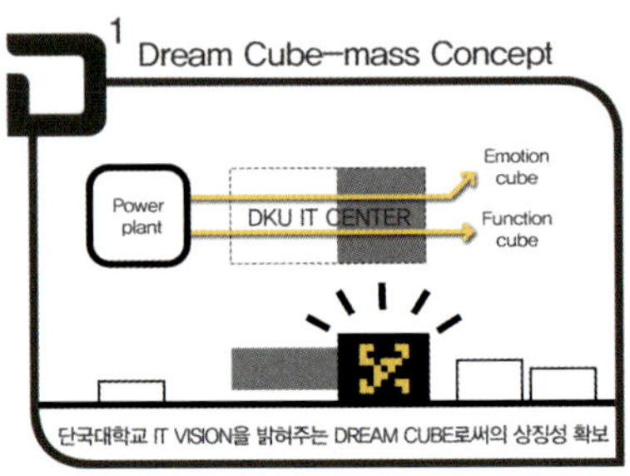

단국대학교 IT VISION을 밝혀주는 DREAM CUBE로써의 상징성 확보

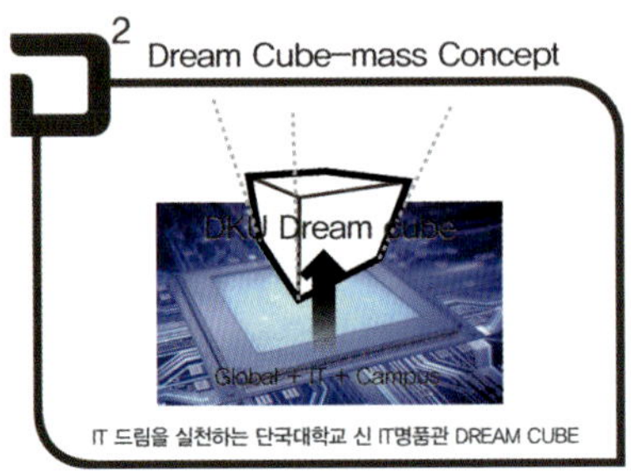

IT 드림을 실천하는 단국대학교 신 IT명품관 DREAM CUBE

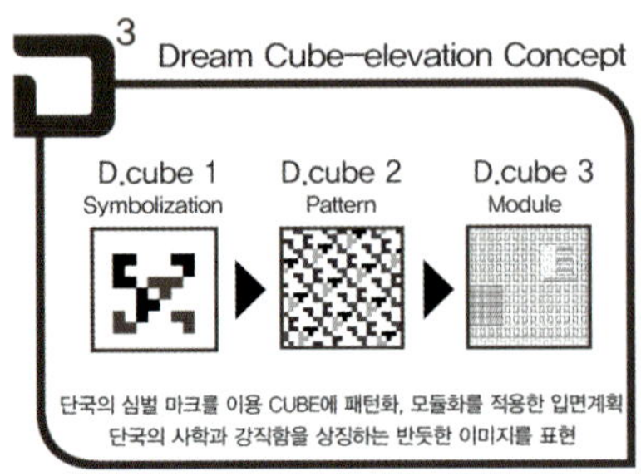

단국의 심벌 마크를 이용 CUBE에 패턴화, 모듈화를 적용한 입면계획
단국의 사학과 강직함을 상징하는 반듯한 이미지를 표현

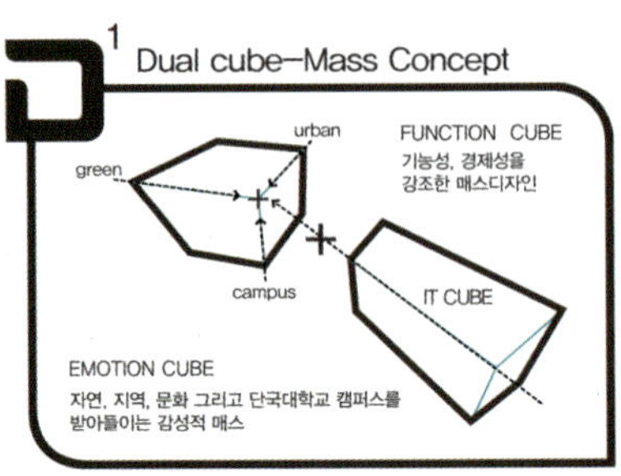


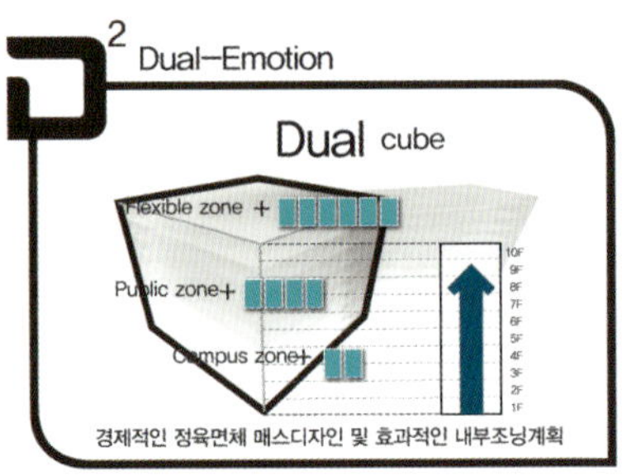

경제적인 정육면체 매스디자인 및 효과적인 내부조닝계획

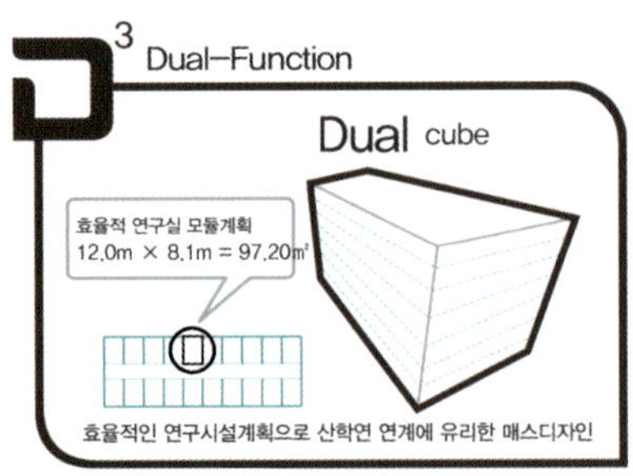

효율적인 연구시설계획으로 산학연 연계에 유리한 매스디자인

## 김대익 Kim Dae Ick + 이용호 Lee Yong Ho
한경대학교 건축학부 교수 + (주)행림종합건축사사무소

D Cube는 단국대의 랜드마크로서의 인지성 확보를 위해 단국의 시그니처를 형상화한 이미지와 패턴을 통한 수직성 강조로 상승하는 단국의 미래상을 표현하고, 역동적인 매스를 통한 진취적인 산학협력관의 모습을 담고자 하였다. 두가지 상이한 매스의 결합은 산학협력의 융합과 상승을 상징한다. 산학협력관 입주기업의 독립성을 최대한 확보함과 동시에 운영계획 변화에 능동적으로 대응할 수 있도록 계획하였고, 경사지형을 적극적으로 활용하여 이용목적에 따른 진입동선도 분리하였다. 또한 사용자들의 활용성을 높일 수 있는 다목적 공간인 Culture Hive를 만들어 새로운 산학협력관의 모델을 제시하였다. 대지와 레벨에 맞추어 조성된 외부공간은 IT건물에 어울리는 Digital Landscape 계획을 통해 디지털로 구현된 감성적 휴게공간과, 다양한 정보를 제공해주는 정보공간으로 조성하였다. 창의적인 연구환경 조성을 위해 가변성 있는 Open Lab System을 사용하여 적절한 변형과 조정이 가능한 실험실 계획과 더불어 Multiple Shaft 계획으로 경제적인 유틸리티 공간 사용이 가능토록 하였다. 또한 창의적 아이디어 유도를 위한 휴게공간 계획으로 연구원들의 감성 충전 및 커뮤니케이션이 보다 원활이 이루어지도록 하였다. 남북의 긴 대지의 여건을 고려하여 창면적비를 40%대로 낮추어 에너지 절감을 이루었고, 서향의 일사를 조절하는 수직적 입면요소를 활용하여 디자인이 곧 친환경 계획이 되도록 하였다.

Jangheung Creative Studio for Arts

# Pattern Plug

**대지** 경기도 양주시 장흥면 일영리 5-1
**대지면적** 1363.52㎡(412.46평)
**연면적** 5703.33㎡(1725.26평)
**건축면적** 744.78㎡(225.30평)
**용적율** 291.17%
**건폐율** 52.46%
**규모** 지상7층, 지하2층
**건물높이** 40.20m
**주차** 42대
**기타사항** 철근콘크리트조

최근 문화와 예술에 대한 관심의 증가와 함께 "공동주거"의 형태를 가지고 "예술 창작스튜디오"라는 이름으로 새로운 시설이 등장하고 있다. 예술의 다양성과 창의성을 수용해야 하는 창작스튜디오가 획일적 프로토타입의 대명사인 "공동주거"와 결합을 시도하고 있다는 것은 재미있는 이슈이자 적절한 건축적 대안이 필요한 상황임을 말해준다.

가장 중요한 건축적 처방은 다양한 라이프스타일을 가지고 조각, 회화, 미디어등 다양한 분야에서 창작을 즐기는 젊은 아티스트들의 스튜디오 집합체인 만큼 기존의 단일화 된 프로토타입과 경제적 쌓기(Single Prototype Stack) 방식의 개념에서 다양한 개인성의 조립(Various Personality composition)이라는 개념으로의 전환이 필요하다고 보았다. 다양한 유니트가 가진 다양한 층고와 공간형태는 여러 예술분야의 작업행태와 창의적인 생활패턴을 유연하게 수용할 수 있을 것이다.
이와 함께 기존의 공동주거에서 가지고 있던 구조의 합리성과 경제적 시공성이라는 장점이 꾸준히 연계되어 고려되어야함은 물론이다. 콘크리트의 성형성과 구조의 합리성으로 창의적이고 다양한 개인성의 수용이 초기 공동주거의 본 의도가 아니었는가!

이처럼 예술창작스튜디오는 "예술"과 "스튜디오", "공동주거"라는 익숙한 건축유형과 분야들의 예상치 못한 결합을 통해 우리를 낯선 상상으로 유도한다. 우리는 곧 "획일화된 공동주거가 과연 창의적일 수 있겠는가?"라는 의문을 던지며 단순히 "예술창작스튜디오"라는 시설에 대한 고민을 넘어 "공동"과 "주거", 그리고 "공동주거"라는 근본적인 요소들의 대한 고민을 되새김질 하게 될 것이다.

**김동진 kim dong jin**
홍익대학교 과학기술대학 조교수

프랑스 건축사 (D.P.L.G)
(주)로 디자인 도시환경건축연구소 대표
tel +82 2 335 1640/1
fax + 82 2 3144 1640
leauleau@empal.com

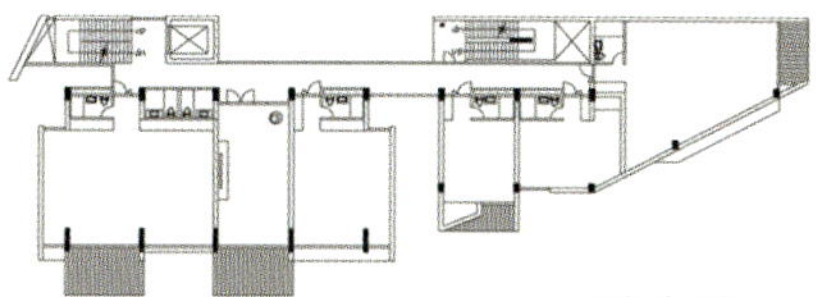

5th / 7th Floor Plan

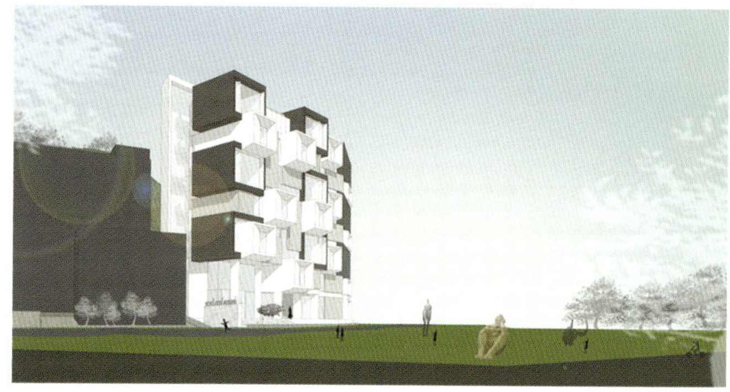

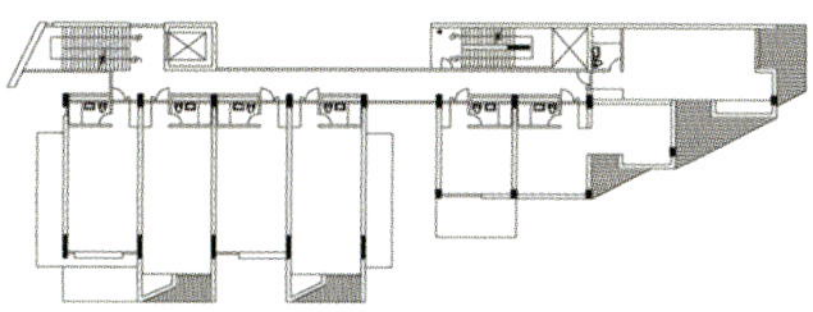

1st~4th / 6th Floor Plan

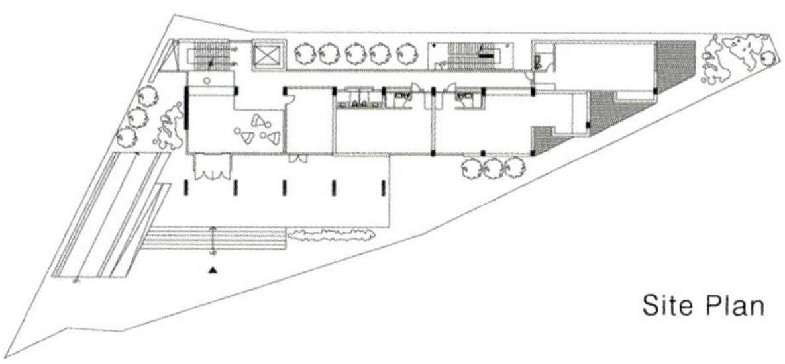

Site Plan

서울 뚝섬공원 파빌리온

# W_Pavilion 2011

**대지** 서울특별시 광진구 자양동 한강뚝섬공원 내
**규모** 3.0(w) x 6.3(l) x 3.0(h) m

이 그늘집 파빌리온은 다양한 스케일의 공간을 제공하고자 동서 방향의 벤치와 그늘 벽 사이로 한강을 조망할 수 있는 평상을 제공하여 시민들의 다양한 요구조건으로서의 휴식공간을 설계했으며, 이를 통해 시민의 편의와 친환경재료에 대한 인식을 돕고 획일화되지 않은 공공시설물로 친근감과 함께 공원의 경관에 활력을 불어넣을 수 있는 계기를 만들고자 했다. 디지털 디자인 기술과 구축방식에 대한 개념적인 변화에 대한 이해 및 이를 응용한 실험적 디자인을 전제로 설계되었으며, 픽셀화된 면의 구성체계와 이의 강도변화를 통한 표면의 구성 및 비정형공간의 구축을 주요한 주제로 진행했다.

이는 건축을 글과 언어, 기호적 체계 및 미디어의 관계를 바탕으로 이해할 수 있음을 디자인을 통해 실증적으로 보여주고, 건축의 표면과 형태적 어휘를 패턴과 재료의 고유한 성질의 반복과 변화의 적절한 조작을 통해 구축하려 했으며, 모듈화된 표면에 기생산 부재를 이용한 반복적이고 수동적인 표현을 넘어 컴퓨터를 이용한 건축 외피의 디자인 방법을 통해 표면의 이미지를 구현시키는 작업으로서 코드화를 중심으로 진행됐다.

이번 프로젝트는 추후 서울시 한강공원에 일괄적으로 제안될 프로토타입을 제안하는 파일러 프로젝트의 성격을 가지며, 이는 기본형을 중심으로 목재의 반복적 생산과 이를 통해 공원 설치물의 일관성을 부여함과 동시에 개개의 위치와 상황 그리고 스케일에 따른 변형 또한 가능하다. 이를 통해 서울 한강공원의 전역에 목재를 이용한

**Coding phase1 : producing unvisible surface / manipulating space between faced surface - alternate series**

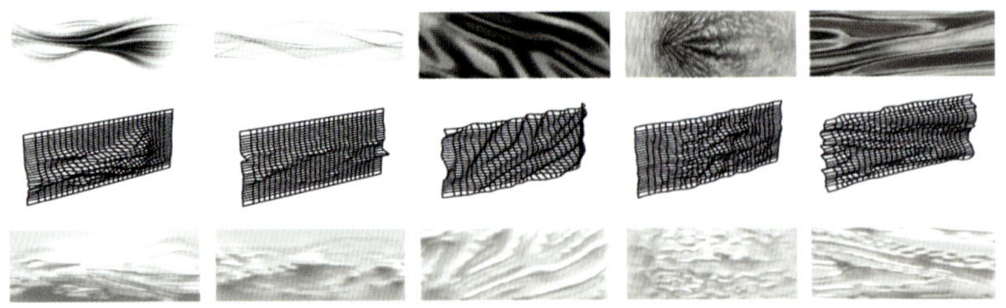

**Coding phase2 : set hierarchy using achromatic colors**

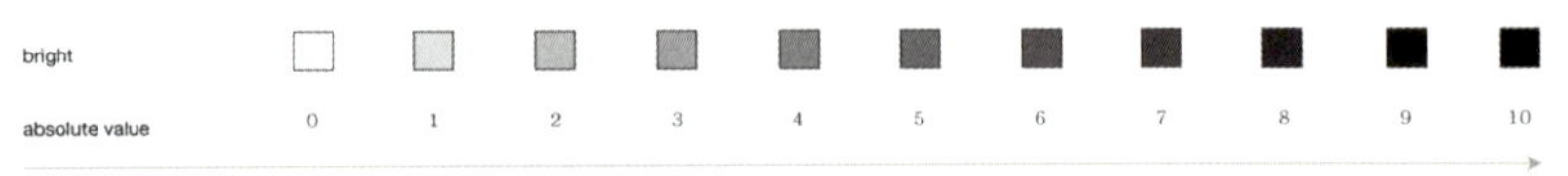


**Construction work**

**김 성 욱 Kim Sung wook**
아주대학교 건축학부 부교수

홍익 대학교와 예일대학교를 거쳐 Sorg and Associates, SmithGroup, Rafael Vinoly Architects 에서 프로젝트 디자이너 /매니저로서 활동하였고, 다수의건축 외피 연구에 참여하였다. 대한민국 건축대전 대상 (1994) , AIA Foundation Award (2001) , Evolo Skyscraper Competion Special Award (2009) , 행정복합도시국립도서관 현상설계 3위 등의 수상경력이 있으며 현재 아주대학교 aDLab+ 건축연구소 공동대표를 맡고 있다.

**전 유 창 Jeon You Chang**
아주대학교 건축학부 부교수

인하대학교 건축과를 거쳐 미국 Columbia University 건축대학원을 졸업하였다. 1999년부터 2007 년까지 뉴욕 Mitchell l Giurgola Architects LLP 에서 디자이너 및 이사로 재직 하였으며 일본 신건축사 주최 센츄럴 글래스 국제 공모전 1 등상 외 다수의 국제공모전 수상경력이 있으며 New York In stitute Technology에서 학생들을 지도하였다. 현재 아주대학교 aDLab+ 건축연구소 공동대표를 맡고 있다.

Construction sequence : Fabricate Procedure ( standardization of component)

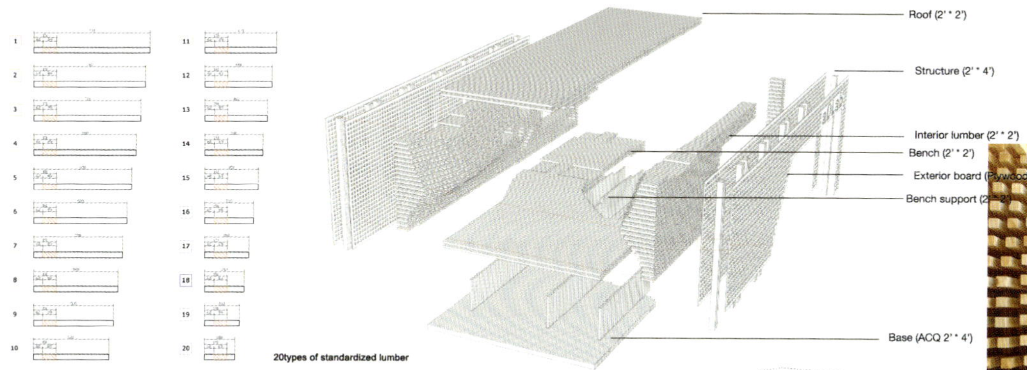


Construction pattern & window

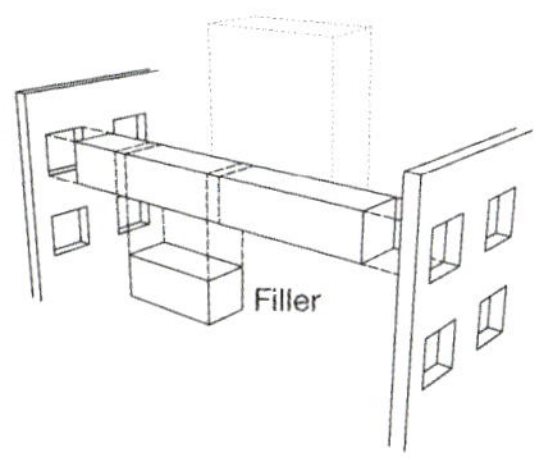

Coding phase3 : test pattern by Grasshopper

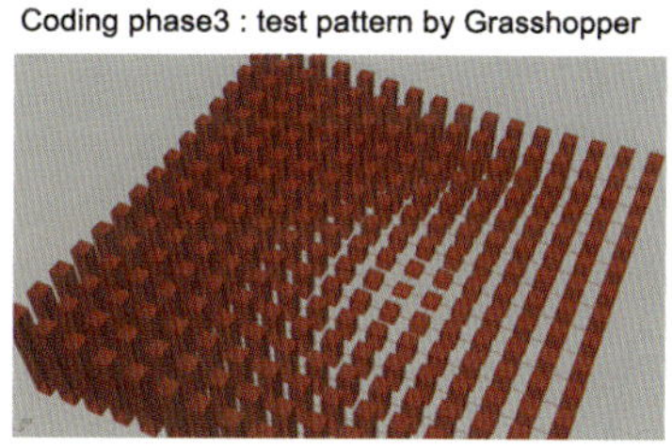

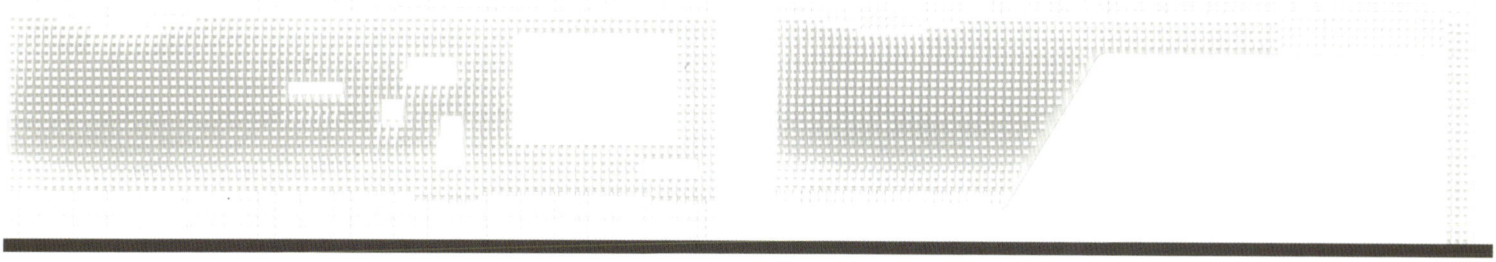

_H 사옥 저층공용부 디자인

# How to Meet Unexpected Things

**프로젝트 위치:** 서울 서초구 방배동
**프로젝트 면적:** 1,172㎡(로비 및 코어 공용부)
**마감** : Cast Bronze, 대리석, LED

방배동에 위치한 H 사옥의 저층부 공용부 인테리어 안으로 건축주의 설치작품 컬렉션에 주목하여 이에 대비 혹은 동화되는 재료와 아이템으로 자연을 오마주하는데 초점을 두었다. 좁고 긴 로비의 공간적 비례감을 위한 반자높이 확보를 위하여 공조그릴을 입체적으로 노출시키면서 처마를 최대한 들어올렸다. 부유하는 복도의 배경이 되는 캐스트 브론즈 코아벽의 바로 뒷면은 사과껍질안의 속살같은 흰 대리석으로 대비를 이룬다

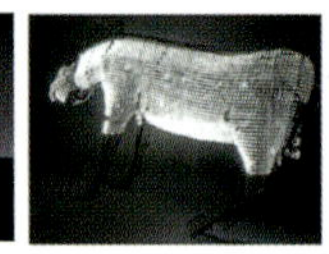

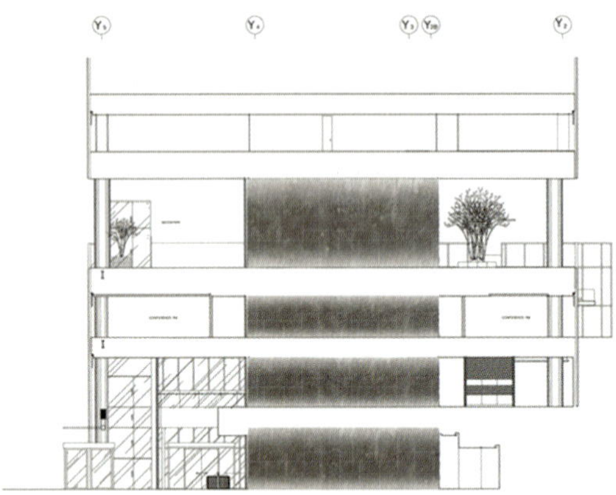

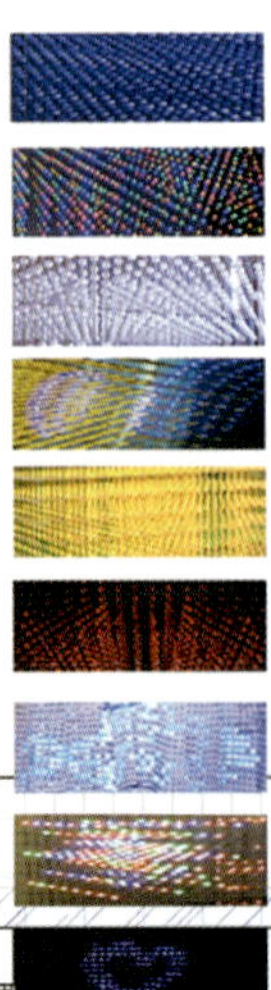

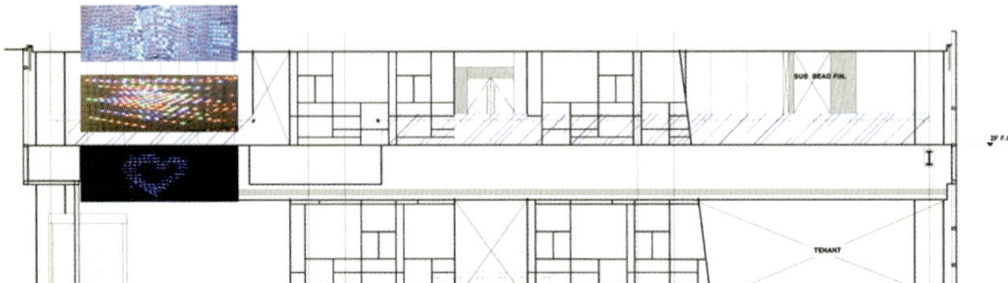

김소라 Sora Kim
서울 시립대학교 건축학부 부교수
R.A in New York, AIA

홍익대학교 건축학과 학사
University of Pennsylvania, M.Arch
Gawthmey Siegel & Associates Architects
Arcari & Iovinino Architects

Greenlink™, Canada

# Central Park on Urban Highway

**대지** 캐나다 온타리오주 윈저시
**대지면적** 약 40.000㎡(12,100평)

New York시의 Central Park는 뉴욕 시민 뿐 아니라 뉴욕을 찾는 모든 관광객의 사랑을 받는 세계적인 명소이다. 이 공원은 많은 건축, 도시설계, 혹은 조경 작품에서 오픈 스페이스와 도시내 공공 공간의 좋은 설계 사례로서 즐겨 사용되어 오고 있다.

이 작품에서는 Central Park에서의 Connectivity의 요소에 포커스를 두고 있다. 보행자가 발견하기 쉽지 않은 이 공원의 연결 요소로서 동-서간을 이어주는 10차선의 도로와 남-북간을 이어주는 6차선의 도로가 존재하며, 공원 내에 보행 및 자연공간의 방해를 주지 않는 입체적인 설계로 인하여 남북으로 길게뻗은 이 선형적인 공원이 도시 내 교통 연결에 전혀 영향을 주지 않도록 배려하여 준다.

이런 익숙한 입체적 공간 소통의 디자인 요소, 선형적 요소를 고속도로에 도입하면 어떻게 될 것인가? 결론적으로, 캐나다 온타리오주 윈저시에 계획된 Greenlink Windsor는 이런 Central Park의 입체화된 연결 방식을 도시내 고속도로에 적용한 작품으로 공원과는 개념상 거리가 먼 도시내 기간시설인 고속도로를 창의적인 설계로 공원으로 변화시킬 수 있다는 것을 보여 주려 하였다.

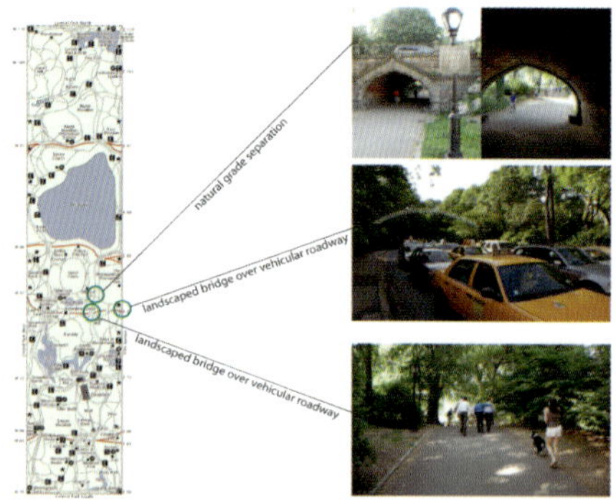


**Central Park, New York:**

Central Park in New York would be the best example of "vertical separation" of vehicular movements and pedestrian movements. It is so seamless that few will realize crossing a bridge over car path

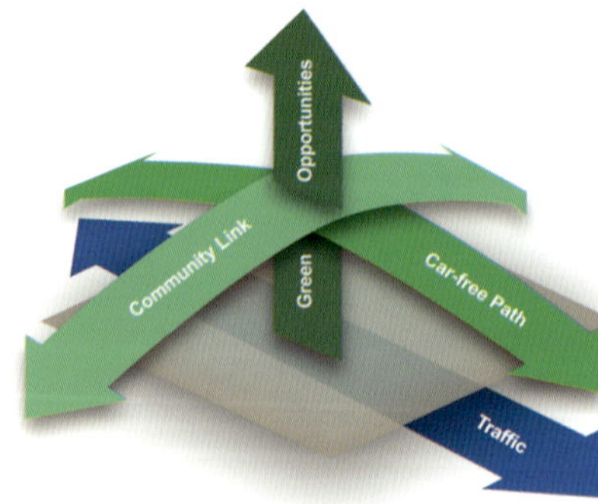


**Development of the GreenLink™ Concept:**

Major traffic flows underground, and ground level is open for pedestrian as a car free path and community links with separated local traffic, which leaves above ground as green opportunities

**Existing Plan:** Approximate right of way (6km)

**Proposed Plan:** Green opportunity in the corridor

**Greenlink™:** You can walk from end to end without crossing the vehicular traffic

**김 영 석 Youngsuk Kim**
건국대학교 건축대학 전임강사

서울대학교 도시공학과를 졸업하고 Harvard University Graduate School of Design에서 도시계획을 전공하였다. 뉴욕의 컨설팅회사인 Sam Schwartz PLLC에서 수석도시설계사로 근무하였고 2011부터 건국대학교 건축대학에서 도시설계 및 계획을 강의하고 있다.

Sections:

Perspective: Left: Bellewood Neighborhood, Right: Oakwood Community

Survey: 99% of residents support Greenlink™

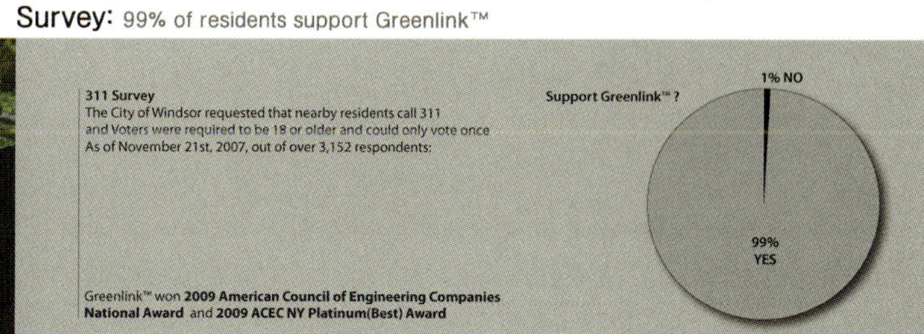

# M|ark 8

## Spatial Communication between Human and Environment by Motion

**전시장소** : 인천경제자유구역 투모로우 시티 정보체험관 전시관
**전시면적** :약 1,000평방미터
**전시작품** : 주요전시는 커뮤니케이션 큐브 8개소 및 이용자 대응 인터렉티브 벽면조형물로 구성. 전시용 중앙 관제센터를 포함한 전체 전시공간에 대한 전시기획 및 전시물을 포함

커뮤니케이션에 대한 탐구로 대화의 기본형식에서 음성에 따른 의사전달을 배제하고 분리된 공간에서 동일한 환경에 참여하는 집단에게서 개인의 아이텐티티를 정의하는 과정을 통하여 집단의 공동체의식을 일구어 가는 실험이다.

이는 처음 대면하는 타인 간의 의사전달에서 전제되는 사생활 침해 정도의 선택과 상호간의 의사전달을 위한 경험 및 정보의 공유를 통해 개인이 어떻게 집단화 될 수 있으며, 그 과정에서 제도와 환경이 어떻게 의사전달에 영향을 미치는 지에 대한 상관관계를 모색해 봄으로써, 현재까지의 인류가 공유해온 의사전달의 개념과 인식이 테크놀로지의 변화에 의해 어떻게 진화될 것인가에 대한 질문에서 시작하여, 미래의 커뮤니케이션이 지닌 잠재적 가능성을 생각해보는 시도이다.

The Mark pertains to experimental research of spa communication with nonverbal expression between isolated spa of same dimensions in which a participant can induce gr proximity by means of indentifying himself. The quintessen correlation of code, environment and communication is to examined by sharing participants' experiences and informatior case of dynamic encounters among the 8 cubes, organizin proximity group with his optional privacy and developing collective sense in the sequential interaction. As a simulation *proxemics*, the Mark will insinuate how spatial distance betw individuals can influence their paralinguistic interaction as wel how human can come across the futuristic communication regarding alternative interaction.

**金佑英 WOOYOUNG KIMM**
성균관대학교 건축학과 교수

스마트 건축 및 도시의 공공영역에 관한 연구로 하버드 대학에서 디자인학 박사 취득. 2009년부터 2011년까지 하버드 대학 디자인 대학원에서 초빙강사로 DOXIADIS 건축도시이론 및 지속가능한 스마트 기반환경에 대한 강의. 2009년 하버드대학 주최 생태적 도시 국제컨퍼런스에서 무선통신기반의 도시환경 재현에 대한 주제발표. 2010년 조프나스 연구프로그램 후원 지속가능한 도시기반시설 국제 컨퍼런스에서 동적 도시이론에 기초한 미래도시의 정보생태계를 주제로 강연.

버클리 대학 환경대학원에서 석사학위를 마치고 샌프란시스코 SOM 및 ANSHEN & ALLEN에서 실무. 미국 건축사 자격 취득 후 뉴욕 및 보스톤 건축사 협회 정회원으로 활동.

부산오페라하우스국제현상전

# The New Horizon

**김 정 곤 Kim Jung Gon**
건국대학교 건축대학 정교수

서울대학교에서 학사, 석사, 박사, 학위를 취득하였으며, 미국 펜실베니아 대학을 졸업하고 미국 건축사 AIA를 취득하였다. 이후, Cesar pelli 건축사사무소, 김태수 건축사 사무소에서 근무한 바 있으며 당시 참여작으로는 금호 갤러리, 국민생명 연수원 및 기숙사, 럭키그룹 첨단 연구소 등이 있다. 또한 김태수 장학재단의 상임이사로서 한국의 젊은 건축가에게 세계여행의 기회를 지원하 는데 일조하고 있다.

2003년에 펜실베니아 대학에 Visitiong Scholar로 1년동안 있었으며, 2005년 서울시 오페라 하우스 국제 아이디어 설계경기에서 최우수상(1st Prize)을 수상한 바 있다. 주요논문으로 루이스 칸 건축의 보자르 적 해석에 관한 연구가 있으며 이를 비롯 한 유수의 논문이 있다.

# S고등학교 동문회관

대지 광주광역시 서구 화정동 731-7
대지면적 220.40㎡(66.67평)
연면적 146.99㎡(44.46평)
건축면적 127.24㎡(38.49평)
용적율 66.69%
건폐율 57.73%
규모 지상2층
건물높이 7.34m
주차 1대

- 대지
S고 운동장 남쪽에 연접한 220㎡의 대지로 운동장 주변의 소나무 숲 사이로 운동장 건너 교사건물이 조망

- 매스구성
회의실 부분은 1.5개 층 층고, 사무실 부분은 2개 층으로 구성하여 볼륨감을 갖게 하고 매스의 변화를 시도

- 형태개념
S고등학교의 교명과 교가가 유래한 무등산 제일봉인 서석대를 은유적으로 표현. 회의실 부분(1.5개 층 층고)의 매스는 산의 형상을 은유하고 수직면을 커튼월로 처리하여 소나무 사이로 운동장과 교사 건물을 투영. 사무실부분(2개 층)은 서석대의 주상절리 기둥을 형상화하여 베이스 패널기둥과 유리면을 수직적으로 반복

- 외장재료
산의 형상 부분은 징크패널을 대각선 방향으로 접어서 모서리 부분을 강조. 주상절리 부분은 베이스 패널을 세워쌓기. 현관부분과 커튼월 방향의 캐노피는 합성목재로 마감

배치도

조감도

무등산

서석대 주상절리

픽쳐 프레임에 교사건물 투영

**김정규 Kim Jeong Gyu**
목포대학교 건축학과 교수
공학박사/건축사

PHASE 01 : 50평 미만에 공사비도 넉넉하지 못한 건물. 거기에다 용도마저 말도 많고 탈도 많은 동문회관의 설계 의뢰. 건물의 질을 담보하기 어려운 것은 불문가지. 피하고 싶은 심정. PHASE 02 : 이후 이 프로젝트의 운명은 일상에서 흔히 보는 건축적 논의 밖의 평범한 건물로 건축될 것이 십상. PHASE 03 : 도시에서 대다수를 차지하는 건축가 없는 건축물들. 늘 하던 데로 무관심하게, 모르는 척 회피하는 것이 능사인가? 대학에 적을 두고 있어 설계비와 다음 설계 건수에 자유로울 수 있으니 더 이상의 핑계거리는 없는 듯. PHASE 04 : 일상에서의 일탈 (Strangely Familiar)

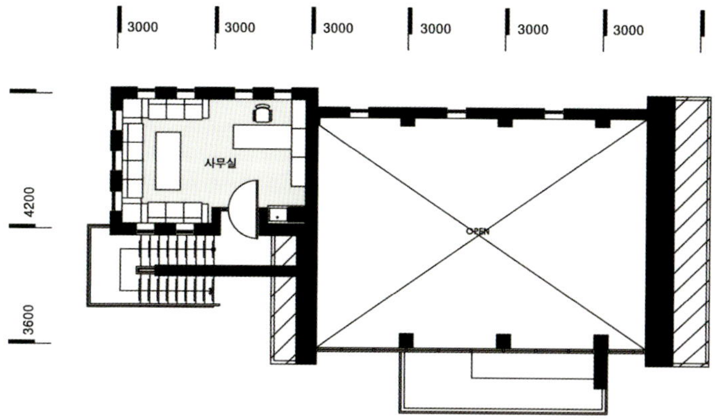


2층 평면도

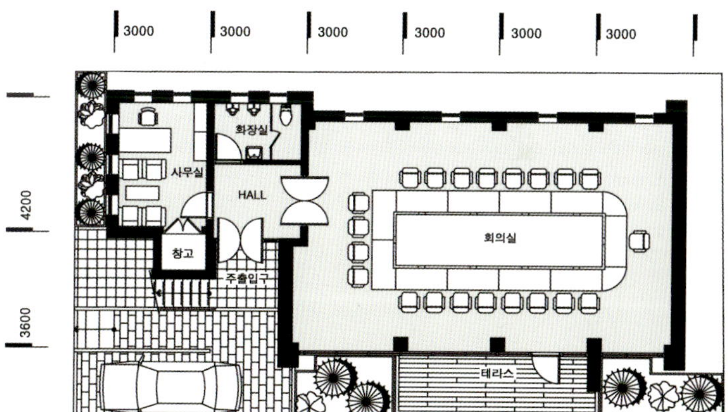


1층 평면도

주상절리 형상화

측면도

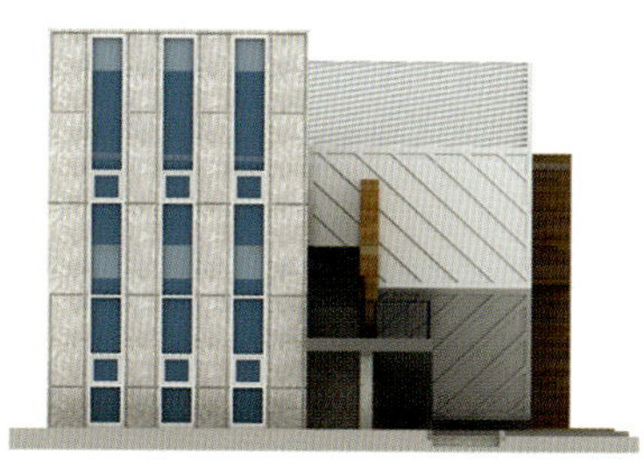

정면도

# "Soundscape" And "Sound Promenade"

대지 순천시 교량동 순천만 일대
대지면적 6,630.00㎡(2,005.57평)
연면적 328.68㎡(99.46평)
건축면적 431.54㎡(130.54평)
용적율 4.94%
건폐율 6.51%
규모 지상 1층
건물높이 5.1m
주차 기존 자연생태공원 주차장 활용
기타사항

Master plan

**김태훈 Kim Tae Hoon**
목포대학교 건축학과 교수

**이주경 Lee Ju Kyung**
(주)발해건축사 사무소 소장

자연의 소리는 단순한 청각만의 감각에 의한 것이 아니다. 자연 그대로를 느끼고 체험 할 수 있는 공간을 통해 소리는 풍경으로 인식되어진다. 계획영역 안에서 Soungscape Point를 계획하여 소리체험관 전체가 하나의 파노라마를 형성한다.
또한, 내/ 외부공간의 유기적인 연결과 공간의 관입과 확장등의 전개에 따른 **소리산책로**를 중심으로 전시공간의 분산배치로 다양한 전시체험을 할 수 있도록 계획하였다.

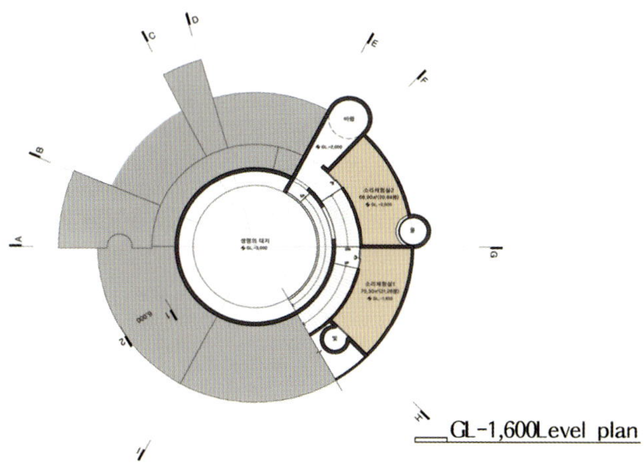


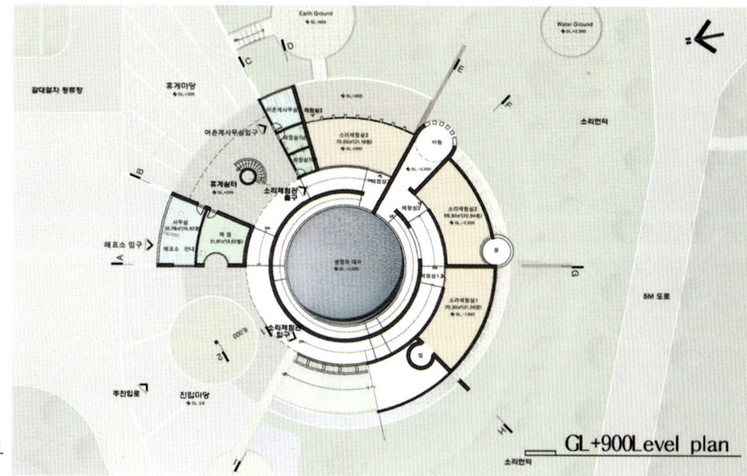


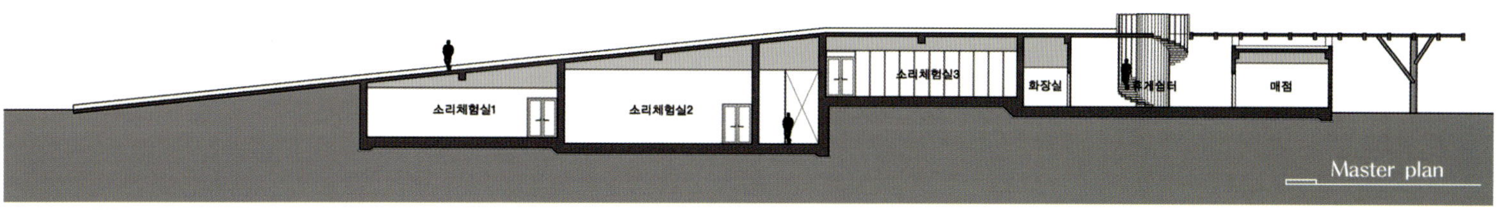

# 갯버드_해양 홍보관

### ● 건축 개념

- 블루네트워크 조성으로 인한 생태가치 향상에 따른 생태 전시 및 체험의장구축
- 사람과 자연이 공존하며 지역주민 및 생태 연계한 다양한 생태 프로그램의 운영
- 자연 자원과 환경을 보호하고 보전하는 중심센터로서 친환경 생태 허브공간의 조성
- 철새와 습지 등의 자연생태를 활용한 체험관광으로 지역의 부가 가치 및 수입의 창출
- 전시/체험 중심의 생태 네트워크의 허브구축
- 입체적 동선을 통한 파노라믹한 조망의 확보

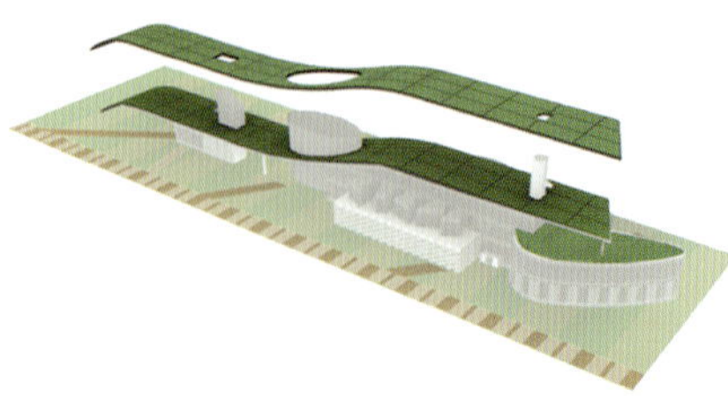

김혁기 Kim hyeok ki
한국기술교육대학교 건축공학부 교수

## ● 디자인 개념

• Metaphor: Bird's Trail/ (갯벌을 거닐다)

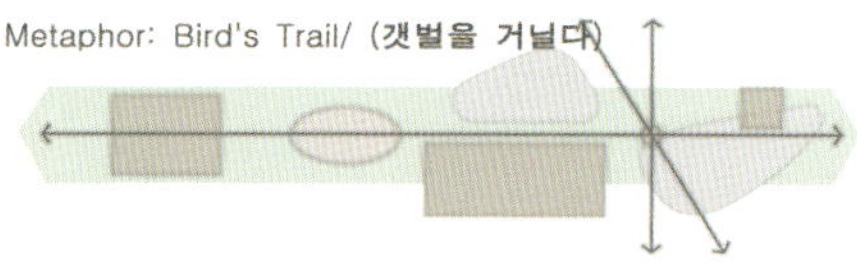

• Composition: 선형의 기하학적 구성

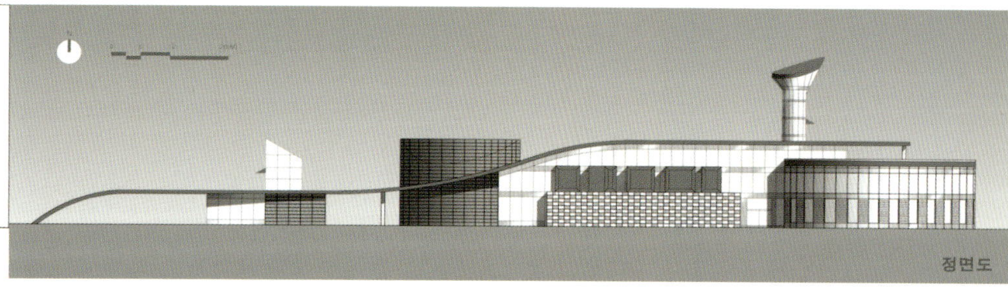

정면도

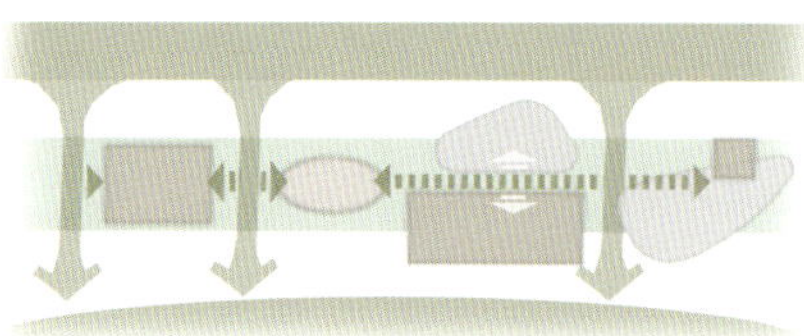

• Space: 상호 소통의 유기적 구성

• Form: 새의 형상과 흔적 형상화

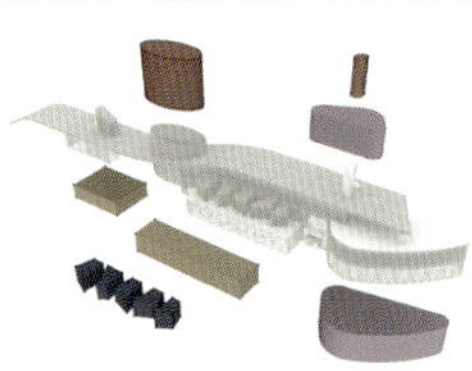

• Voloum: 공간비우기 부가적 형태

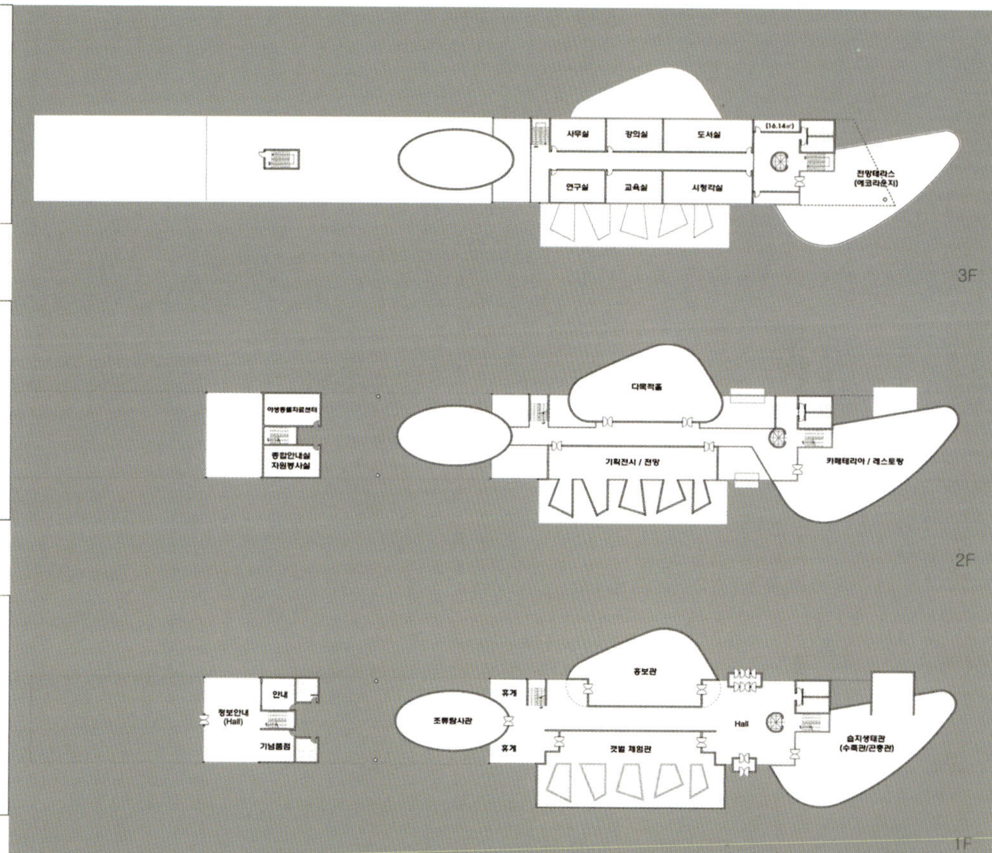


3F

2F

1F

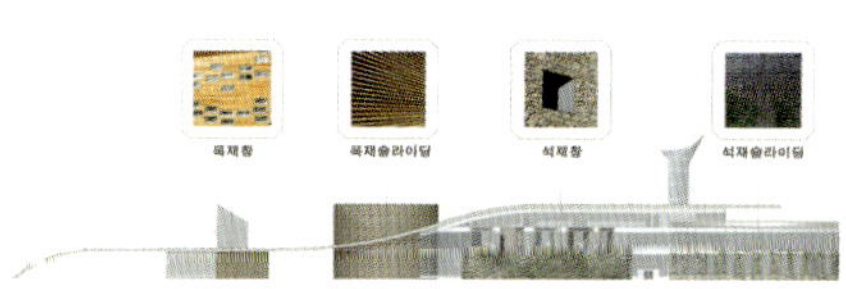

• Skin: 에콜로지한 생태적 피막

배면도

# Park - City

우리의 도심에서 공원은 그 외부를 둘러싼 도시와는 전혀 다른 모습인 '자연의 모방' 으로 존재한다. 많은 경우 공원은 그 나름의 성격은 없는 소극적인 모습으로 규정되어 도시의 인공성을 감추어 주기 위한 손쉬운 장식으로 인식될 뿐이다. 이러한 모습은 도심 곳곳에서 볼 수 있는 하천변에서 더욱 쉽게 목격된다. 건물을 짓기에는 적합하지 않은 땅, 자연으로 보기에는 너무나 인공화 된 주변과의 관계에서 버려진 듯한 이 땅의 새로운 가능성에 주목한다.

대지는 신도시 개발로 급속도로 도심화가 되어버린 탄천의 지류에 있는 삼각형 모양의 공원이다. 대지의 오른쪽으로는 역시 개발에서 남겨진 '공원으로서의 산' 이 있고, 아래쪽으로는 보정동의 카페지역이 존재한다. 대지는 계획된 도시의 일부도 아니고 공원의 일부도 아닌 채로, 존재감 없는 도시의 한 부분일 뿐이다. 여기에 공원과 도시의 경계를 허무는 Park - City를 제안한다.

대지를 둘러싼 계획되어진 산과 건물들의 형태 생성의 논리를 확장하여 새로운 형식을 만들어 내고, 이를 대지에 삽입하는 방식으로 설계를 진행한다. 먼저 대지의 영향력이 미치는 영역을 한정하고 그 영역의 주요지점을 점조직으로 표현한다. 이점을 기점으로 보로노이 알고리듬(Voroni Algorithm)을 작동시켜 버블넷(Bubble Net)을 만들어 낸다. 버블넷의 전체 형상 중에서 도시적으로 주변과 적극적으로 연결된 형상을 선정하고 간추린다. 버블넷은 3차원으로 확장되어 표면을 만들어 내고, 사람들의 동선이 빈번한 선형공간에는 제어가능한 점들을 더 삽입하고 다시 알고리듬을 적용시켜 더욱 매끄러운 표면을 만들어 간다.

이후 내부와 외부 그리고 반내외부적 공간의 경계를 만들고 지상 부분에는 '문화와 여가를 위한 프로그램' 을 삽입하며 그 아래에는 보정동 상업지역을 위한 주차공간을 제안한다. 대지를 둘러싼 탄천과 산과 보정동이 하나로 이어지는 물리적, 심리적, 시각적 매체가 완성되어 만들어내는, 도시의 새로운 풍경에 주목한다.

**김 호 정 Kim Ho Jeong**
단국대학교 건축대학 부교수

1994년 한양대학교 건축학과를 졸업하고 정림건축에서 3년간의 실무수련 후, 1997년 도미하여 보스톤의 MIT에서 건축학 석사 학위를 취득하였다. 뉴욕의 Gwathmey Siegel Associates와 보스톤의 Goody, Clancy & Associates에서 건축가로서의 경험을 쌓았다. 2004년 강원대학교 건축학과를 거쳐 2009년부터는 단국대학교 건축학과에서 교육과 설계, 연구를 병행하고 있다. 현대 건축이론의 사고와 건축 시각재현의 관계, 친환경 공동주택 설계방법론에 관한 연구를 진행중이며 대표적으로는 광덕마을 공동체 펜션, 허브밸리, 웰니스타운, 국립현대미술관 서울분관 계획안, Stockholm Public Library Extension, Saltworks Extension 등의 작품이 있다.

Familiarly Strange Monument

# HORIZON OF REFINEMENT

기념비monument)에 대한 기존의 접근 방식은 외부에서 인지되는 형태에 대한 사고에서부터 출발한다. 이는 결국 형태의 이형(異形)에 대한 관심 및 접근으로 결과지어지며 이로 인해서 현대 도시의 기념비들은 형태의 유형에 대한 새로운 생각을 어떻게 하는가가 큰 관심사이다. 이런 접근 방식은 경쟁할 수 있는 새로운 형태들의 수가 많지 않을 때는 하나의 도시의 아이콘으로 작동하였으며 이제까지의 도시의 정체성을 규정하는데 많은 도움을 주었다.

하지만 익숙하지 않은 형태에 대한 관심이 증가하고, 익숙하지 않은 형태가 다량으로 생산되어 질 때, 모뉴먼트는 어떤 방향을 향할 것인가? 우리의 판단으로는 더 이상 새로운 형태의 추구는 그 의미를 잃었으며 행태를 넘어 도시를 '기념비화' 할 수 있는 새로운 틀을 구축하여야 한다고 생각한다. 즉 더 이상 '익숙하지 않음'에 대한 추구를 그만두고 '익숙하지만,' 에 치중을 하여야 하는 시대적 요구가 있다고 판단한 것이다.

이와 더불어 공공공간의 의미는 어떻게 찾을 수 있을 것인가? 자본주의의 시대, 공공공간은 비상업적인 요인을 갖는 것 만으로 충분한 것인지, 아니면 상업적/비상업적인 구분을 떠나서 공공공간이기 때문에 가능한 새로움, '익숙하지 않음'을 찾아야 하는 것이 아닌가?

그리하여 공공공간의 일부인 오페라 하우스를 계획함에 있어서 형태적인 욕구를 누르고 프로그램에 대한 새로운 생각을 하기 시작하였다.

■ SATURATION OF SYMBOLS

■ ANOTHER SYMBOL

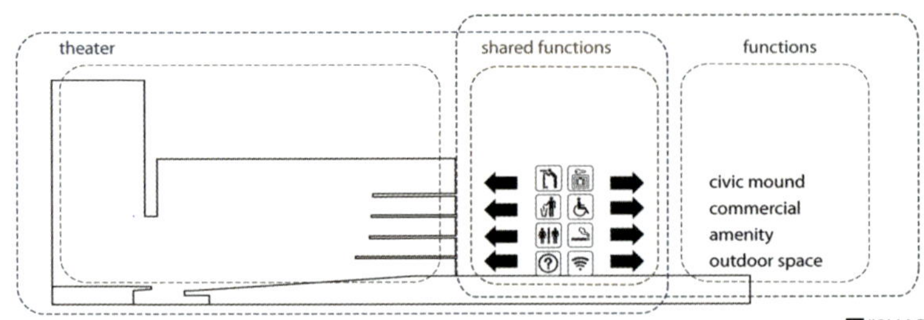


■ "SHARING" CONCEPT

**남수현 nam soo hyoun**
명지대학교 건축대학 조교수

서울대학교 건축학과 학사, 석사, 예일건축대학( M.Arch, Yale School of Architecture)를 졸업하였다. 이로재에서 실무경험을 쌓고, 뉴욕 Gruzen Samton Architects에서 건축설계 후 귀국, HAUS2, 온고당에서 소장을 역임하였다. A-house, High-rise on 42nd, Thurgood Marshall Academy 등의 작업을 하였으며 근대건축가의 합리성에 대해 연구를 하였다. 현 명지대학교 건축대학 조교수이며 KDA partners 파트너이다. 2009년 서울대공원 재조성을 위한 기본구상 및 타당성 국제현상공모에서 3등에 입상하였다. 저서로 HOUSE CONTENTS (공저,2009) 인터랙티브 건축공간 (번역, 2010) MEDIUMNESS (중형성, 2012) 등이 있다.

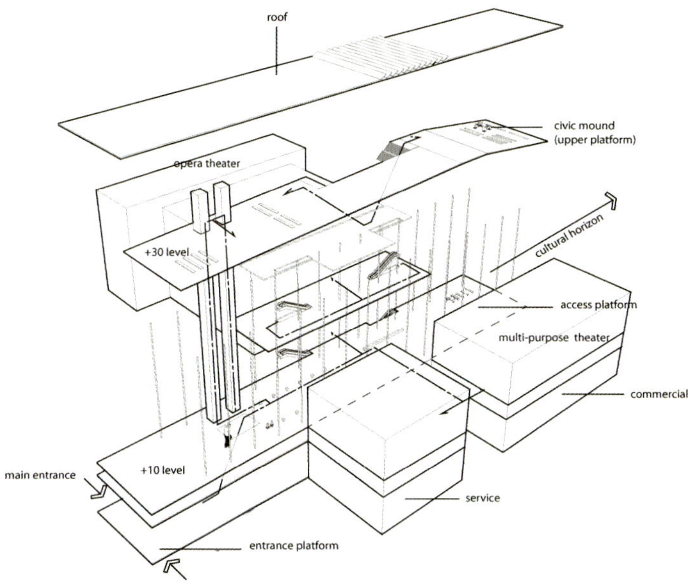

■ +10 LEVEL PLATFORM

■ CIVIC MOUND (+30 PLATFORM)

Our approach towards design therefore begins with the expansion of the notion of a program that will include the desires of the community and needs of the particular place in which the structure is to be built rather than by a set of forms based on flashy ideas. The symbol of a public institution should resonate with an inspirational vision and be matched by an inventive development of the space that accompanies the structure

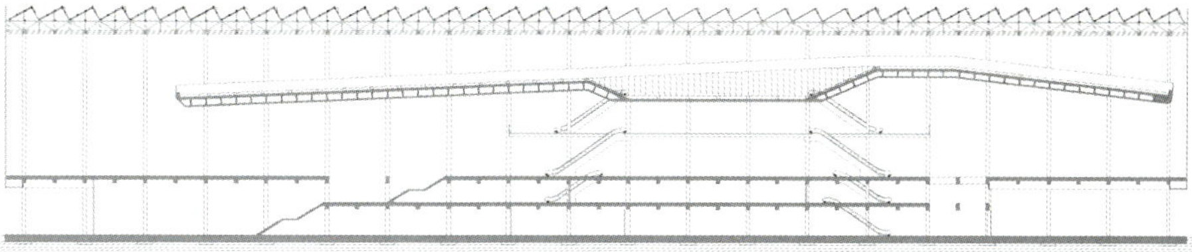
■ TRANSVERSE

# 대교 BOOK TOWER

**대지** 서울 관악구 봉천동 729-21
**대지면적** 3.945㎡
**연면적** 46,354㎡
**건축면적** 2,229㎡
**용적율** 797.97%
**건폐율** 58.28%
**규모** 지상19층, 지하5층
**건물높이** 76.3m
**주차** 316대

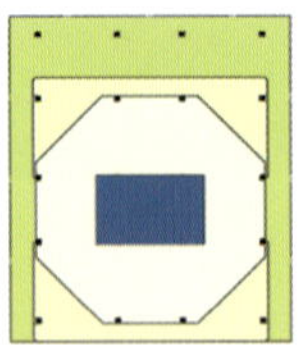

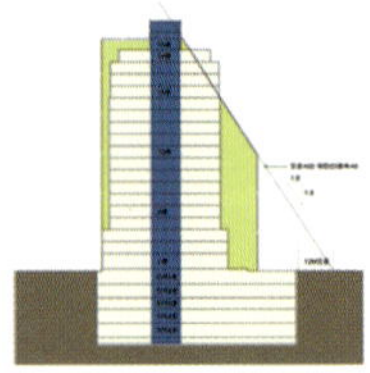

대교 BOOKMARK TOWER는 기존 18층 사옥에 수평, 수직의 증축과정을 통하여 완성된 19층의 오피스 건축물이다. 기존건축물의 건폐율과 용적률을 증가시키고 도로로부터의 사선제한을 1:1.8에서 1:1.5로 강화시킴으로서 건축물의 증축의 범위가 정해졌다. 근린생활시설로 이용되고 있는 지하1층의 일부분을 주차장으로 전용하고 기계식주차장을 설치함으로서 증가되는 면적에 요구되는 주차대수를 해결했으며 교육사업의 리더로서의 기업이미지를 고려하여 건축물의 외관을 책들을 수직적으로 쌓아놓은 형태로 구성하였다. 이러한 개념은 1층, 2층 로비의 벽면에 책장을 설치함으로서 건축물의 외부에서 내부로 확장했으며 이 책장들은 기능적으로는 아날로그와 디지털 미디어를 활용하여 기업홍보를 위한 공간으로 사용되며 상징적으로는 교육과 연구공간으로의 상징성을 로비공간에 부여한다. 1층의 로비공간은 제한된 공간의 경계에서 벗어나 외부공간으로 확장된 영역으로 인식되며 그 영역은 단순한 물리적 경계가 아닌 행위와 사건들이 맞물리는 공간의 영역으로 재해석 되었다. 또한 공개공지의 공공성을 극대화 하기위하여 기존대지를 기능적으로 재해석하여 다양한 외부공간과 내부의 프로그램영역을 연계하여 재구성하였다. 수평적 확장으로 인한 구조적 부담을 최소화하기 위하여 알루미늄 복합패널과 복층유리로 구성된 커튼월 시스템을 외장마감으로 사용하였고 에너지 효율을 높이기 위하여 남쪽 최상부에 위치한 임원실층에는 에코가든을 설치하였다. 대교 BOOKMARK TOWER는 대지주변의 획일화된 회색도시에 대응하여 다양한 색채들의 결합과 창의적 형태를 통하여 다양성과 창의성을 강조하는 교육기업의 정신을 표현한다.

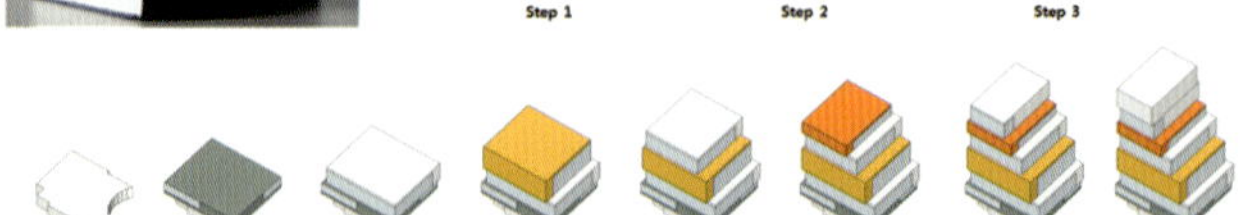

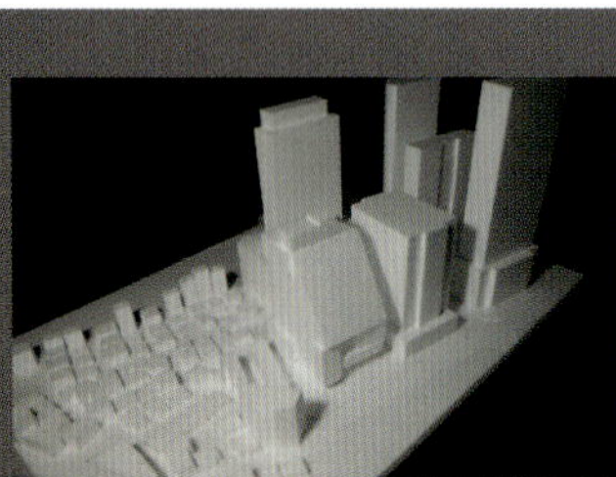

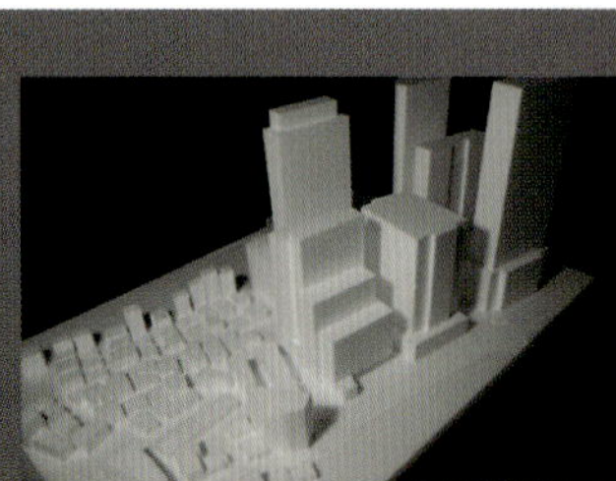

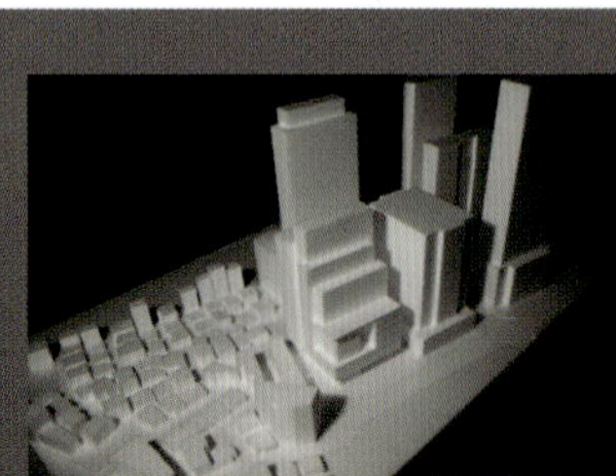

노승범 Roh Seungbom
한양대학교 건축학부 교수

한양대학교 건축공학과
University of Pennsylvania, 건축학 석사
Skidmore Owing & Merrill LLP
Rafael Vinoly Architects
Gwathmey Siegel & Associates Architects

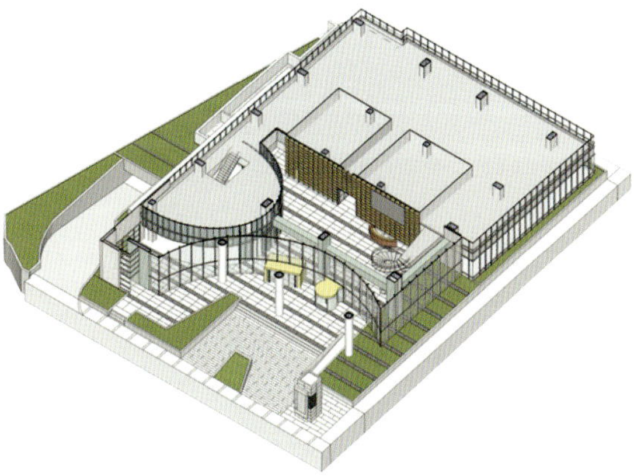

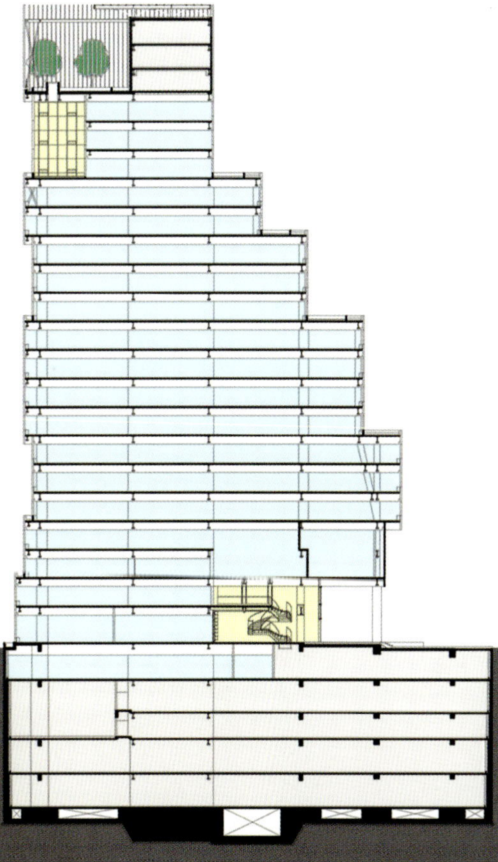

# 서해수중유물보관센터

**Phase # 1 Nature(Ocean+Forest)**

1. 수림대 보호
(남측의 수림대의 우수한 자연경관 요소)
2. 대상지 동측의 안흥항에서 조망

**Phase # 2 Space Program**

1. 협소한대지로 장방형의 기능계획 고려
2. 전시-수장-교육프로그램 구성

**Phase # 3 Human + Culture**

1. 문화와 인간이 어우러지는 공간 조성
2. 수림대를 포함한 대상지 내부 공원화 계획

■ Schematic Concept

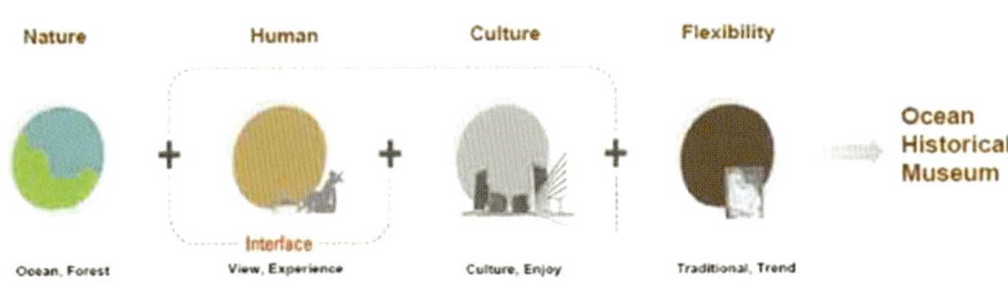


■ 사례조사

노르웨이 오슬로의 바이킹선박 박물관

덴마크 로스킬데의 바이킹선박 박물관

영국 메리 로즈 박물관

스웨덴 스톡홀름의 바사 박물관

노 태 학 Roh, Tae-Hak

목포대학교 건축학과

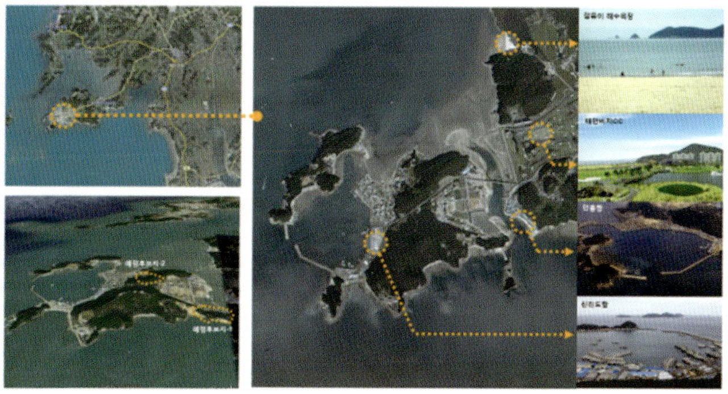

■SITE 주변 현황도

■

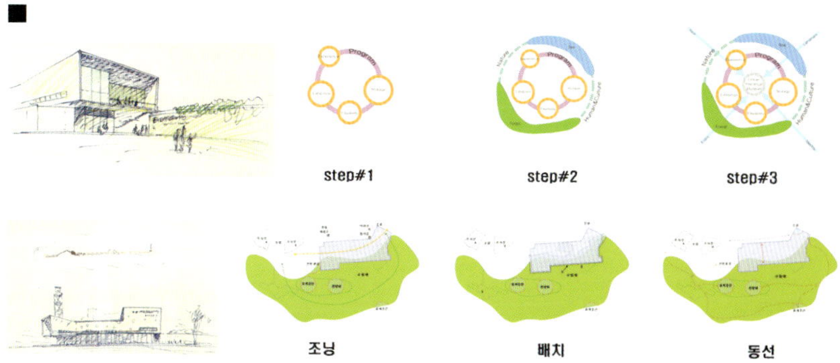

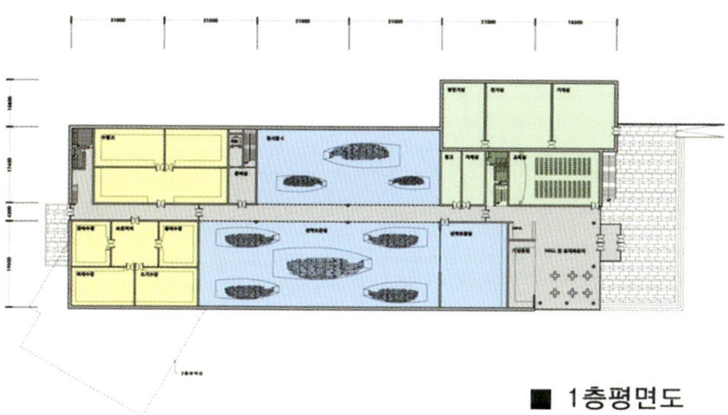

■ 1층평면도

■ 2층평면도

■ 모형사진

충남대 Art Gallery 계획안

# 타자의 세계

**대지** 충남대학교 외국인기숙사 앞
**연면적** 1,272.72㎡
**1층 면적** 537.42㎡
**2층 면적** 370.30㎡
**3층 면적** 365.00㎡
**규모** 지상3층

*다른 이의 세계를 들여다보는 일*
*그들이 해석한 새로운 개념을 받아들이는 곳*
*미술관은 언제나 낯선 체험을 가능하게 한다.*

*일상의 익숙한 생활공간에 존재하는*
*그 곳은 다른 세계로의 여행이다.*

본 프로젝트는 충남대학교 기숙사와 도서관 사이, 통행로에 위치한 교내 미술관 계획으로 학생들의 작품 전시와 젊은 예술인들의 작품전시가 가능한 장소로서 대학 및 지역사회 예술 발전을 위한 장으로서 역할을 하게 될 것이다.
작은 미술관이지만 주변의 충남대학교 꽃길과 도서관, 박물관 등과 함께 지역의 작은 문화공간을 창출할 것을 기대한다.
미술관 건축의 조형성은 또한, 내부공간과 함께 호기심을 자극하며, 정적인 시간여행을 도와주는 요소이기도 하다.

익숙한 환경에서 벗어난 대학생들의 새로운 문화 컨텐츠 - 신선한 자극

작가들의 발자취 따라가기 - 상상하기, 비교하기

새로운 것을 탐험 - 교육 프로그램

공동체 삶 실현하기 - 지역주민과의 교류

류주희 Ryu Joohi
충남대학교 건축학과 부교수

성기문 Seong Gi-Mun
한국교통대학교 건축학과 부교수

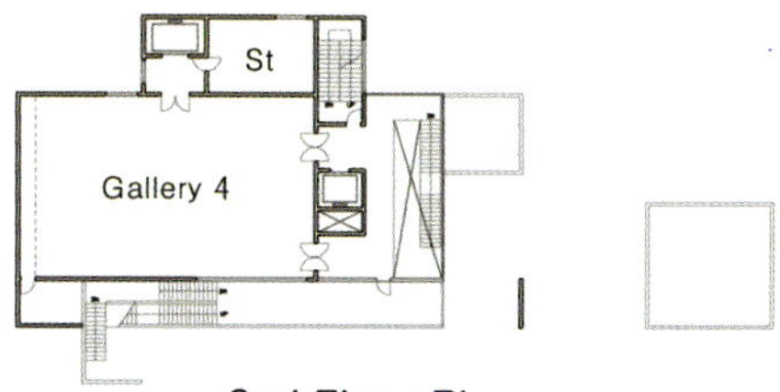


2nd Floor Plan

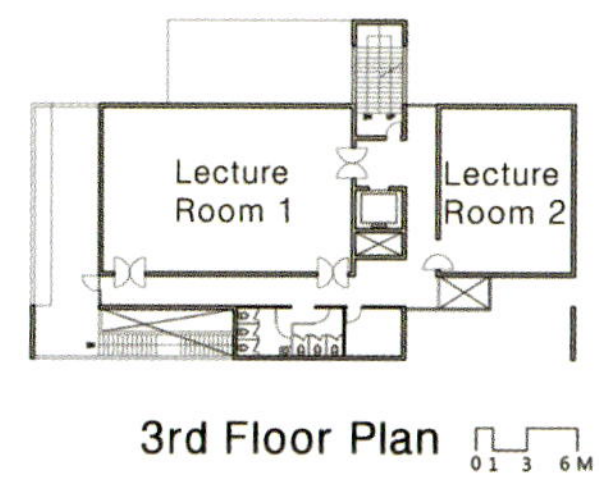


3rd Floor Plan

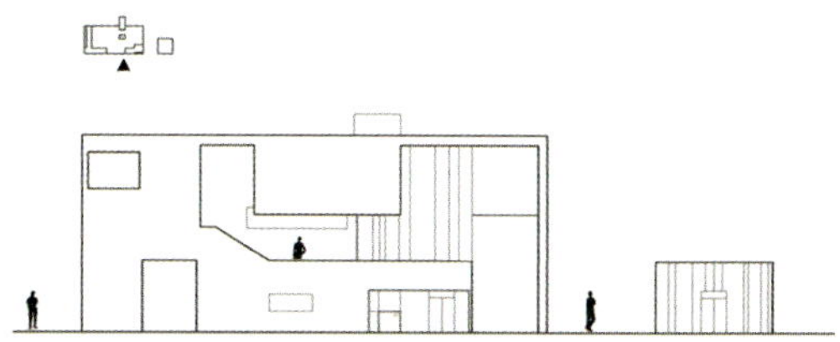

Elevation

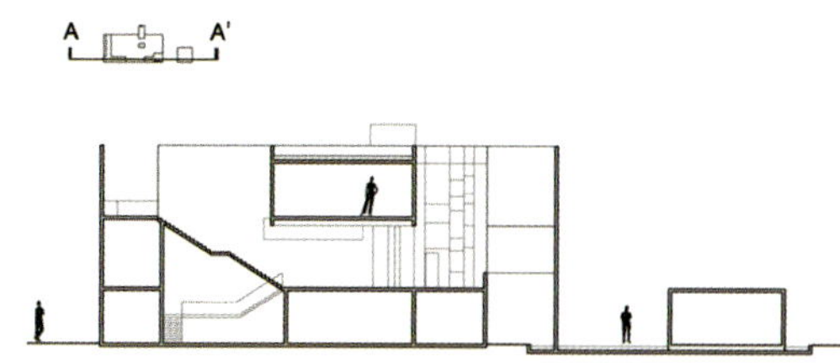


Section A-A'

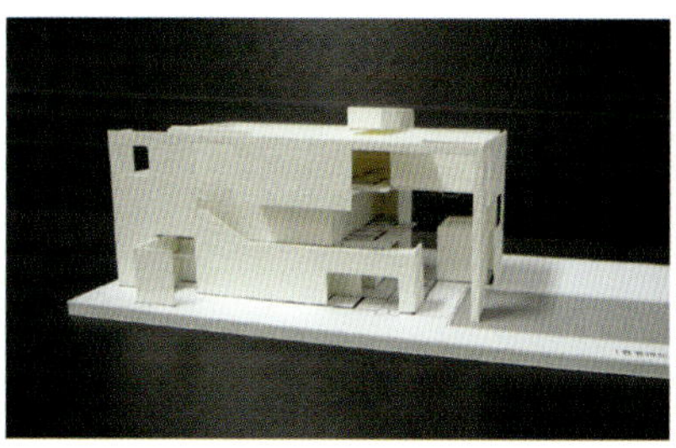

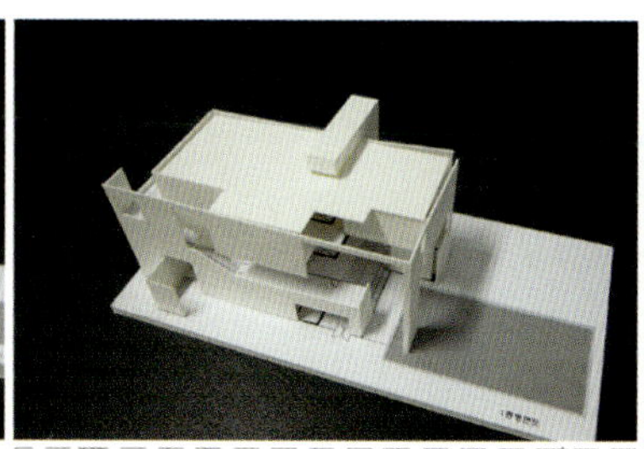

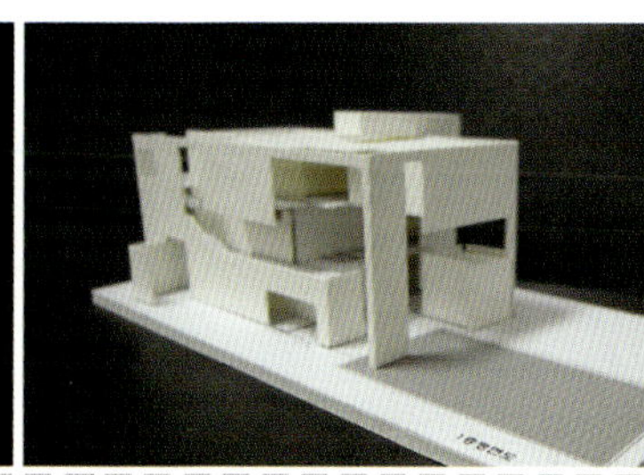

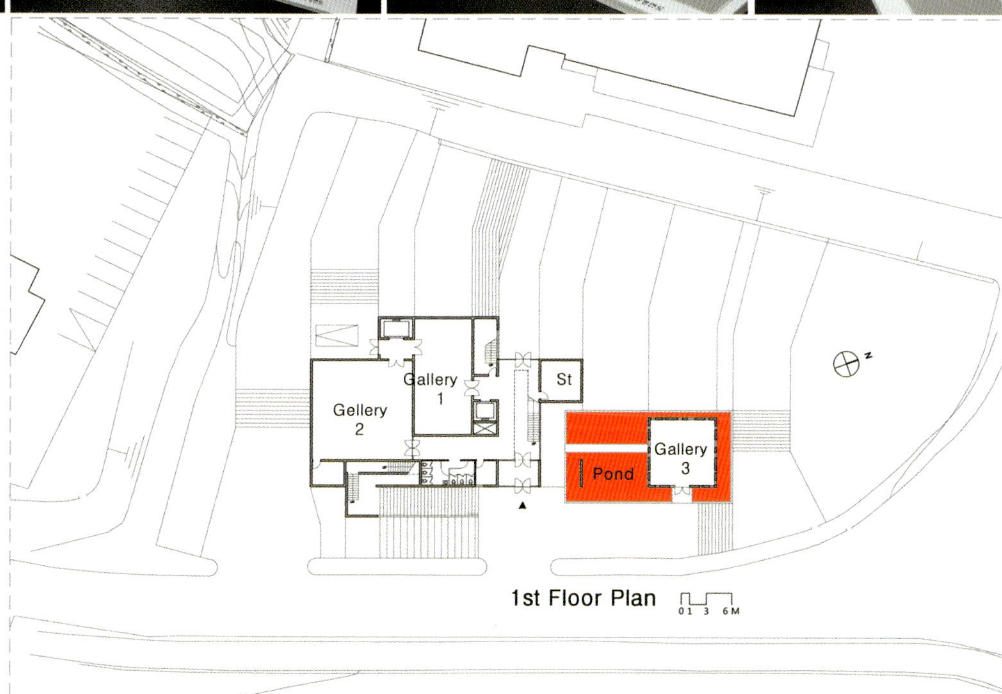


1st Floor Plan

# 기무사 입구 계획안

종로구 소격동 165번지 구 기무사 건물은 새로 건립되는 국립 현대미술관의 전면이 된다. 이 건물의 역사는 1800년대말 종친부의 앞부분이 헐리고 인수궁이 지어지면서 시작한다. 후궁의 거처였던 인수궁은 1900년대 초 다시 일제에 의해 헐리고 최초의 근대식 병원이자 서울의과대학의 전신인 경성의학전문학교가 세워져 몇번의 개축을 거친후 지금의 구기무사의 모습으로 경성육군위수병원이 되었다. 구기무사 건물은 근대식 치장벽돌을 입힌 철근콘크리트 라멘조 건물로써 해방이후에도 군과의 인연이 계속되어 보안사 및 기무사로 계속 사용되었다. 1979년, 구기무사 건물은 다시 중요한 역사적 사건을 담은 건축물이 된다. 그 해 12월 12일의 쿠데타는 이곳을 그 중심적 장소로 삼았고 거사직후 전두환과 노태우 등 주동자들이 담긴 기념사진은 바로 이곳을 배경으로 한다. 1980년대에는 붉은 벽돌위에 드라이비트가 추가되고 창호는 기존의 철제창호 앞뒤로 알루미늄과 목재창호가 추가되어 현재의 모습에 이르렀다. 2008년 이 국군기무사령부 본관은 등록문화재 제 375호로 등록 되었다.

2012년 소격동 165번지에 다시 국립현대미술관이 들어섬에 따라 구기무사 건물은 다시 변화의 중심에 선다. 위치상 구 기무사가 새로운 미술관의 입구로 재탄생되는 것이다. 즉 폐쇄적이고 방어적인 독재시대 군부대 건축물이 시대를 넘어 일반 시민을 위한 공공건축물의 입구로써 다시 태어나는 것이다. 이러한 기능과 위상을 위하여 구 기무사 건물은 변신이 필요하다.

첫째, 안전의 관점에서 1000평인 구기무사의 작은 입구가 10,000평인 미술관의 입구가 됨에 따라 입구가 확장되어야하고, 둘째, 시대적으로 볼 때 독재시대의 권위적 집중형 건물은 새 시대의 평등정신을 표현하도록 수평적으로 개선되어야 한다. 셋째, 기능적으로 군부대의 방어적인 특징을 가지는 시설은 미술관의 열린 시설로 변해야 한다. 이를 위하여 우리의 제안은 2,3층 부위를 일제강점기시의 원래 형태로 복원하고 1층 부분만 미술관과 일치하는 형상으로 열어주는 것이다. 이러한 과정을 통하여 전체 건축물은 그대로 두고 입구만의 변화로써 정반대의 시대를 동시에 표상해야 한다. 이를 통하여 권위적이고 억압적인 독재시대 건축물은 연간 200만명의 관람자가 자유롭게 돌아다니는 열린사회를 상징하는 미술관의 얼굴로 거듭나게 된다. 과거의 근대 유적이 이러한 방식으로 미술관과 결합된 사례는 런던의 테이트 모던 미술관이나 베를린의 Neues 미술관 등 쉽게 찾을 수 있다. 루브르 미술관의 유리 피라미드도 같은 의미이다. 이들은 모두 과거의 유적을 창조적으로 변화시켜 미술관의 전부 또는 일부로 사용한 사례들이고 구 기무사도 새로운 시대 새로운 미술관에 맞도록 변화되고 복원되어야 한다. 이곳이 전두환 시대를 기억하는 기념관으로 남기를 바라지 않는다면 말이다.

경성의학전문학교 초기

경성의학전문대학원 전경

12. 12 성공 직후 기무사에서 기념사진

기무사 입구

미술관 입구

**민 현 준 Mihn hyun jun**
홍익대학교 건축대학 조교수

건축사사무소 mp_Art 소장이며 홍익대학교 조교수로 재직중이다.
서울대학교 건축학과 U.C. Berkeley 대학원 건축학과를 졸업하고 건축사사무소 기오헌, SOM San Francisco에서 실무를 익혔다. 건축작업은 종교 및 문화시설 중심이며, 행복도시 중앙공원 국제현상설계(2007), 마곡지구 교량 아이디어 공모(2008), 공주미술관(2009), 수변도시 비젼공모(2009) 등에 다수의 공모전 입상한 경력이 있으며 국립현대미술관 서울관 현상설계(2009)에 당선되어 실시설계가 완료되고 공사가 진행중이다.

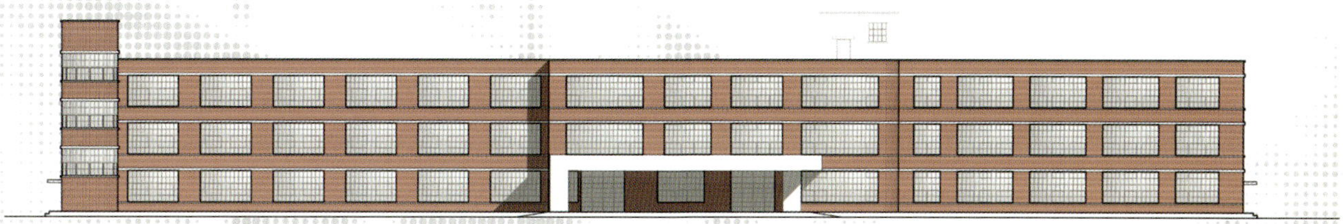

경성의전 입면
Scale : 1 / 600

기무사 현황 입면
Scale : 1 / 600

1층부 개방 입면
Scale : 1 / 600

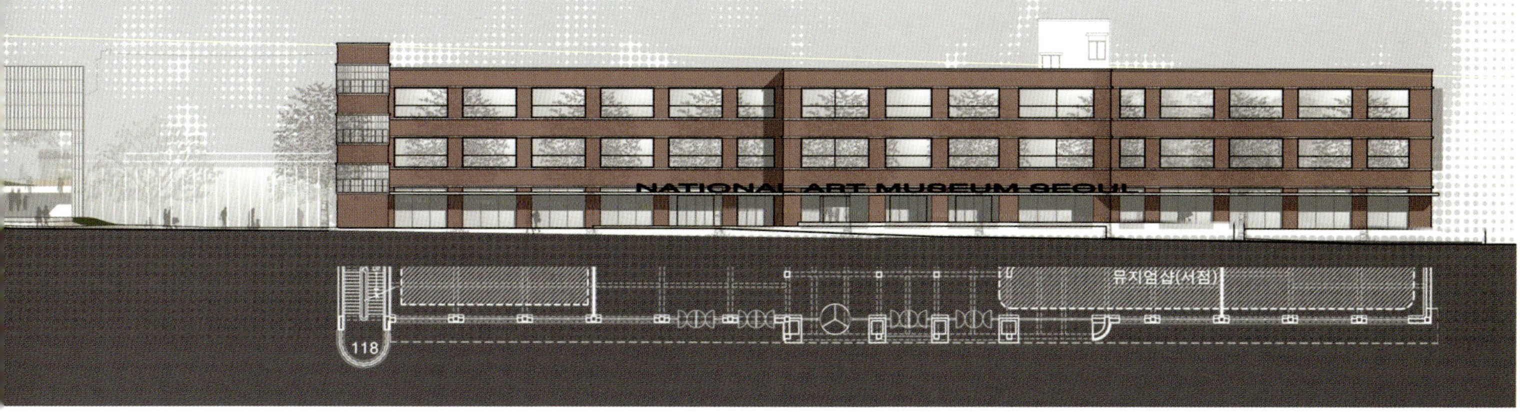

# 부산 오페라 하우스 계획안

프로젝트가 위치한 대지는 현재 부산의 무역항인 북항지역에 새로 도시계획 되어지는 인공섬으로 부산이라는 도시가 바다라는 자연과 만나는 곳이다. 주어진 3개의 주요 프로그램은 2000석 오페라하우스, 1300석 다목적극장 그리고 300석 소극장으로서 이들은 최대한 수변 가까이로 각기 흩어져 자연과의 관계를 강화하는 동시에 자연스레 중앙의 광장을 형성한다.
3개의 프로그램 볼륨은 땅위에 자리하여 군림하는 대신 다양한 켜의 외부 공간을 형성하며 들어올려진 대지 아래에 위치하며 이들 사이에 형성된 매개공간을 통하여 다양한 외부공간과 입체적으로 연결되도록 함으로서 부산 오페라 하우스가 단순히 닫혀진 공연공간이 아닌 사람들과 자연을 향해 열린 유기적인 문화활동의 장이 되도록 한다.

**대지** 부산시 해양문화지구 내
**대지면적** 34,938㎡
**연면적** 60,000㎡
**건축면적** 21,000㎡
**용적율** 170%
**건폐율** 60%
**규모** 지상6층 지하3층
**건물높이** 39m

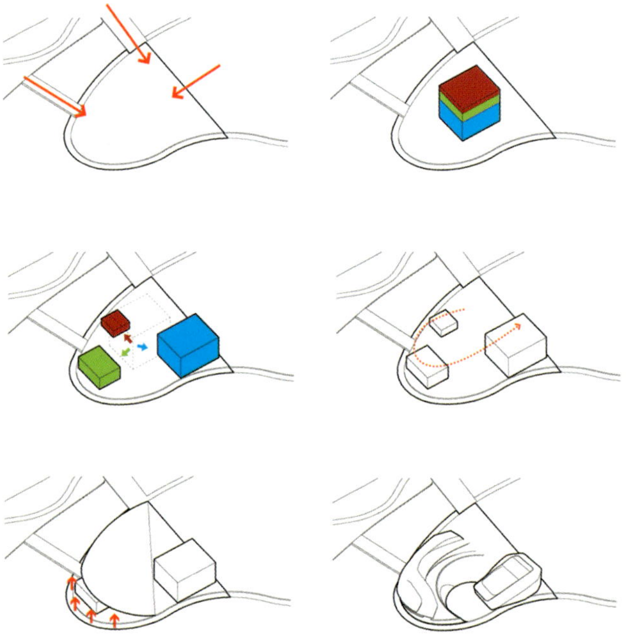

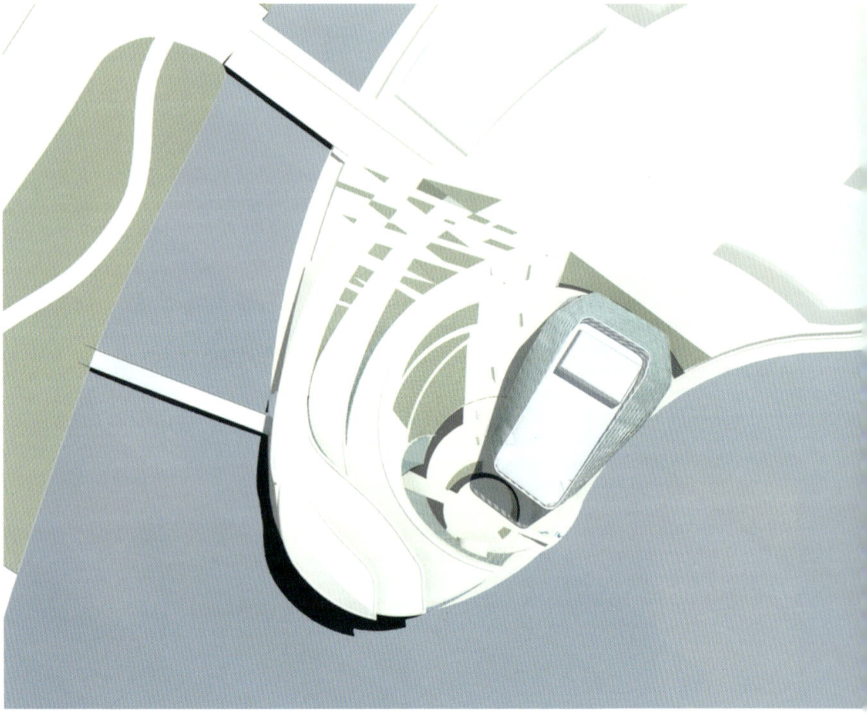

**박경립 Park, Kyung Rip**
강원대학교 공과대학 건축학과

한양대학교 건축공학과를 졸업하고 동대학원에서 석사학위와 박사학위를 취득하였다. 1980년 강원대학교에 부임하여 건축역사 및 설계, 건축 인류학, 건축 문화재 보존 등을 연구하고 있으며 대한건축학회 부회장, 대한건축학회 지회연합회 회장, 2011 대한민국 한옥공모전 심사위원장, 2011년 한국 건축문화대상 준공건축부분 심사위원장을 역임하고 한국건축가협회 명예이사, 대한건축사협회 명예이사, 문화재청 문화재위원, 춘천시 경관위원회 위원장 등으로 활동하고 있다.

**서규덕 Seo, Kyuduhk**
강원대학교 공과대학 건축학과

한양대학교 공과대학 건축학과를 졸업하고 UCLA 에서 M.Arch 1 학위를 받았으며 미국 뉴욕 건축사를 취득하였다. 미국에 위치한 RTKL, Callison 등의 사무실에서 실무를 익히고 귀국하여 정림건축에서 근무한 후 2010년 강원대학교에 부임, 건축설계를 지도하고 있으며 설계실무를 병행하며 동시대 건축에서의 실험적 구축방법에 대한 연구를 진행하고 있다.

# 청주대학교 경상대학 리모델링 (증축공사)

**대지** 청주시 상당구 내덕동 36번지 외
**지역지구** 고도제한지구 (94m, 87m)
**대지면적** 477,603㎡ (144,728평)
**연면적** 19,627㎡ (5,948평)
**건축면적** 3,279㎡ (994평)
**규모** 지상5층, 지하1층
**구조** 철근콘크리트 구조
**마감** 화강석, 복층유리
**주차** 113대

1940년 붉은 벽돌로 출발한 청주대학교는 1960년대에 크게 도약하면서 많은 양의 강의동이 요구되었다. 이들은 최소한의 건축비에 의해 지어졌다. 그 후, 지속적으로 성장해온 청주대학교는 2000년 이후 제2의 창학정신과 함께 대부분의 낡은 강의동의 전면 교체 및 교육환경개선에 강한 의지를 보인다.

경상대학 리모델링 증축공사에는 2가지의 설계조건이 있었다. 기존에 지어진 인문대에서와 같이 외벽재료는 석재의 사용을 원칙으로 하는 것과 청대인으로서의 자긍심을 나타낼 수 있는 이미지의 형성이었다.

부지에 서면 청주시내 경관이 한눈에 들어온다. 모든 강의실, 교수실은 정남향으로 배치하여 조용하고 쾌적한 교육공간이 되도록 하였으며 이동공간 등 모든 공용공간, 휴식공간은 가능한 청주시내 경관을 함께 할 수 있도록 계획하였다. 3개의 건물 동은 연결 부리지를 통해 자연스럽게 이어지며 이곳에서도 잠깐의 휴식과 함께 청주시 전경을 향유한다.

연결 브릿지

북측 광장

**박광범 Park, Kwang Bum**
한국기술교육대학교 건축공학부 교수

청주대학교와 홍익대학교 대학원을 졸업하고 일본 요꼬하마국립대학에서 박물관, 미술관 건축계획으로 박사학위를 취득하였다.
(주)이일건축 대표건축사를 거쳐 현재 한국기술교육대학교 건축공학부 교수로 재직하고 있다. 지역전체를 박물관으로 보는 에코뮤지엄연구를 통해 농촌마을의 재생을 탐구하고 있으며 주요 설계 작품으로는 <진천종박물관>, <서산시립미술관>, <청주대학교인문대학리모델링>등이 있다.

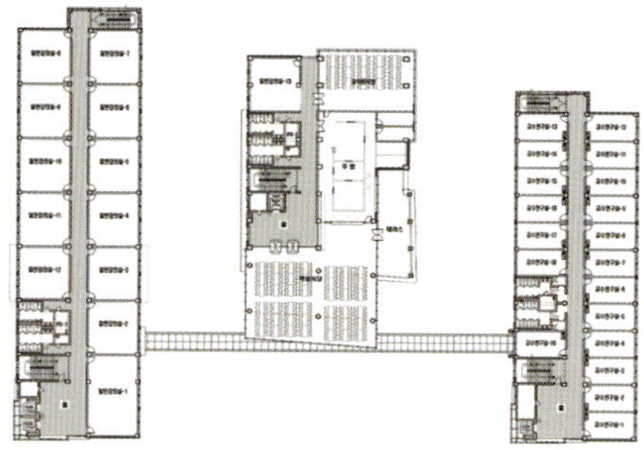
4층 평면도

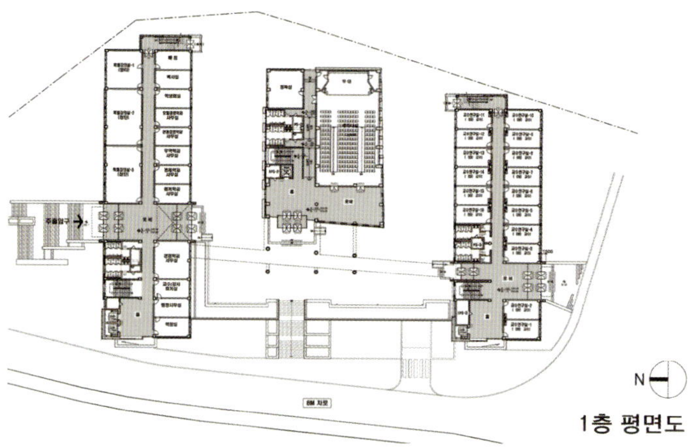
1층 평면도

기존 경상대학

# D 고등학교 계획안

**대지** 충북 음성군 금왕읍 본대리 산24번지 일원
**대지면적** 21,874 ㎡
**연면적** 12,073.95 ㎡
**건축면적** 5,143.62 ㎡
**용적율** 54.74 %
**건폐율** 23.51 %
**규모** 지상4층, 지하1층
**건물높이** 20.8m
**주차** 49대

자연의 등고를 그대로 유지하고 있는 시골의 마을의 평야 한복판에 계획되어지는 본 학교 프로젝트는 아직 원시적인 분위기를 간직하고 있는 개발전의 대지에 위치하고 있다.
자연속에 인위적인 건물의 건축은 대지 주변 환경에 익숙하지 않은 문맥을 제공한다. 그러나 자연과 삶을 공유해야 하는 인간들은 불가피하게 개발의 명목 아래 자연의 모습을 변형 시키게 된다. 대지 형태의 변형과 새로운 매스의 첨가는 주변 환경에 초대하지 않은 낯선 방문객과도 같다.
하지만 최대한 낯설지 않게 주변과 조화를 이루며 건물이 계획되어 진다면 곧 익숙함으로 다가올 수 있을 것이다.
본 프로젝트는 경사가 심한 대지에 위치하게 된다. 계획은 주안점은 경사를 최대한 이용하여 건물이 대지의 경사와 어울려 위치하게 함으로써 낯설은 구성원이지만 주변 환경에 조화롭게 융화되어 질 수 있도록 하는 것이었다. 결과적으로 주변 사람들에게 낯설게 들어선 구조물이지만 곧 익숙해 질수 있는 시설물이 되도록 희망한다. 또한 학교는 지역 커뮤니티의 중심 공간으로 활용된다. 이러한 기능적 역할은 지역민에게 익숙한 공간으로 더욱 쉽게 다가갈 수 있을 것이다. 낯설지만 곧 익숙해지는 공간으로 시설을 이용하는 모든 이들에게 편안함을 줄 수 있도록 계획해 보았다.

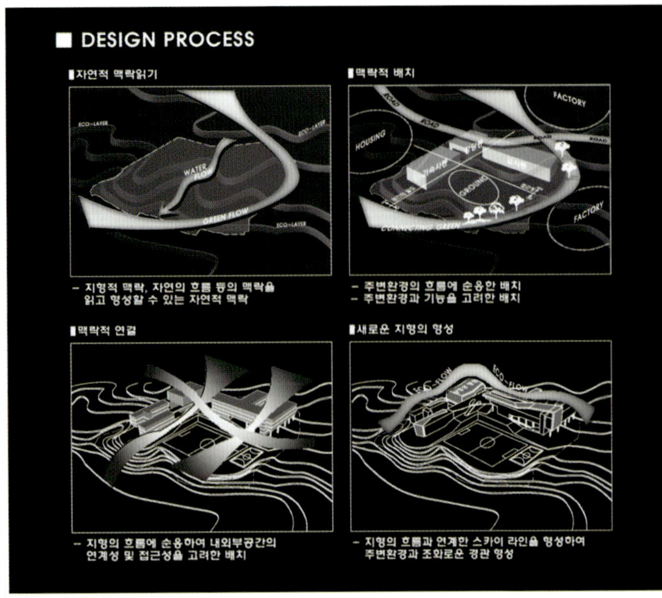

**박상구 Park, Sangkoo**
청주대학교 건축학과 조교수

한양대학교 건축공학과 학사, university of Illinois(Urbana–Champaign)석사
서울건축, 삼우설계, Abris Architects, gkkworks, Mix Studioworks
AIA, Licensed Architect in Illinois(U.S.A), LEED AP., 건축기사 1급

"이 전시 및 발표회는 2012 학년도에 청주대학교 산업과학연구소가 지원한 학술연구조성비 (특별연구과제)에 의해 연구되었음"

# CONTINUM IV

**대지** 경기도 용인시 기흥구 중동 983-5
**대지면적** 273.70㎡(82.7평)
**연면적** 322.65㎡(97.6평)
**건축면적** 159.2㎡(48.1평)
**용적율** 91.36%
**건폐율** 58.16%
**규모 지상** 2층, 지하1층
**건물높이** 9.37m
**주차** 3대

연속체(Continum)에는 두가지의 의미가 들어 있다. 하나는 보다 적은 요소들로 공간을 결정하는 모델 탐구로 어느 한 점을 누르면 다른 점이 연동되어 변형되는 것과 같은 모델링으로 그 선들은 끝이 나지 않고 연속적으로 이어지는 것이다. 이 건축적 모델의 개념은 외적요인(환경적 요인)과 내적 요구(건축주의 요구 사항등)에 의해 건물매스가 신축성있게 변형되어 대응할 수 있도록 하는 고무막과 같은 구조적 개념을 가지고 있다.

다른 하나는 형태를 기하학적으로 변형시켜 연속체와 같은 모델링을 함으로써 <건축>으로서의 기호성을 나타내기 위함이다. 이것은 현재의 건축적환경이 요구하고 있는 도시와 자연과의 조화라고 하는 맥락(Context)을 인지성과 소거라고 하는 상반되는 개념으로 정확하게 표현하기 위함인 것이다.

이 주택은 건물의 볼륨(Volume)을 가지고 연속체를 만든 것으로 경사진 지형의 중앙부분을 눌러 생겨나는 양단의 볼륨을 공간구성을 하여으며 양단의 볼륨은 지형이 가지고 있는 레벨차이에 의해 자연스럽게 스킵플로어 동선 체계를 가지며 모든 공간이 연결되게 된다. 초기 계획안은 더욱 더 공간을 비워냄으로써 연속성을 강화하였으나 아직까지 고전적인 방이라고 하는 개념을 비우지 못한 견해 차로 인해 많은 켜를 가지게 된 것이 아쉬움으로 남는다.

## Design Process

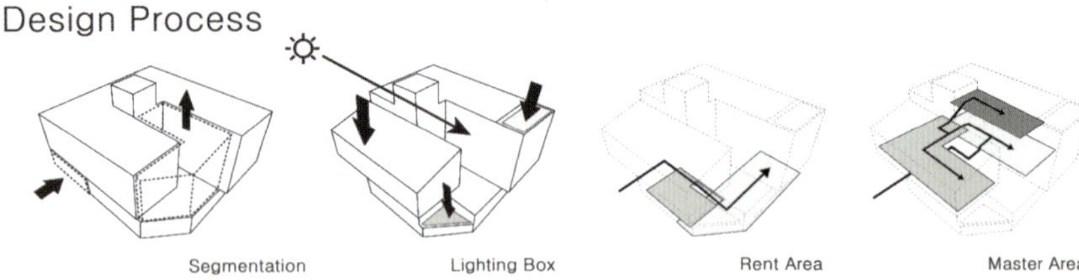


## Elevation

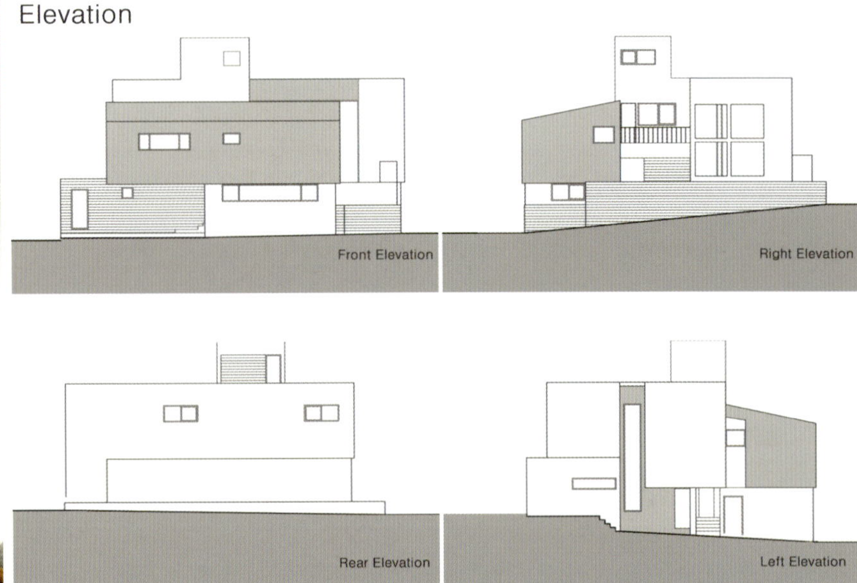

**박 인 규 Park In-kyoo**
배재대학교 건축학부 교수

서울출생 | 동경대학교 공학박사(건축계획) | 커뮤니티테크놀러지 선임연구원(일본) | 대한민국건축대전 입상 한국건축대전 입상 공간학생건축설계공모전 입상(2회) 일본 신건축 후원 공모전 3등상(2회) 카와사키 코리아타운계획 1등상 내장산리조트개발계획 현상설계 2등상 오오야마쵸 유원지 개발계획 1등상 센다이시 Rias Ark Museum (주)한화 인천공장 재개발계획(마스터플랜) 청주시 주상복합 계획안 H시 납골단지 계획(마스터플랜) 신사동 W바 인테리어 F1경기장 계획(마스터플랜)
Keyword : 마사지공간, 정보디자인, 커뮤니케이션 디자인

## Plan

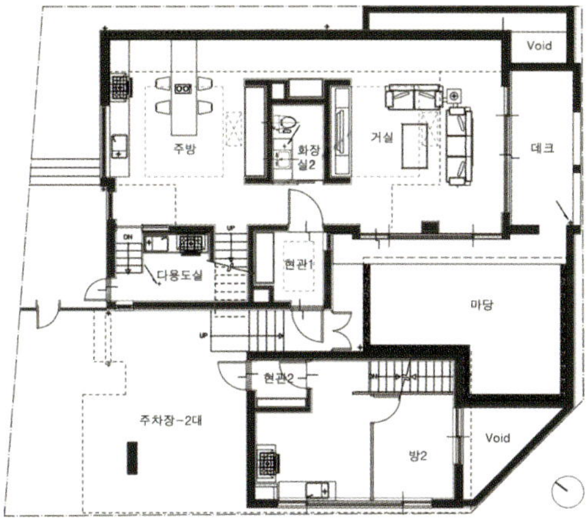


1st Floor Plan

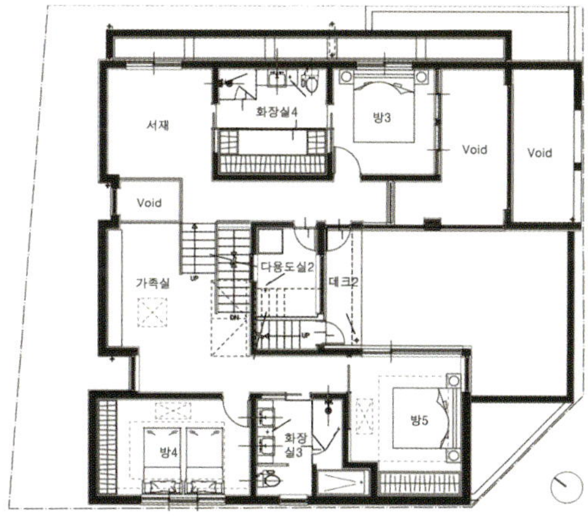


2nd Floor Plan

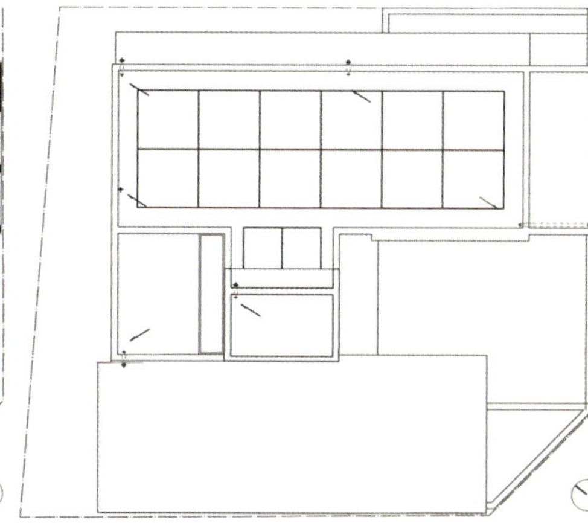

Roof Plan

## Section

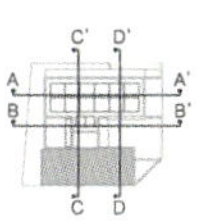

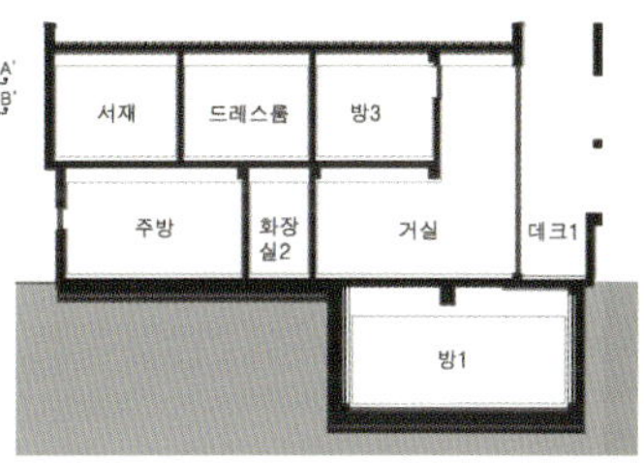


A-A' Section

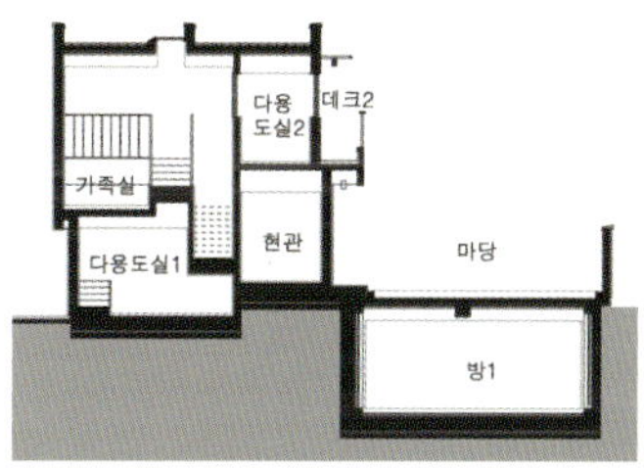


B-B' Section

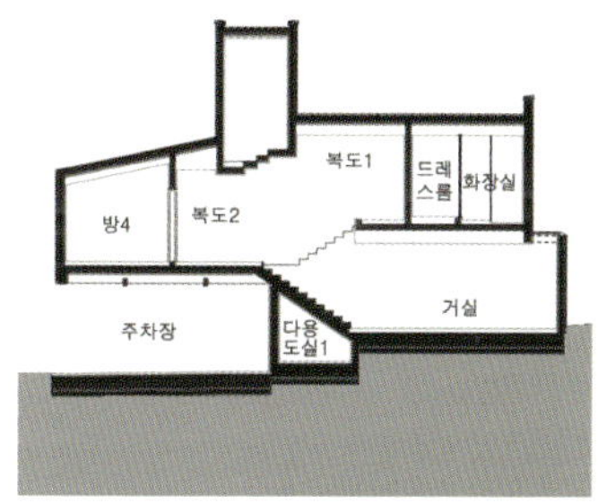


C-C' Section

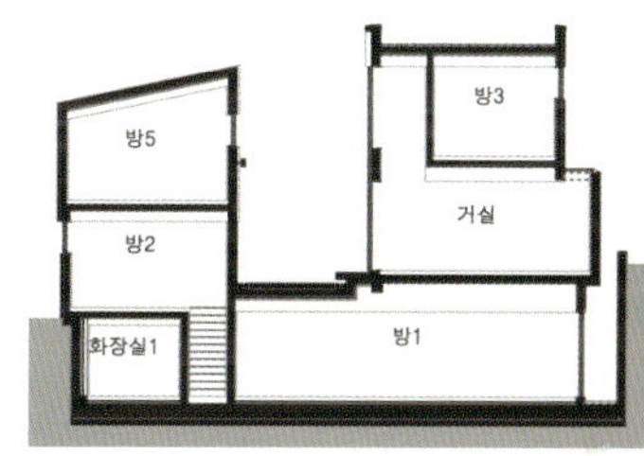


D-D' Section

도서관의 빛에관한 연구

# 신하도서관 계획안

**대지** 이천시 부발읍 신하리
**대지면적** 4,833㎡
**연면적** 3,491.39㎡
**건축면적** 965.18㎡
**용적율** 48.31%
**건폐율** 19.97%
**규모** 지상3층, 지하1층
**건물높이** 13.8m
**주차** 36대

빛의 유입과 배출의 경로로서 바라봄으로써 낯선 도서관이 발견된다.

"One takes a book from where it is dark to read in light"(책은 어두운 곳에서 꺼집어 내어서 밝은 곳에서 읽는다.)

루이스 칸이 생각했던 도서관 공간과 빛의 관계에서부터 이 프로젝트는 시작하였다. 도서관으로 들어오는 빛은 다양한 경로를 갖게 된다. 로비 아트리움, 어린이 도서 공간 남측 아트리움, 3층 일반열람실의 고측창 그리고 도서관과 가벽사이에 삽입된 외부독서 발코니란 4개의 빛 조절장치들이 도서관의 물리적 모습을 결정하였다. 다양한 물성의 스크린 등은 이러한 빛의 변화를 증식시켰으며 더욱 다채로운 모습이 경험되는 장소를 만들어 내었다.

**박종혁 Park, Jonghyuk**
서울과학기술대학교 건축대학 부교수

한양대학교 건축공학과를 졸업하고 University of Pennsylvania(M-Arch)에서 수학하였다. 뉴욕에서 Robert A.M. Stern Architects, Peter Marino Architects, S.L.C.E Architects 에서 근무했으며 현재 서울과학기술대학교 건축학부 부교수로 재직 중이다. 건축교육 및 이론연구와 건축실무를 넘나들며 설계 작업을 진행 중이다. 다수의 설계경기에서 수상을 하였다. (이 작품은 서울과학기술대학교 교내 창작연구비 지원으로 수행되었습니다.)

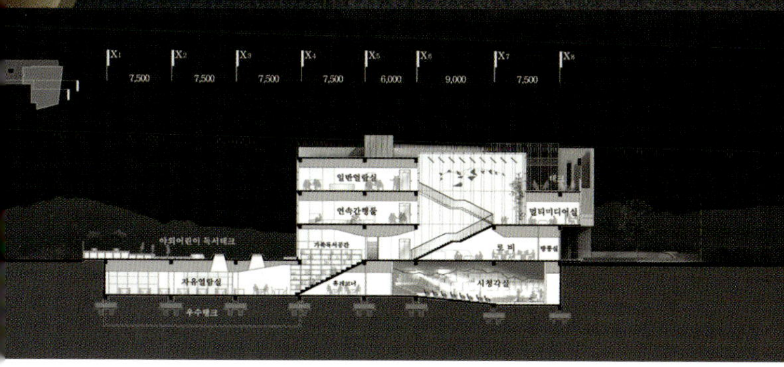

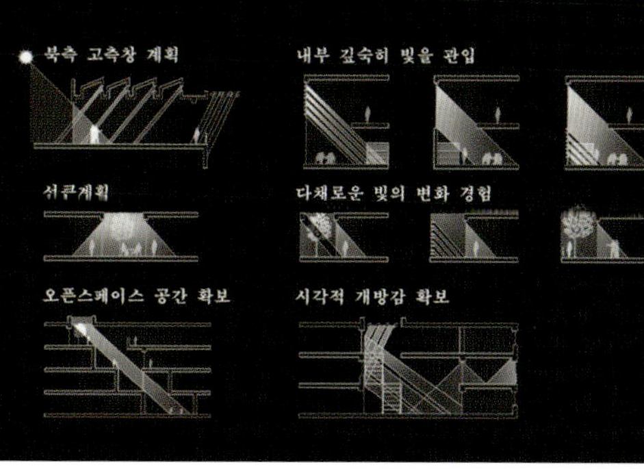

# BIOMEDICAL SCIENCE VALLEY

**작품 개요**

**대지위치** 강원도 춘천시 강원대학교 부지 인근

**대지면적** 244.700㎡(약 74,000평)

**연면적** 99,000㎡(30,000평)

연구시설 38,000㎡(11,500평)

연구병원시설 30,000㎡(9,100평)

기반시설 (행정실, 회의실, 숙박시설, 레져시설) 31,000㎡(9,400평)

BIOMEDICAL SCIENCE VALLEY (BMSV)는 건강한 삶을 영위하는 친환경적이고 자족적인 웰니스시티(Wellness City)를 목표로 하여 '공원 속의 연구센터' 를 조성하여 도시라는 인공환경이 자연과 적극적으로 만날 수 있는 장소를 만드려고 한다. 다양한 기능의 시설물들이 기존의 지형과 수목을 그대로 유지하면서 앉혀지고 수목지대에 산책로와 수공간 등을 조성하고 이것이 시설을 연결하는 동선 네트워크와 연계된다. 중앙의 아고라 (원형광장)를 중심으로 축제마당, 진입마당 등 정형의 형태를 띤 외부공간이 다양한 외부 활동을 수용 한다. 일부 기숙사동을 고층화하여 밀도를 효율적으로 해결하면서 지역의 랜드마크 역할을 한다.

공원 속의 사이언스센터

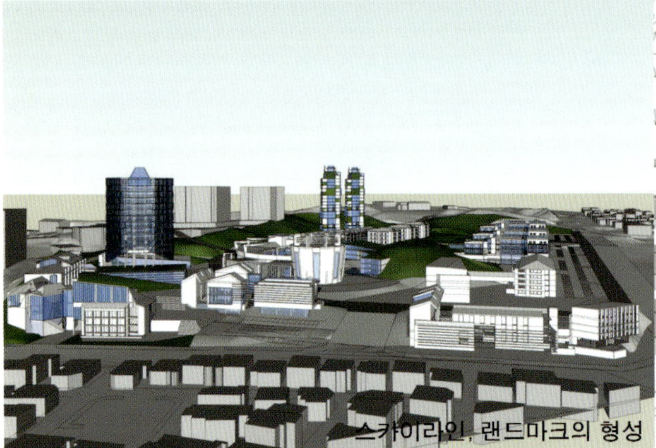

스카이라인, 랜드마크의 형성

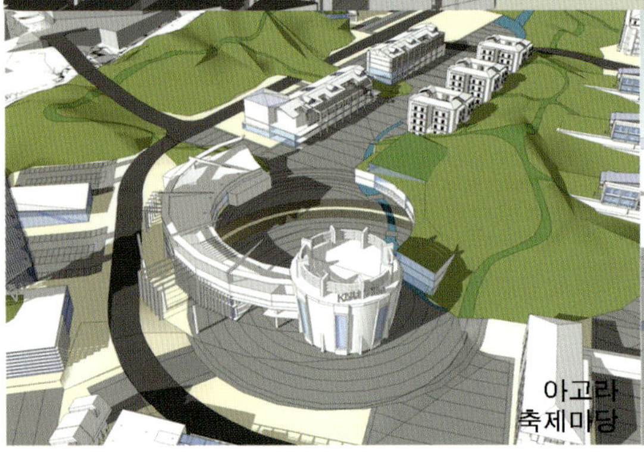

아고라
축제마당

축제마당

임상시험센터와 전문질환

**박 창 근 Park Chang Geun**
강원대학교 건축학과 교수

서울대학교 건축학과 동 대학원을 졸업하였고, 미시간 대학교(Univ. of Michigan, Ann Arbor)에서 공부하였다.
S.O.M.(chicago)을 거쳐서 아키반 도시연구소에서 성공회대학종합관, 코코엔터프라이즈사옥, 예술인 회관과 세계도자기 엑스포(여주단지) 등의 설계를 주관하였으며, 2000년도에 건축포럼건축사무소를 건립하여 인천주택, 방이동주택 그리고 백제대교인도교화사업등의 작업을 진행하였다.
2003년도에 강원대학교에 부임하여 현재까지 교육과 실무를 통하여 건축작업을 계속하고있으며 길과 건축' 이라는 주제로 건축 혹은 도시에서의 이동의 공간에 대한 생각을 이어가고 있다. 최근작으로는 일조각사옥, 영진本정형외과, 라이언타워와 화천 수상스포츠타운 (카누경기시설), 튜브하우스(제주), 청산청우(춘천), 부암동주택 등이 있다.

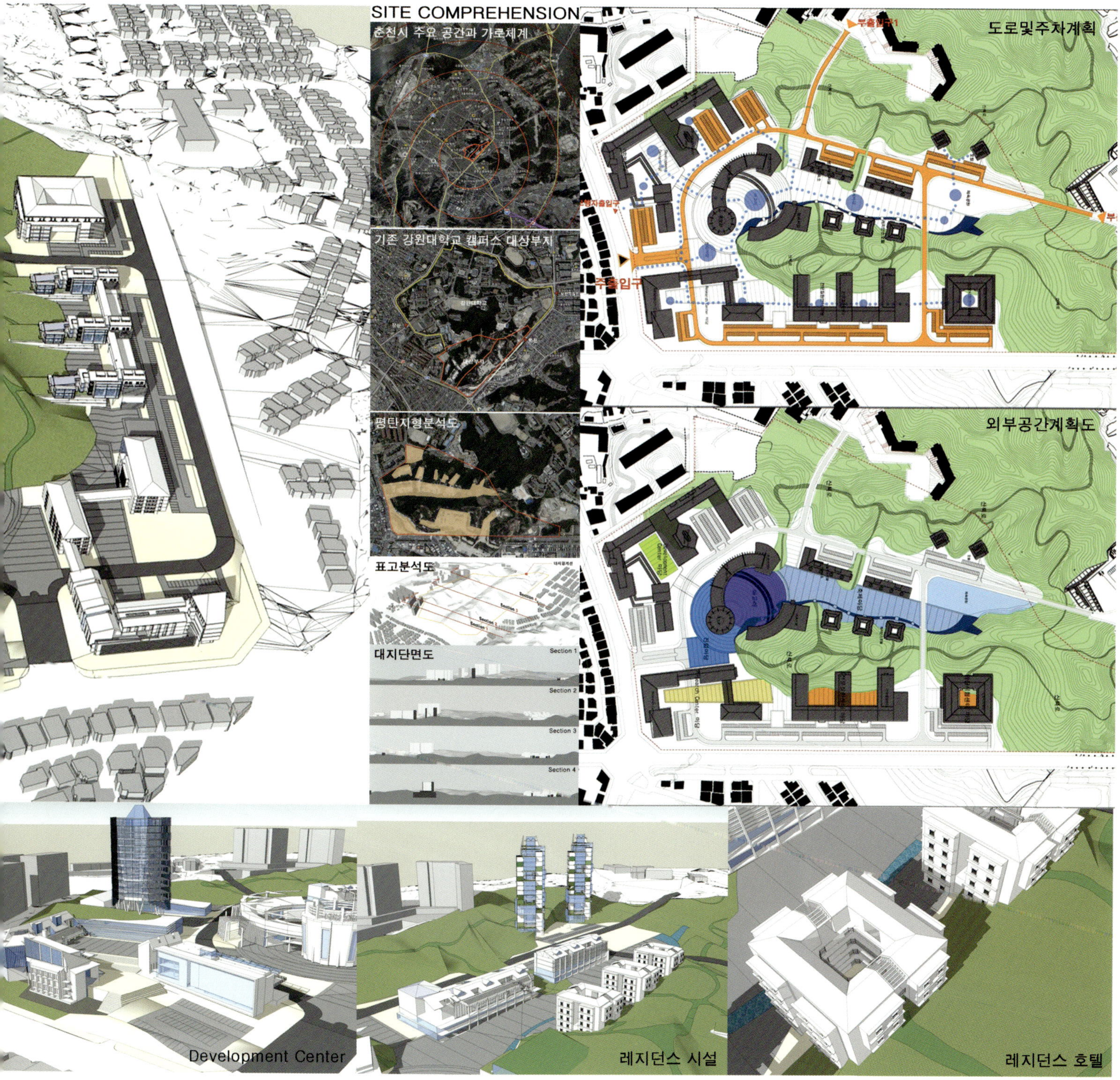

# 휴먼타운, 낯설게 익숙한 주거지 재생

선진화 사회에 진입한 시점에서 시민들의 삶의 질을 전제로 한 새로운 주거지 재생의 패러다임이 필요하다.

물리적 환경개선 외에 사회 경제적 재생을 포함하고, 보전 관리 정비가 조화되며, 일시적 개박이 아닌 점진적 재생을 추구하는 사람과 장소중심의 패러다임이다.

휴먼타운은 새로운 패러다임에 부응하여 저층주거지를 아파트와 저층주거지의 장점을 합쳐 경쟁력있는 동네를 주민 스스로 만드는 새로운 주거지 재생사업의 모델이다.

이번 작품은 서울시 휴먼타운 시범사업인 "연남동 휴먼타운 조성사업"이다. "낯설게 익숙한 Strangely Familiar" 새로운 주거지 재생방식으로 뉴타운 재개발의 한계를 극복하는 대안으로 주목할 만한 가치가 있다.

## 대상지 위치 및 현황

대지 : 마포구 연남동 239-1번지 일대
지역지구 : 제2종 일반 주거 지역
면적 : 82,900 ㎡

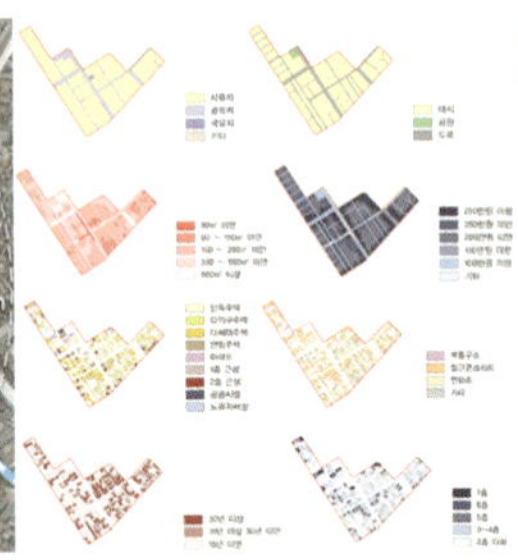

## 주요 가로 현황

## 서울 휴먼타운의 개념 및 목적

기존 아파트의 장점
보안 및 방범과 편의시설 확보 지속적인 관리정책

\+

저층주거지의 커뮤니티
골목길과 커뮤니티가 살아 있는 환경

## 사업 주요 일정

1차 주민 대표 회의
(2011.02.09)
· 주민 협의체 구성

2차 주민 대표 회의
(2011.02.18)
· 다같이돌자 동네한바퀴

3차 주민 대표 회의
(2011.02.23)
· 주민대표와
동네목표이미지 만들기

4차 주민 대표 회의
(2011.03.08)
· 공공부문 기본 구상

5차 주민 대표 회의
(2011.03.14)
· 공공부문 기본계획

7차 주민 대표 회의
(2011.03.28)
· 건출물 리모델링

8차 주민 대표 회의
(2011.04.04)
· 지구단위계획 협의

9차 주민 대표 회의
(2011.04.11)
· 지구단위계획 협의

2012.03 주민회의
· 주민협정서 협의

2012.03 주민회의
· 주민협정서 협의

2012.04 주민회의
· 주민협정서 협의

2012.05 주민회의
· 주민협정서 협의

휴먼타운은 주민의견수렴,계획안 작성 및 결정은 주민 협정의 세가지 단계로 구분한다. 이 세가지는 모두 주민 대표와의 협의를 통해 제안되고 수정되어 발전한다. 지속적인 주민 협의 과정에서 다양한 의견을 수렴하고 구체적인 계획을 마련하고 일상적인 주거지 관리로 발전할 수 있다. 이것은 주민 스스로 마을을 지키고 가꾸는 자발적인 변화를 이끌어내고, 점차 주민 제안을 유도하는 방식으로 변화될 것을 기대한다.

## 휴먼타운 길공원길

**배웅규 Woongyoo Bae**
중앙대학교 도시공학과 부교수

주민 참여에 의한 도시 설계와 도시 재생에 주요한 관심을 두고 있으며 서울시 휴먼타운 총괄계획가 등으로 활발히 활동하고 있다. 이번 작품은 장소중심의 주거지 재생이 중요해지는 가운데 전면 철거 중심의 정비 사업의 합계를 극복하는 점진적 수복형 재생을 위한 낯설지만 익숙한 주거지 재생방안인 휴먼타운 기본 계획안을 담고 있다. 이 계획은 연남동 휴먼 타운 주민의 적극적인 참여와 서울시 주거 재생과와 주거환경과의 의지 및 에이텍 건축과 동해 엔지니어링의 협조를 통해 완성될 수 있었다.

## 연남동 휴먼타운 계획안

## 주민 커뮤니티 센터

리모델링

신축

위치 : 마포구 연남동 239-56번지
대지면적 : 235 ㎡
규모 : 지상 4층
구조 : 철근 콘크리트

1층 : 99.25 ㎡ 지역특산물 전시실
2층 : 133.50 ㎡ 북카페
3층 : 133.31 ㎡ 경로당
4층 : 93.96 ㎡ 육아방

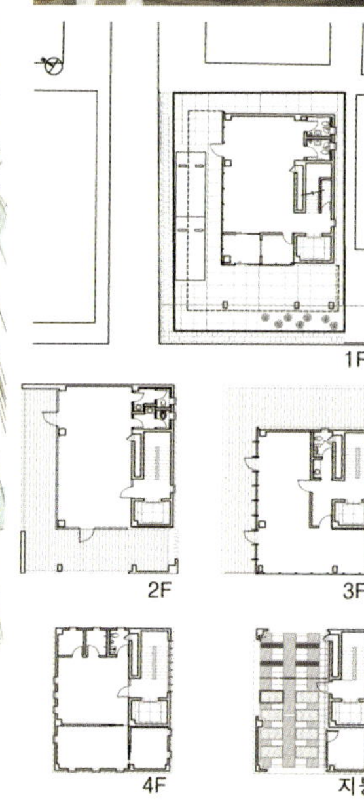


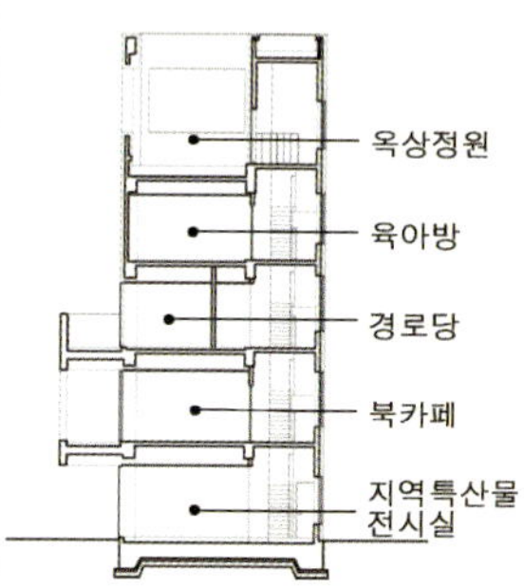

# 미륵사지석탑 유실부복원계획안

**대지** 전라북도 익산시 금마면 기양리 97

이 계획안의 필요성은 일제강점기에 콘크리트로 구조보강된 부분을 철거하면서 대두되었다. 백제시대의 석탑 유실부를 어떻게 우리 시대에 구성해서 넣을 수 있겠느냐는 것이 질문이었다.

본 계획안에서는 기존 석탑의 구성재료인 석재를 현대적 방식으로 해석하여 적층하였다. 백제 시대의 석탑이 통석을 적층하는 방식을 구사하였다면 본 제안은 현대건축에서 사용하는 방식을 적용하여 판석과 고정철물을 교대로 적층하는 방식을 선택하였다. 기존의 석탑부위는 새로운 석재로 적심석을 채우고 현대적 보완 부위는 스테인레스강을 배경 구조체로 사용하였다. 새로운 적층방식은 석재와 석재 사이에 공극을 확보하며 이를 통해 기존의 석재와 조화를 이루면서도 뚜렷한 대비를 이루도록 하였다.

**서현 Seo Hyun**
한양대학교 건축학부 부교수

서울대학교 건축학과와 대학원, 미국 Columbia University 건축대학원을 졸업했다. 저서로는 〈건축, 음악처럼 듣고 미술처럼 보다〉, 〈그대가 본 이 거리를 말하라〉, 〈건축을 묻다〉, 〈또 한 권의 벽돌〉, 〈사라진 건축의 그림자〉가 있고 지은 건물로는〈김천상공회의소〉, 〈효형출판사옥〉, 〈서울대학교 인문대학 멀티미디어강의동〉, 〈해심헌〉 등이 있다.

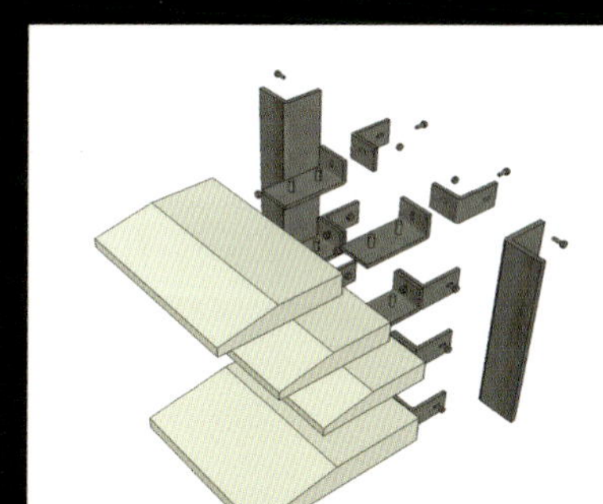

적층방식

새로운 적층방식은 석재와 석재의 사이에 확보된 공극을 통해 일정한 투명성을 구현하게 된다. 기존의 석탑과 비교하여 재료적 유사성과 함께 형태적 차별성을 보이면서 조화로운 석탑복원이 이루어질 수 있다. 신축석탑 내부에 조명원을 설치하고 기존석탑 외부에 별도의 조명원을 설치한다면 야간에 석탑의 형태가 차별화 되면서 확연하고 초현실적 대비효과를 이룩할 수 있다.

Scrapped Ship Transforms Into Opera House

# REINVENTIO

REINVENTIO : A Site-Specific Vessel for Performance

▨ REINVENTIO is created through the re-invention of scrapped ships into the Opera House.
The site is located adjacent to the container terminal and thus the scenery illustrates a discordant, but habituated ensemble of sea, mountain, town, shipping wharf, and various ships.
REINVENTIO attempts to symbolize the social, cultural, and natural atmosphere of this site through a sublime structure of re-used ship hulls supported by an amass of outdoor hall, concert hall, and opera hall.
The aesthetics of festival and performance is corroborated by the ethical reuse of scrapped ships.

▨ Four structures and programs, respectively, join efficiently to create a new vessel for performances.
A new vessel, REINVENTIO is reminiscent of a grandiose scale of big ship, a sublime and festive atmosphere of big musical instrument, the reverberation of various sounds, and the site-specific symbol of the past and present ages.
REINVENTIO is activated through performance within house, around the hull, and on the deck.
It is a mysterious object that envisions the future of Busan which has been constant on the site.
REINVENTIO re-invents a performance venue that might have stayed there through the sound of sea, wind, and ships.

Sunk wrecked ships in the sea of sound reverberation

Hull structure of scrapped ships

Re-used hull structure for constructing an Opera House

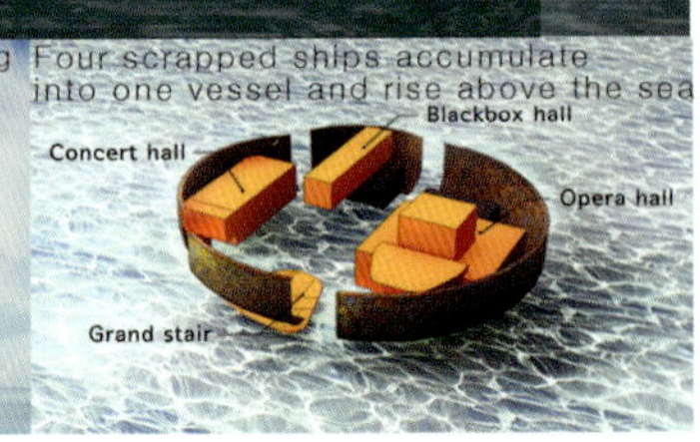


Four scrapped ships accumulate into one vessel and rise above the sea

**송 하 엽 Song Ha Yeob**
중앙대학교 건축학과 조교수

서울대학교 공과대학 건축학과 졸업 후 국내 현장에서 설계업무를 4년여 익힌 후, 미시건대학교에서 건축학 석사과정 을 마치고 펜실바니아대학에서 데이빗 레더배로우(David Leatherbarrow) 교 수의 지도아래 "파사드 포셰: 마르셀 브로이어, 리처드 노이트라, 호세 루이 서트 건축에서 창-벽 기능의 표상 (Facade-poche: Performative Rep-resentation of Thickened Window -Walls in the Works of Marcel Breuer, Richard Neutra, and Jose Luis Sert)" 논문으로 건축학 박사학 위를 받았다. 그 후 필라델피아에서 건 축가로 활동하며, 미술관, 청소년관, 공 동주거, 카지노, 호텔 등을 설계하며 펜 실베니아 대학교에서 스튜디오 인스트 럭터로, 드렉셀 대학교에서 디자인 크리틱으로 활동했다. 2009년부터 중앙대 학교 건축학부 교수로 디자인과 역사 및 이론을 가르치며, 건축과 도시, 환경의 공통영역을 다루는 건축, 도시, 공간환 경 디자인 작업을 하고 있다.

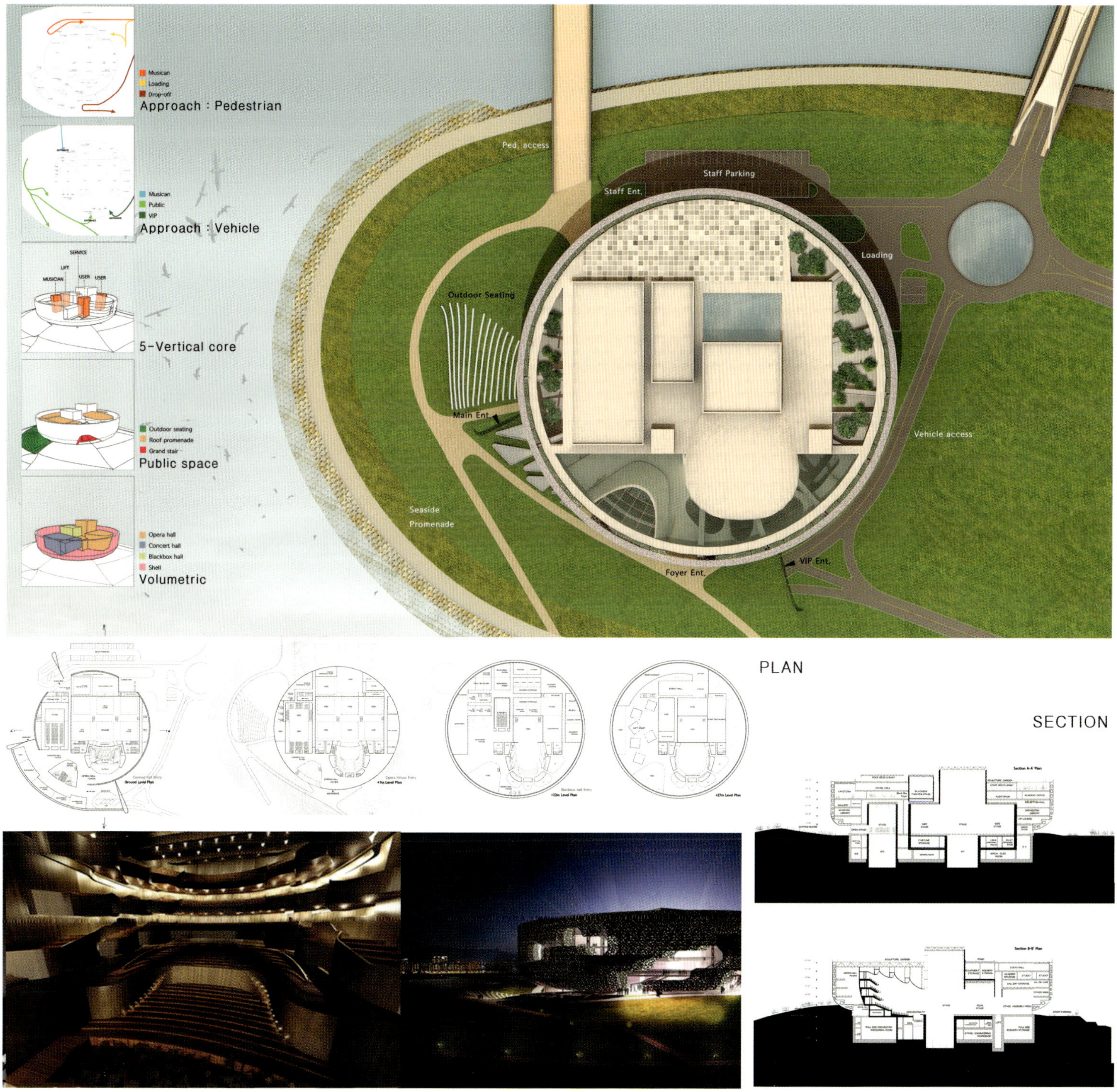

# 석천리 고 교수님댁

**대지** 울산광역시 울주군 웅촌면 석천리
**대지면적** 583㎡(177평)
**연면적** 124㎡(37.6평)
**건축면적** 97.9㎡(29.7평)
**건폐율** 16.8%

대지는 석천리 마을의 한 가운데 위치해 있다. 전체가 원호를 이루면서 가운데 논을 둘러싸고 있는 이 마을은 예전부터 울산지역에서는 풍수가 좋다고 손꼽혔다. 건축주인 고 교수님은 10여년 전에 이 대지를 취득하셨지만, 그동안 몇 가지 이유로 미루시다가 두 자녀가 모두 독립을 한 이제야 집을 짓게 되었다. 설계는 선생님의 경제 규모에 맞춰 그리 크지 않은 규모에 일반적인 재료를 사용하였으며, 번잡한 도시에서 떠나 사모님과 두 분이 전원생활을 즐기실 수 있도록 단순한 구조로 하였고, 그 형태 또한 주변과 어울리도록 하였다.

**매스 계획**

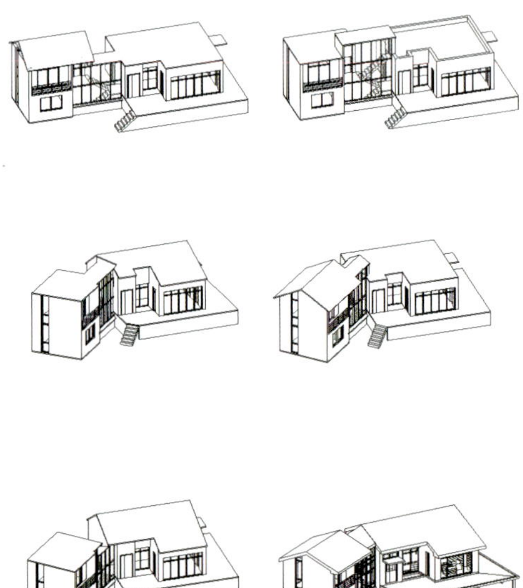

## 신 재 억 Shin Jai Eok
울산대학교 건축대학 교수

1976 서울대학교 건축학과 졸업
1978 서울대학교 대학원 공학석사
1984 Pratt Institute, M. Arch.

1977 ~ 79 기인설계사무소
1984 ~ 87 Johansen and Bhavnani, Architects, New York.

2004 울산대학교 종합서비스센터
2005 울산대학교 아산도서관 신관
2011 울산대학교 건축관

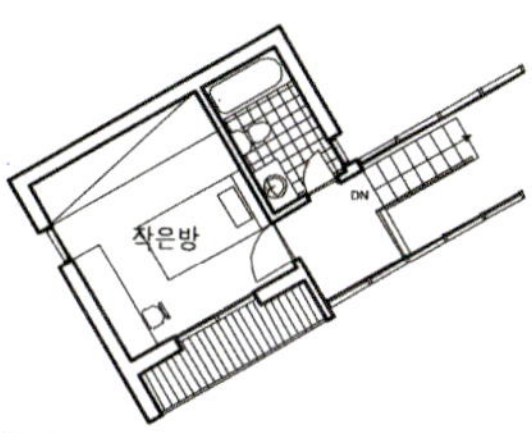


2층 평면도

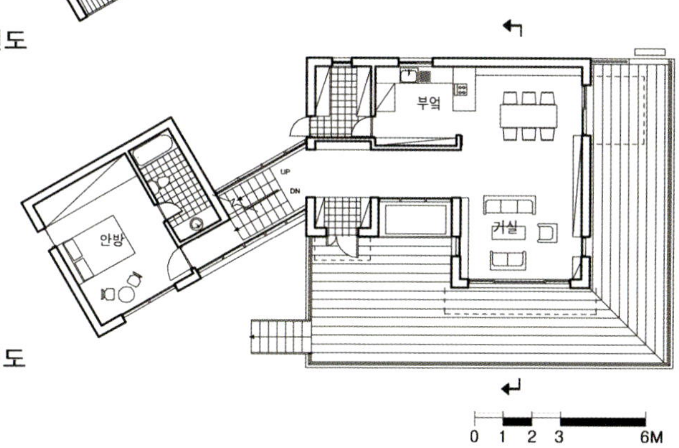


1층 평면도

종 단면도

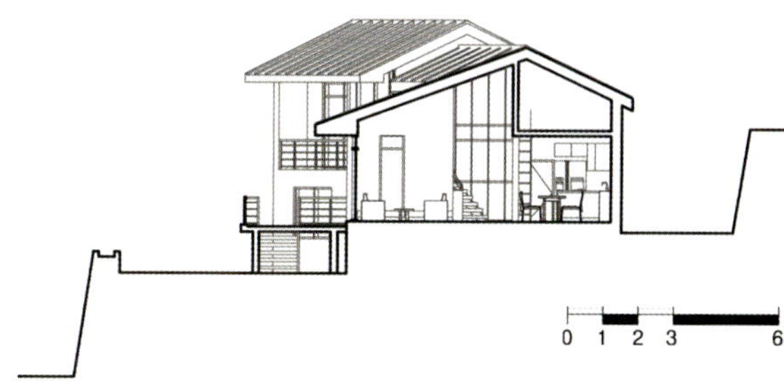

4 Units Housing in the countryside

# Multiplex Housing

**대지** 강원도 강릉시 옥계면
**대지면적** 9,917㎡(3,000평)
**연면적** 3,750㎡(1,134평)
**건축면적** 1,800㎡(545평)
**용적율** 37%
**건폐율** 18%
**규모** 지상3층
**건물높이** 11m
**주차** 60대

본 계획안은 현대 건축에서 낯설지만 우리에게 한없이 익숙한(Strangely Familiar) 박공지붕을 가진 시골 전원 집합주택이다.
4세대가 하나의 지붕아래 구성되는 저층 집합주거로 한국의 시골 풍경에 낯설지 않은 프로토타입을 제안하고자 한다.

**신종훈 Shin Jong Hoon**
대구가톨릭대학교 건축학부 조교수

국가공인 프랑스 건축사(D.P.L.G)
WILMOTTE & ASSOCIES, PARIS 2001-2007
(주) 삼성물산 건설부문 2007-2009

Perspective Garden Side

Master Bedroom, 3F

Living Room, 1F

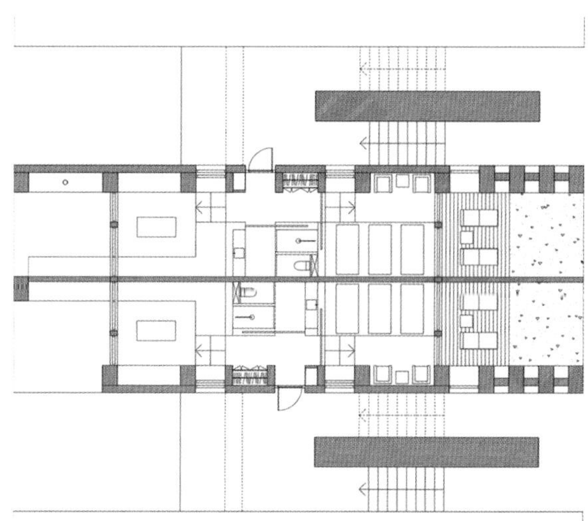

1st Floor Plan

Art in Village 국제 아이디어 공모전 대상 수상작

# Mine : Memory : Mutual : M_CUBE

대지 강원도 정선군 고한, 사북 탄광 지역 일대

## 고한 사북 동 감

묵묵한 지장천 곁에 우리들은 함께 앉았다.
막장 안에서 흘린 묵묵한 땀방울도 같다.

몸이 기억하는 멈춰버린 기억 앞에
느낀 허망함도 같다.

우리들 삶이 막장 밖 막막한 세상으로 내몰리지 않았다면
하루 1cm씩 우리는 더 가까워졌을 것이다.

막을 내린 장소에 어린 우리들의 기억.

몸속에 파고든 탄가루처럼 쉽게 떨어질 수 없는
너와 나, 우리들은 동지.

막장 밖 세상
새로운 막이 오른다.

우리는 다시 만나려 한다. 가까워지려 한다.
함께 웃고, 함께 울고, 함께 살다, 함께 늙는다.
그렇게, 함께 느낀다.
그리고, 함께 살아가야 한다.

곁에 있어도 그리운 그대여.

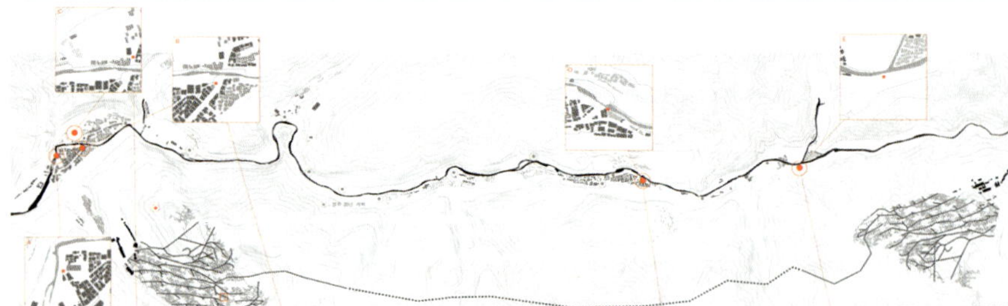

Site Plan -지장천

M cube의 구조체는 하루 1cm씩 수평확장을 한 탄광갱도의 작업과정과 공간구축을 표현하고자 수직적 레이어를 적층한 형식으로 제안한다.

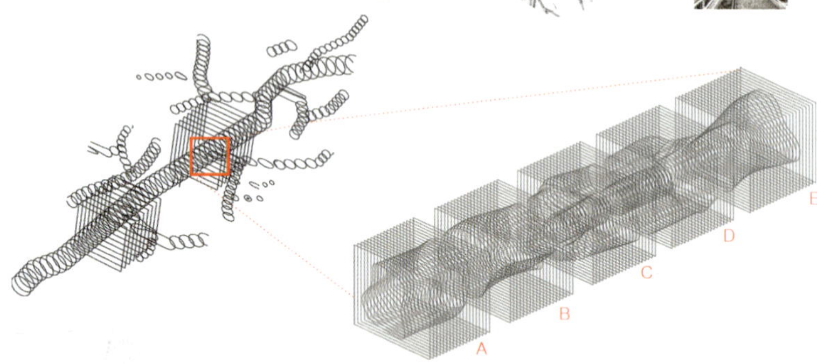


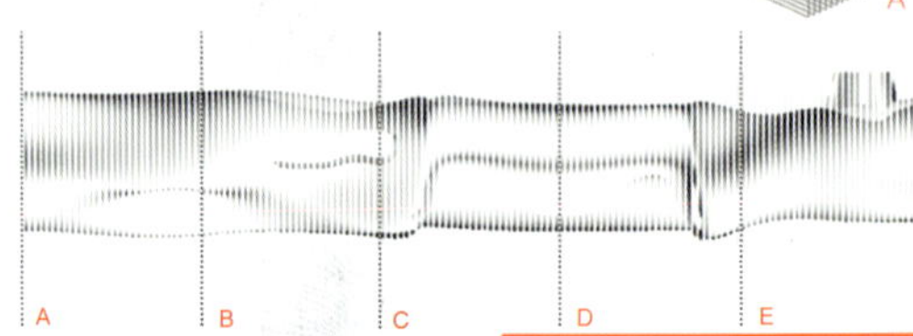


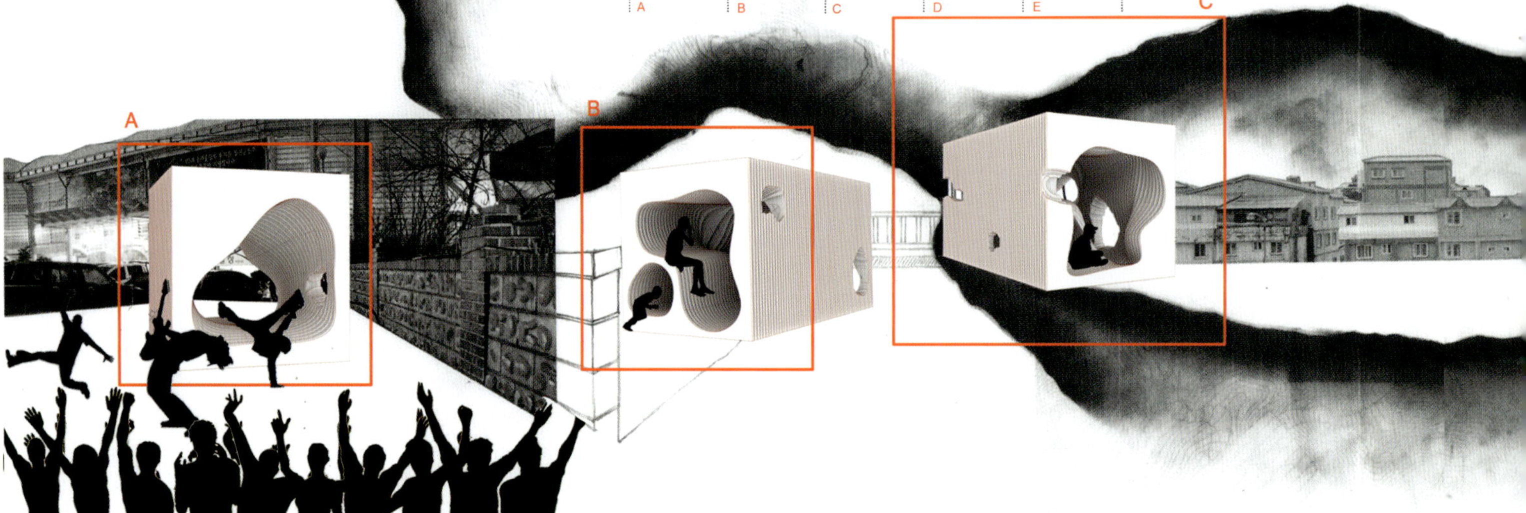

**심규영 Sim Kyu Young**
충북대학교 건축학과 조교수

충북대학교 건축공학과를 졸업하고 미국 뉴욕예술원 프린팅, 복합미디어 과정과 하버드대 건축디자인 대학원 (Harvard University, GSD, Carrer Discovery Program)캐리어 디스커버리 과정을 수료하고, 뉴욕 콜럼비아대 건축대학원 (M. Arch., Columbia University, GSAPP)을 졸업하였다. 건축사무소 HIMMA와 Jay Levy Architects에서 실무경험을 쌓고 아키반 도시건축연구원 이사를 역임하였으며, The New York Society of Architects, Matthew W. Del Gaudio Memorial Award, The Lucille Smyser Lowenfish Memorial Prize 등을 수상한 바 있다. 미국건축가협회(AIA)와 미국친환경건축위원회(USGBC)의 정회원이며 주요작품으로는 뉴욕Kaminsky Apartment, guggenheimer Project, 세연당, 영종도 하늘도서관, 노근리 역사박물관등이 있다.

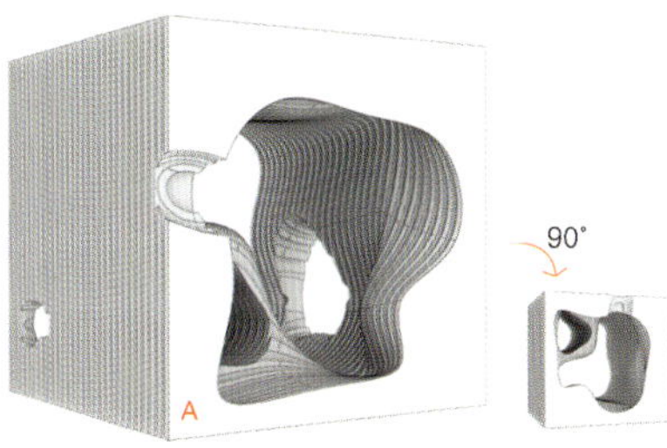


복지회관은 사북지역의 가장 유용한 공공공간으로 의미가 깊다. 사북민들의 희노애락이 담긴 공간에 큐브가 위치함으로써 과거로부터 이어지는 역사적 문화적 맥락위에서 사북민들의 보다 큰 소통의 장소로 자리잡길 기대해본다.

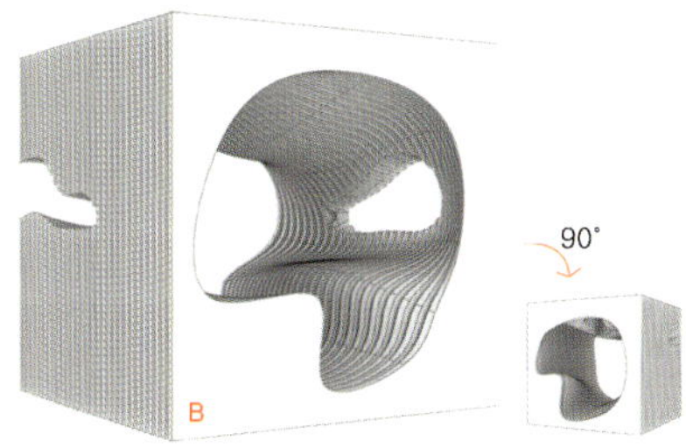


하이원거리는 고한,사북지역의 입구로써, 사북의 중심에 자리잡고 있다. 지역민과 방문객들의 주된 이동공간인 이곳에 큐브가 위치함으로써 과거의 기억에 머무는 것이 아니라 과거의 기억을 간직한채 미래로 나아가고자하는 지역의 정체성을 적극적으로 알리길 기대한다.

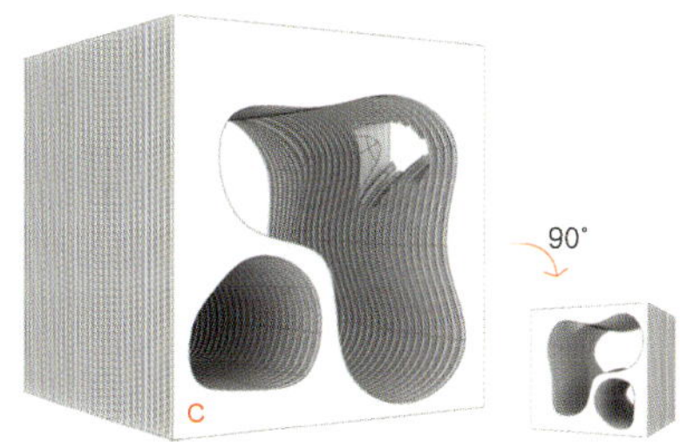


경찰서 앞은 매력적인 공간임에도 활용되고 있지 못하다. 이곳에 큐브를 위치시킴으로써 사북지역의 이벤트공간이자 지역주민들을 강한 관계로 맺어주는 도구가 될 수 있을 것이라 생각한다.

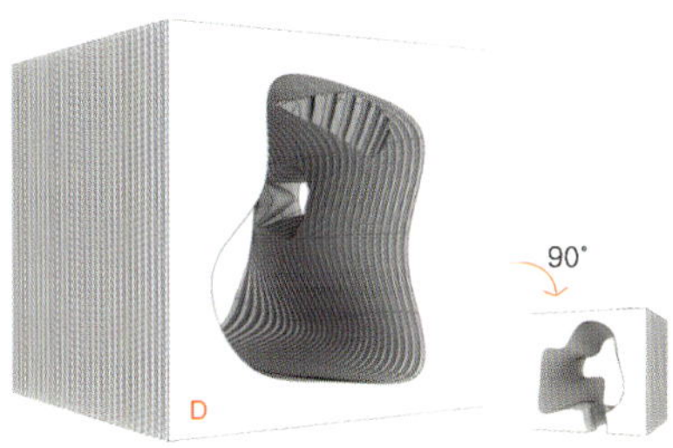


장소에 적응하며 살아가면서 주민들이 자연스럽게 만들어낸 공간에 큐브를 두어 주민들의 소통의 장소로 자리매김하기를 기대한다. 지장천과 위로보여지는 산이 만드는 풍부한 공간을 차경하여 일상의 삶속에 제공하여 보다 풍요로운 삶이 될 수 있기를 기대한다.

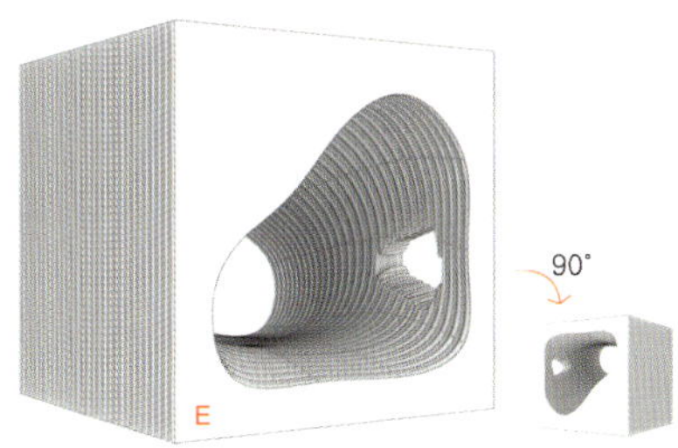


과거의 산업전사들이 생산한 광물을 도시로 실어나르며 제 역할을 다하던 철로는 그 쓰임을 다하고 잠시 쉬고 있다. 이 공간에 큐브를 두어 운탄철로의 옛 기억을 되살리어 고한지역의 이벤트 장소로서의 역할을 할 것으로 기대한다.

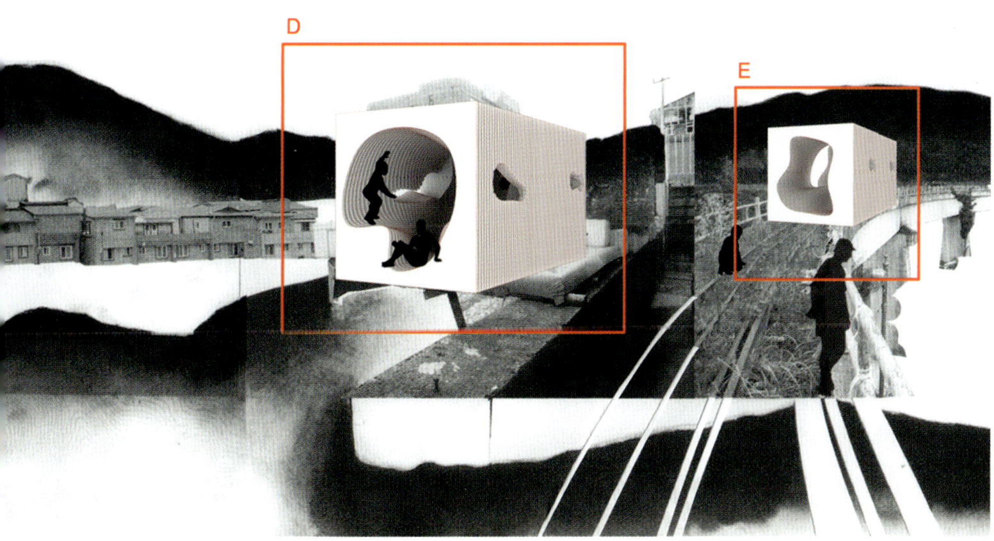


M cube는 탄광갱도의 형태와 공간감을 기억하고자 한다. 큐브의 순수기하학에 음각된 탄광갱도의 형상은 보이지 않는 땅속 깊은 곳, 하루하루 고된 노동이 만들어 가던 비정형의 공간을 지향 한다. 과거의 일상적 노동으로 익숙한 탄광의 간기하학이 새로운 가능성으로 고한과 사북의 현재의 일상과 조우한다.

이는 M cube가 지속적인 갱도의 변화와 확장처럼 설치될 장소의 가능성을 발굴하여 지역민의 삶의 일상을 품고 새롭고 다양한 프로그램을 지속적으로 수반하고자 하는 의지이다. 또한 M cube는 지역의 축제나 이벤트시 모임과 배치의 방식을 달리함으로서 다양하고 새로운 공간쓰임을 제안할 수 있다. 지역민의 삶과 유리된 방치된 공간들에 M cube의 삽입을 통해 새로운 풍경 안기와 만들기를 시도하며 마을의 이미지를 남기고 생산하고자 한다. 고한과 사북의 탄광갱도를 잇는 작업을 상징하는 M cube의 지속적 구축이 마을의 정체성을 표현하고 고한, 사북 지역 주민들의 소통의 장소로 자리매김 할 것을 기대한다.

소통의 장소의 구축은 함께 공유한 장소와 지역민의 기억에서, 지역과 지역민의 정체성의 확인에서 그들이 먼저 공.감하고 감.동할 때 막은 새롭게 올라가리라 믿는다.

# 생명농업관 계획안

**대　　지** 전남 나주시 산포면 산제리206-7외 3필지
**대지면적** 2,500㎡(756평)
**연 면 적** 1,876㎡(567평)
**건축면적** 991.56㎡(299평)
**용 적 율** 75.04%
**건 폐 율** 39.96%
**규　　모** 지하1층,지상2층
**건물높이** 13.95m
**주　　차** 옥외주차 12대 (장애인 1대)

자연과 소통하며 채우는 것이 계획의 출발이다. 새로이 조영되는 생명 농업관은 열려있는 대지를 하나의 공간안에 담아내는 베이스가 된다. 그리고 그것은 오픈 스페이스를 제공하고 다양한 행위를 유발시킨다. 농촌으로부터 이어지는 길들은 판의 상부와 하부를 통해 내부로 관입되어 내부동선으로 확장된다. 경사로를 통한 연속적인 공간구성은 많은 이야기거리를 만들어 내고, 시간을 기억하는 간으로서 흔적이 스며들며 내부전시물과 어우러진다. 기억의 산책로를 형성하며 그것은 하나의 풍경이 된다.

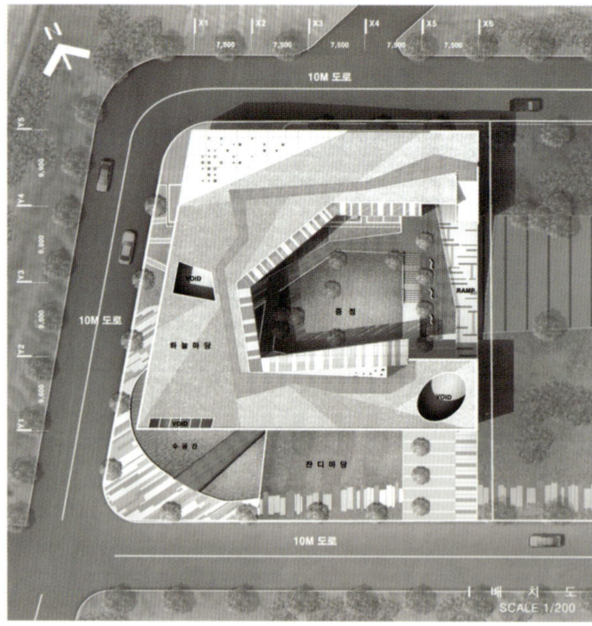


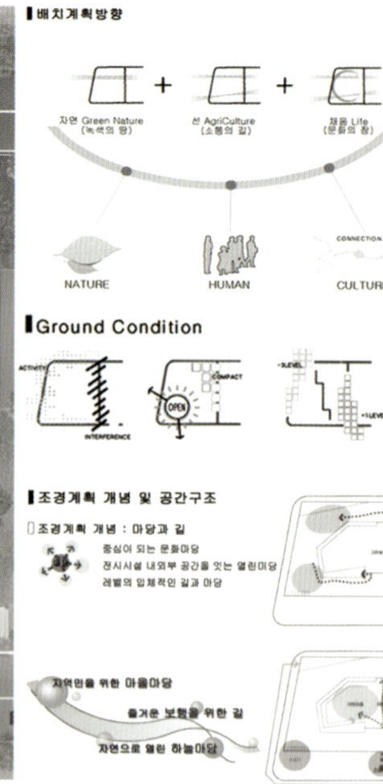

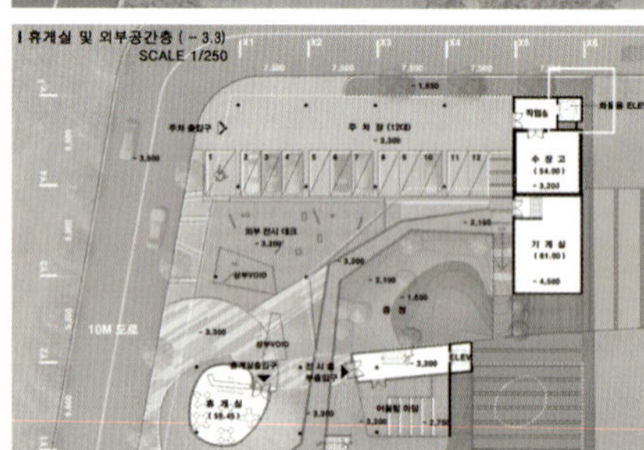


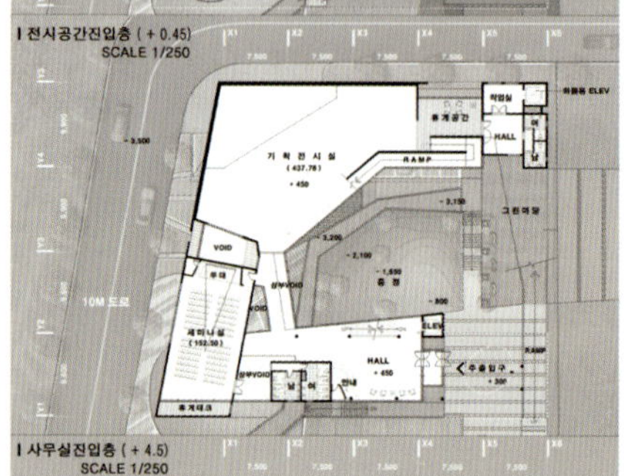


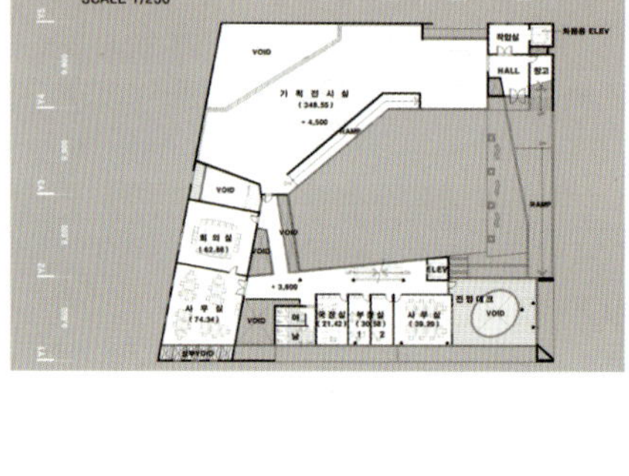


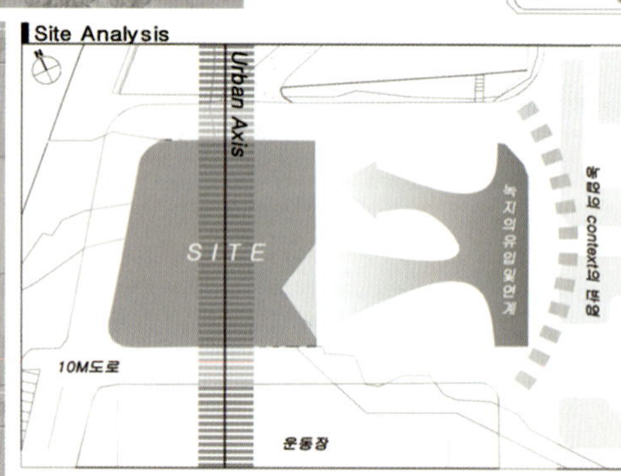


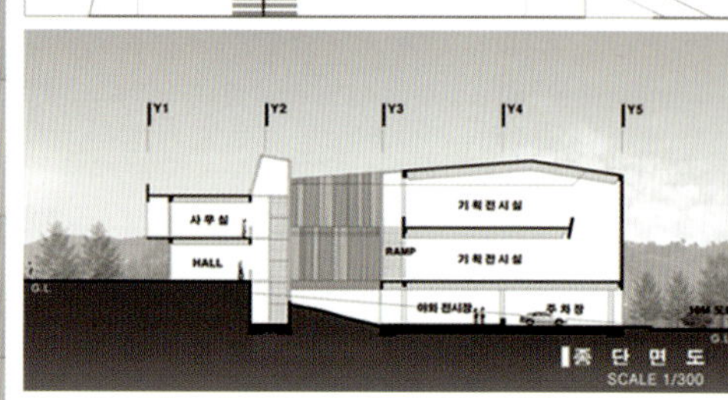


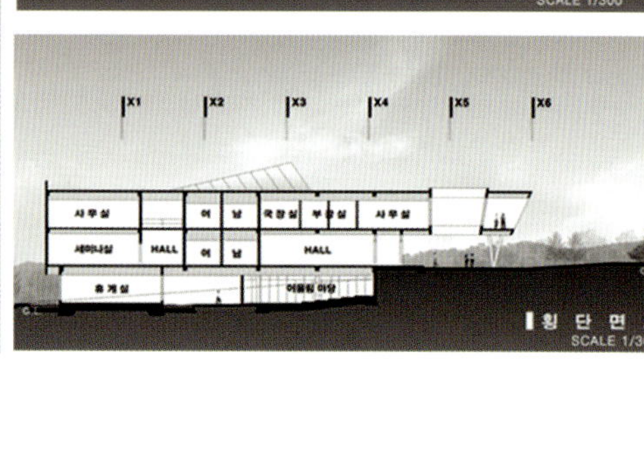

## 심 재 춘 Shim Jae Choon
광주대학교 건축학과 교수

연세대학교 건축공학과 졸업
프랑스 파리벨빌 건축대학 졸업


· 서울시정개발연구원 현상설계 당선 · 국립아시아 문화전당 홍보관 설계 및 시공 · 인천국제공항 연수원현상설계 당선
· 영광스포티움 정문 상징조형물 건축설계경기 당선 · 호남신학대학교 기숙사 건립공사 현상설계 당선

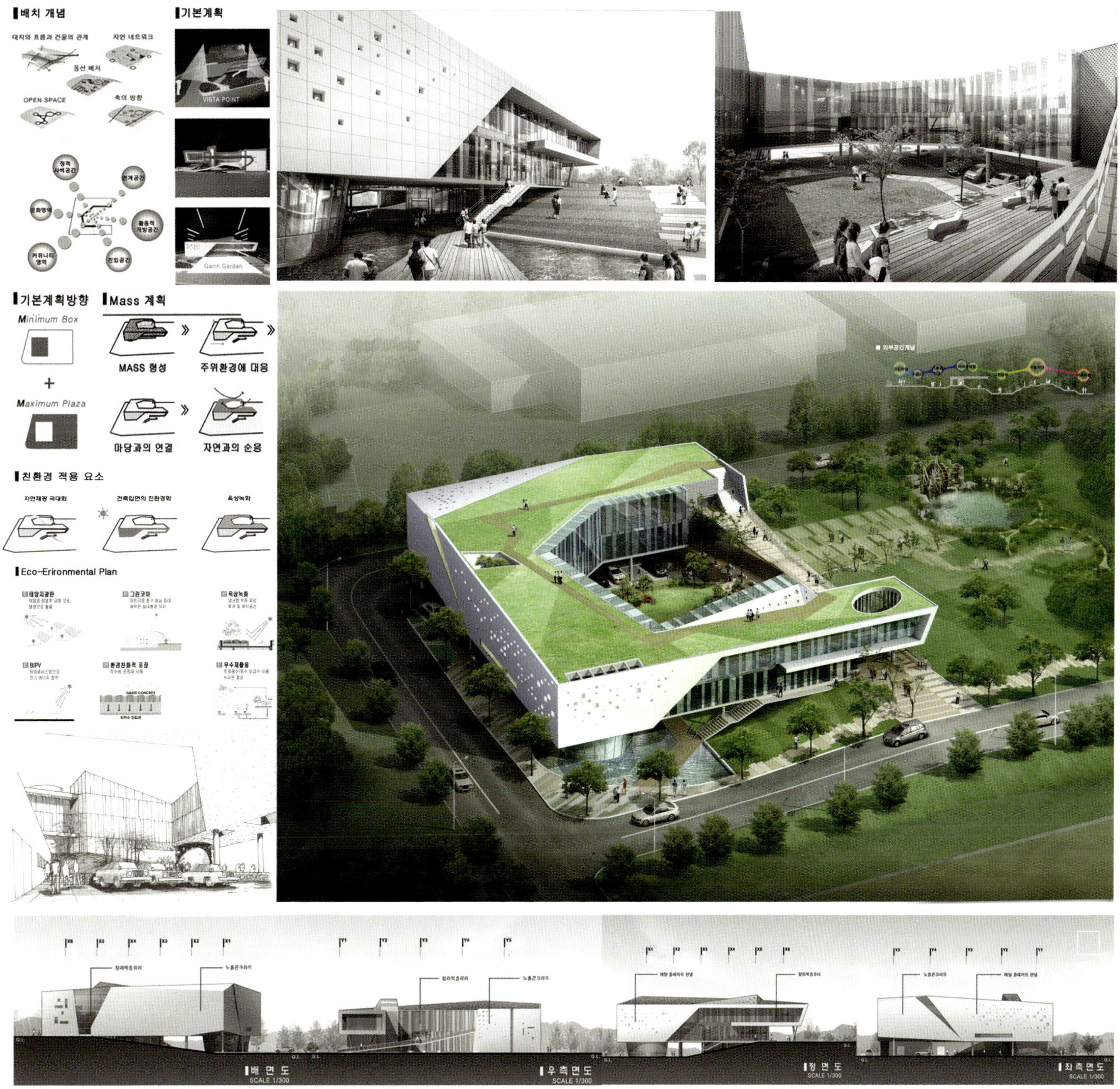

능동주택 레노베이션

# I.M. GALLEY

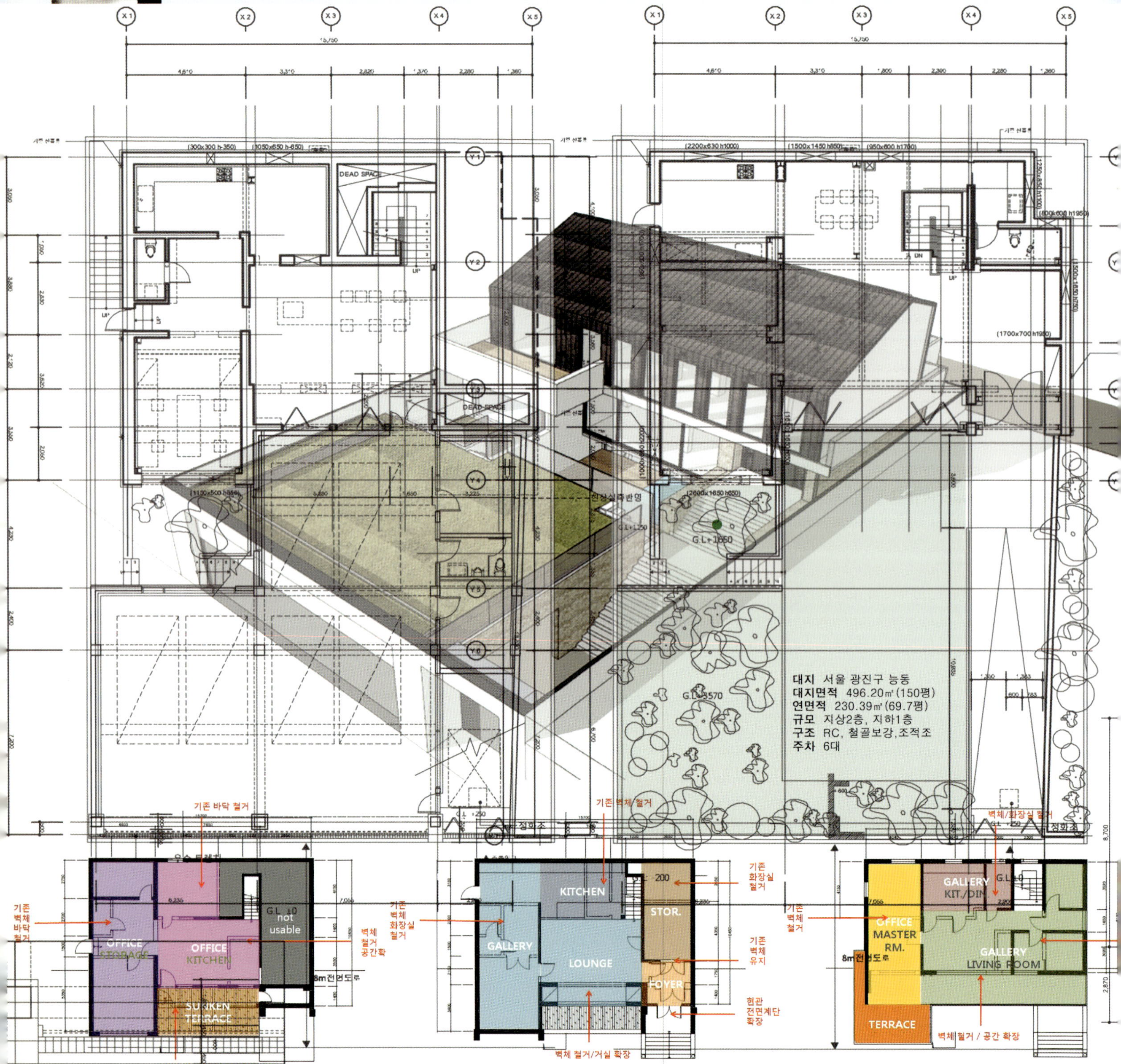


**Basement: Storage / Kitchen**

**First Floor: Gallery Kitchen Lounge**

**Second Floor: Gallery / Residence**

**심 재 현 Shim jae hyun**
세종대학교 건축학과 부교수

1985년 University of Maryland 건축공학사 취득, 1988년 RTKL Associates 근무, 1991년 Yale University 건축학석사 취득, 1993년 Herbert S. Newman & Partners 근무, 1993년 미국건축사(State of Connecticut) 취득, 1999년 삼우설계 근무, 현재 세종대학교 건축학과 재직, 대한건축학회, 한국건축가협회 회원, 초고층 복합건축물 특히 주상복합에 대한 학문적 연구를 주로 하고 있으나, 건축실무적으로는 주택설계와 실내건축설계에 관심을 기울이고 있음. 초고층/주상복합관련 주요프로젝트는 서울파이낸스센터(1994), 삼성전자 102타워(1997), 타워팰리스1차(1999), 분당파크뷰(2001), 주거/실내건축관련 프로젝트는 청담헤어뉴스(1999), Plastic2(1999), 이니그마빌1(2000), 분당 위브파빌리온(2001), 분당 할렐루야교회 대성전(2001), 라뷰티코어(2003), 신대방 쌍떼빌(2003), 유유산업 아산공장(2005), 유니캠사옥(2009)

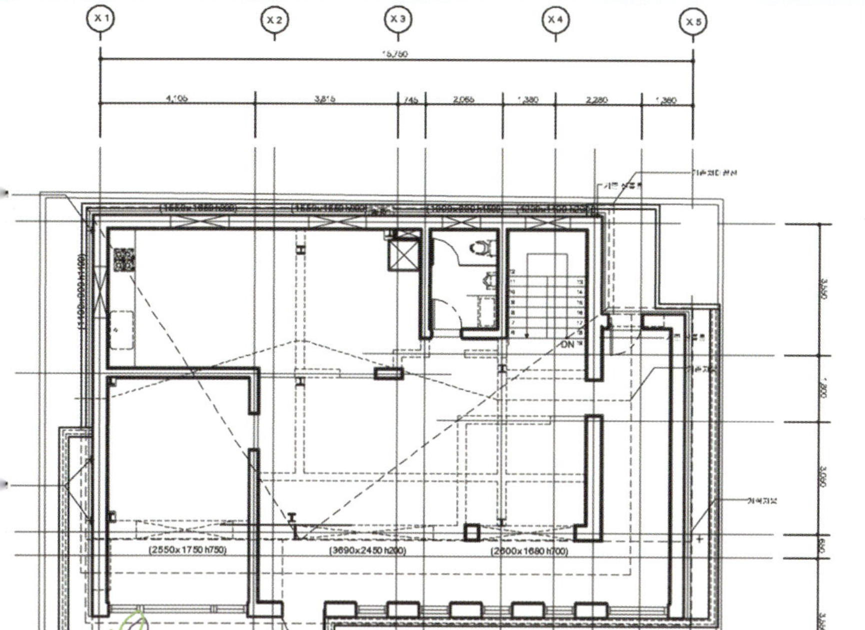

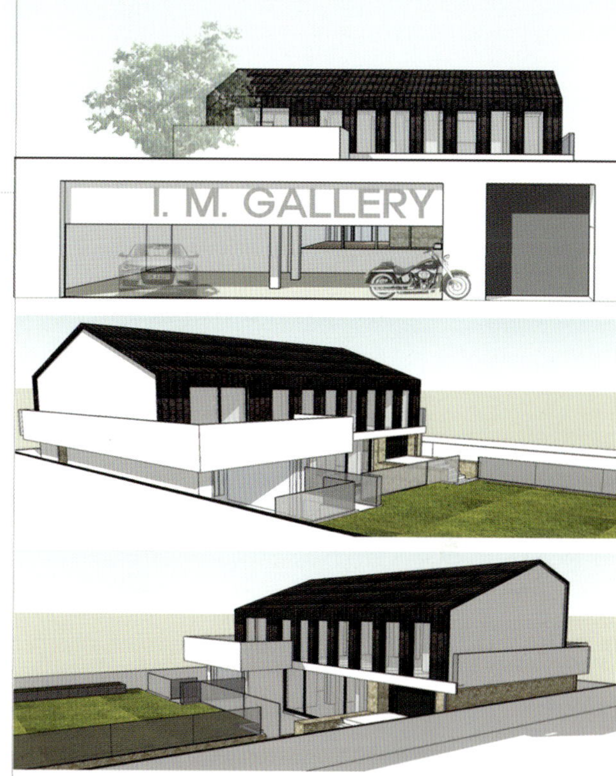


I.M.Gallery의 시작은 옛집에 있던 감나무 한그루에서 시작하였다. 오래된 낡은 집이라서 철거하고 원룸빌딩을 지으려고 계획하였으나, 마당에 있는 감나무 한 그루에 새겨진 기억의 소중함을 건축주와 이야기하게 되었다. 자신의 어린시절과 부모, 형제와의 기억이 베어있는 이 곳을 물질적인 이득을 재창출하기 보다는, 마음의 풍요로움을 위하여 소장품을 전시하는 겔러리로 레노베이션하게 되었다.

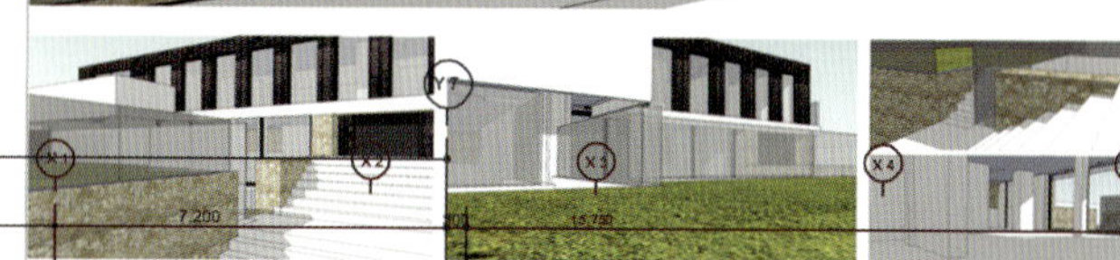

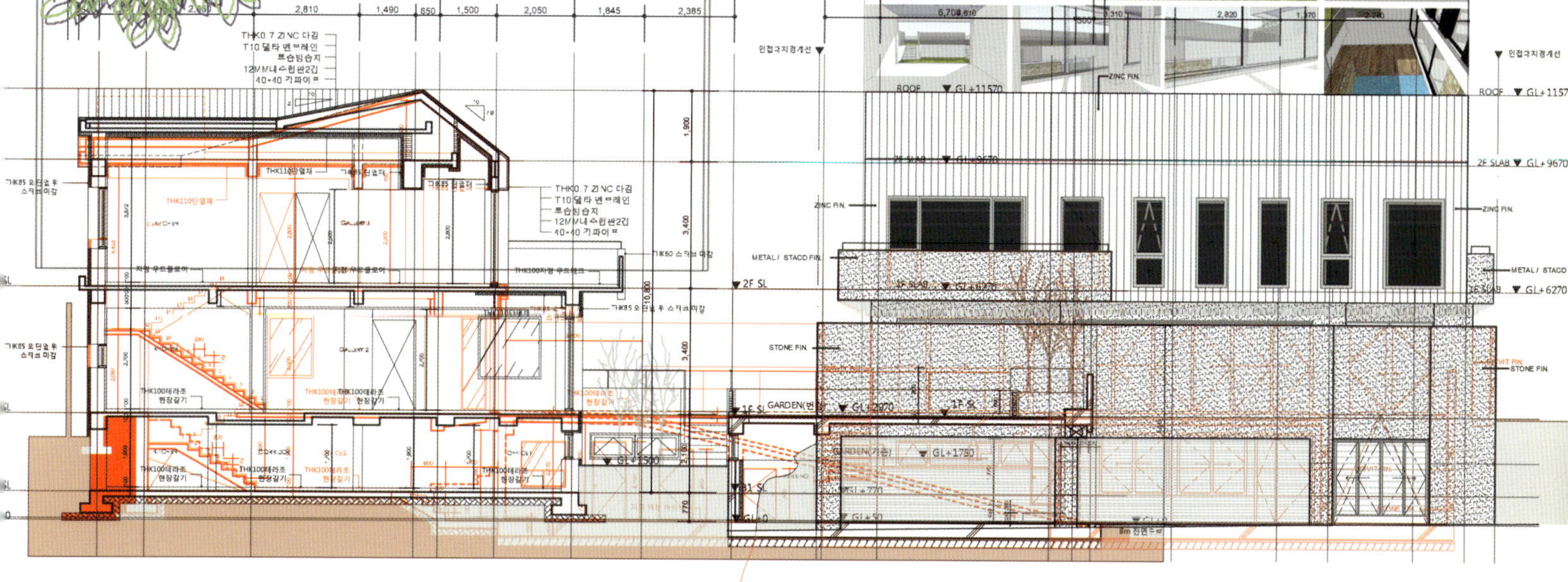

자운영마을 쉼터 만들기 프로젝트

# 나무밑 마을 평상

**위　　치** 충남 아산시 송악면 자운영마을
**작업기간** 2011. 8.12-15(4일간)
**재　　료** 철재 각파이프, 방부목, 오일스테인
**규　　모** 4.2 x 3.0 m
**작 업 자** 임학성, 윤의식, 민건협 회원 및 학생 일동

지난 여름, 학생들과 함께 농촌마을로 건축 봉사활동을 떠났다. 아산시 송악면 자운영마을. 동네 어귀로 들어서자 논 가운데 커다란 느티나무, 그 당당하고 시원스런 모습에 눈을 빼앗겼는데, 마을 어르신의 부탁은 그 아래 마을 사람들의 쉼터를 만들어주면 좋겠다는 것이었다. 남자 어르신들께서 그늘과 풍광이 좋아 이 곳을 자주 찾곤 하는데, 앉을 곳이 마땅치 않아 아쉽다는 말씀이었다. 논의 끝에 나무 평상을 만들기로 했다.

나무 밑 작은 둔덕의 모양대로 사다리꼴의 평면을 정하고 등을 기댈 수 있는 낮은 등받이도 계획하여 일반적인 직사각형의 평상과 다른, 본 듯, 보지 않은 듯한 평상을 만든다. 철재 각파이프로 구조틀을 만들고 그 위에 방부목을 촘촘히 대어 평상을 제작했다. 학생들과 몇 자원봉사자가 힘을 합하여 3박4일의 작업 끝에 평상을 완성, 마을에 증정해드렸다.

이장님과 함께 한 쉼터 개장 테이프 커팅, 그리고 이어진 마을분들과의 수박파티로 그 해 나무 밑의 여름은 싱싱하게 익어 갔다.

**양 상 현 Sanghyun Yang**
순천향대학교 공과대학 건축학과 교수
민족건축인협의회 의장

**수상**
대한건축학회 학회상(논문부문,2000)

**작품**
이촌 장암리 주택(2001)
송남 초등학교 어린이 도서관(2006)

마을 답사

센딩 및 오염 제거

2008년 설치된 마을안 쉼터

오일스테인 칠하기

작업전 송악 정자나무

마을분들과 협의

배수관거를 이용한 다리 설치

철재 프레임 설치

평상 인도식 및 마당 열기

등받이 난간 설치

자축 수박 파티

중산도서관 계획안

# Vide & Contrast

**대지** 경기도 고양시 일산동 1588번지
**대지면적** 26,167㎡(8,076.23평)
**연면적** 4,146.6㎡(1,279.6평)
**건축면적** 1,137.23㎡(350.92평)
**용적율** 11.3%
**건폐율** 4.35%
**규모** 지상3층, 지하1층
**건물높이** 16.75m
**주차** 19대(장애인주차 1대 포함)

일산시 중산 근린공원 북서쪽 코너에 위치한 계획부지는 주변의 아파트 단지들과 연립주택군이 형성된 주거지역으로 지역주민들의 문화와 여가활동을 유발하는 중심적인 위치를 차지한다. 지역공공문화시설인 도서관은 현대인들의 개별화된 삶을 살아가는 아파트밀집지역에서 지역사회주민들과의 지적, 문화적, 사회적 교류를 촉진시키는 중요한 커뮤니티 시설로서의 의미와 가치를 지닌다.

계획안 주변을 형성하는 아파트건물군들과 이질적이지 않는 도서관의 외관을 형성하면서도 지역주민들의 일상의 삶과 문화를 담는 장소로서 친숙하면서도 소담한 건축의 아름다움을 표현해 보고자 했다.

이계획안의 주안점은 도서관 진입부의 비워짐을 통한 여백의 미와 단순한 건축물의 외관 그리고 자연광으로 충만한 내부공간의 극적 대비효과에 있다. 3개층이 오픈된 도서관 내부의 중정공간은 천창을 통해 쏟아지는 자연광으로 인해 역동적인 공간을 창출한다. 중정은 시간의 변화에 따라 매시간 새롭게 태어나며 브릿지와 복도를 오가는 이용자들의 움직임에 의해 공간의 활력을 생성하게 된다.

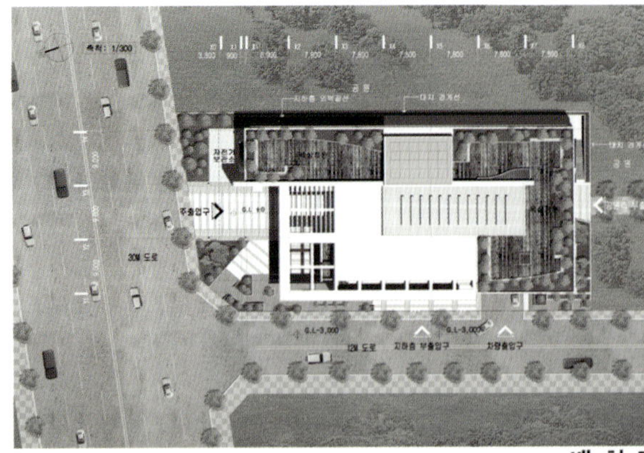

**배 치 도**

**염 대 봉 yeom dae bong**
조선대학교 건축학부 조교수

건국대학교 건축공학과 및 동대학원 졸업
(프) 마른-라-발레 건축대학 건축학석사
(프) 파리10대학, 도시학, 도시설계(공간정비)박사

**박 병 욱 park byung wook**
(주) 생태와 문명 종합건축사사무소 대표이사

건국대학교 건축공학과 졸업
(주) 아키리움 종합건축사사무소
대한건축사협회 정회원
서울특별시 건축사회 기획위원

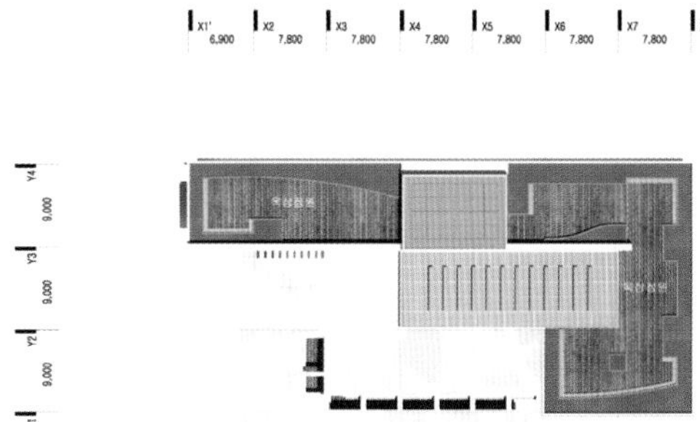
지붕평면도

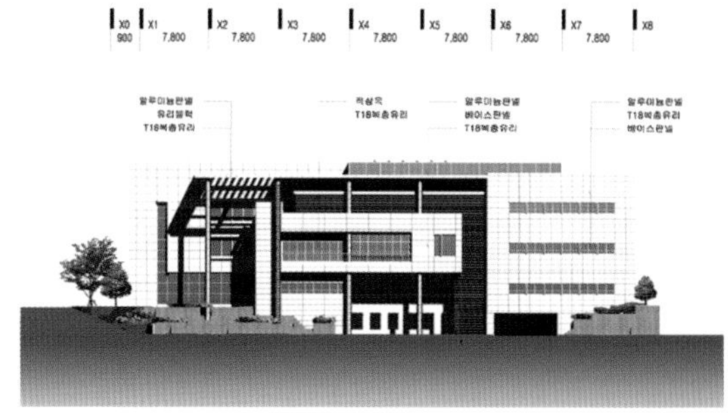
서측면도

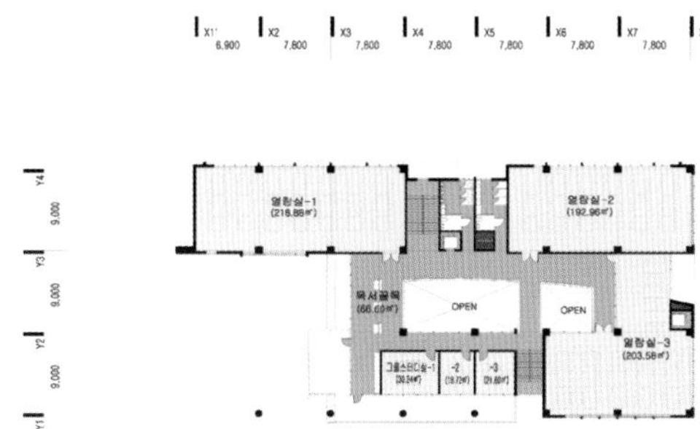
3층 평면도

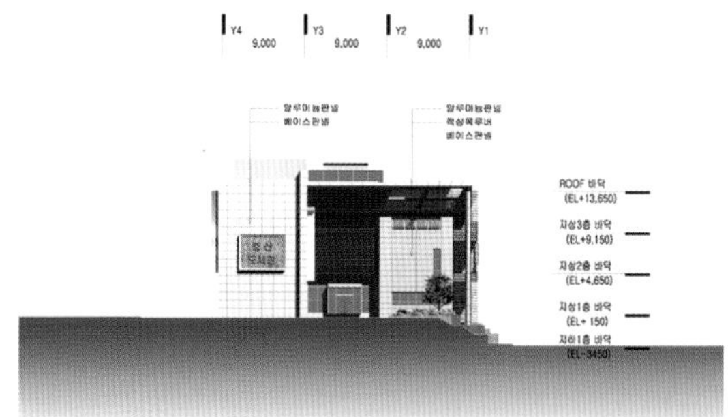
동측면도

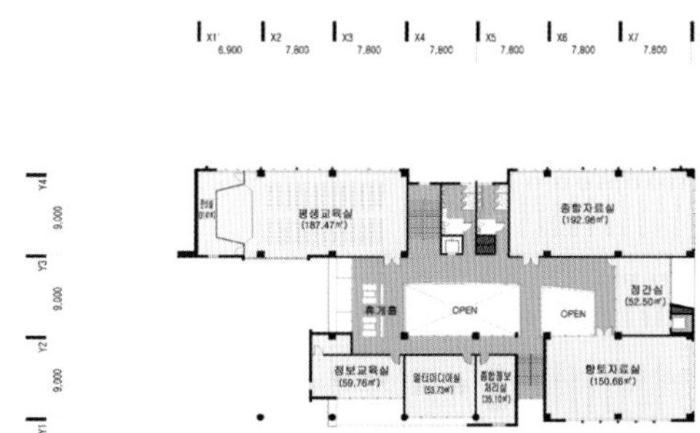
2층 평면도

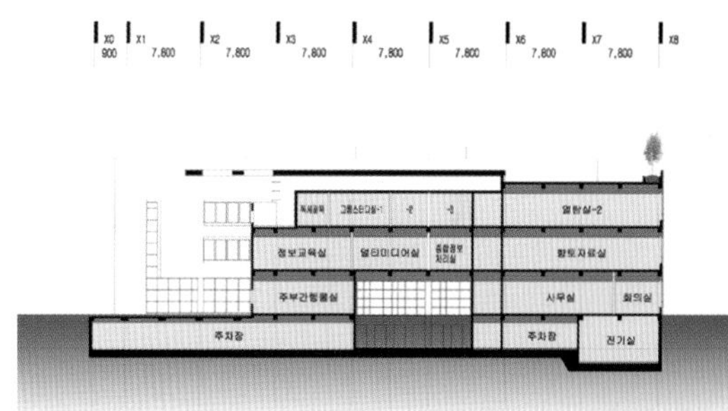
횡단면도

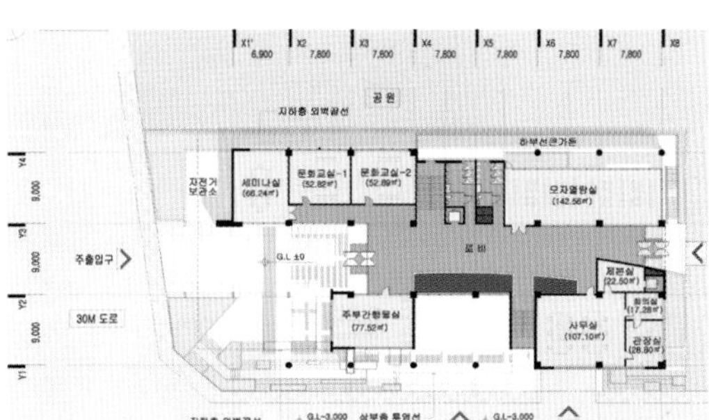
1층 평면도

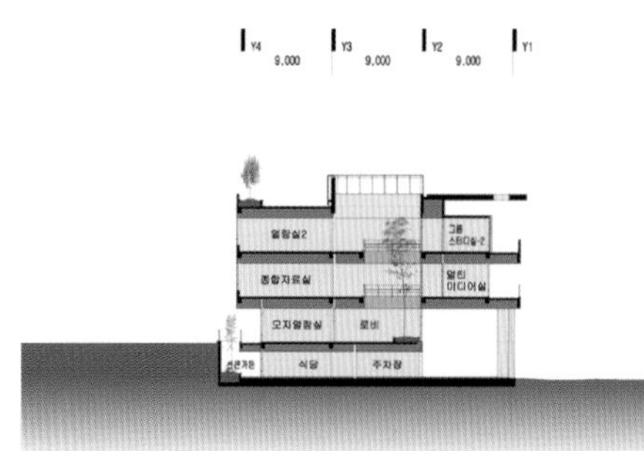
종단면도

공동설계: 하우스테라피
# adaptation

건축개요

대지위치 : 경기도 용인시 기흥구
규　　모 : 지상 5층
대지면적 : 359.0㎡(108.6평)
용　　도 : 도시형생활주택(23세대)
건축면적 : 192.53㎡(58.24평)
건 폐 율 : 59.98%
구　　조 : 철근 콘크리트조
외부마감 : 송판 노출콘크리트

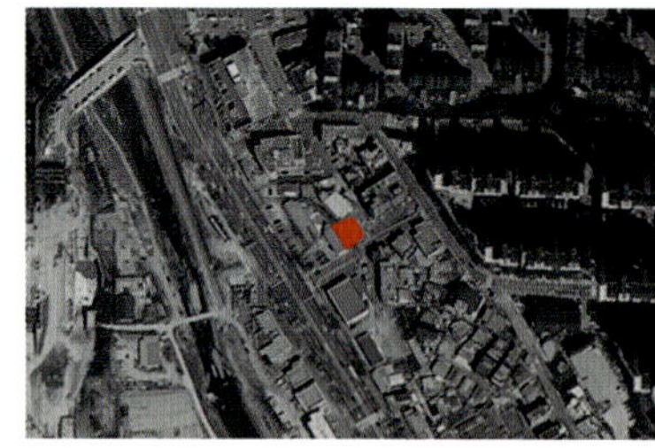

SITE LOCATION

CONCEPT; PLAN

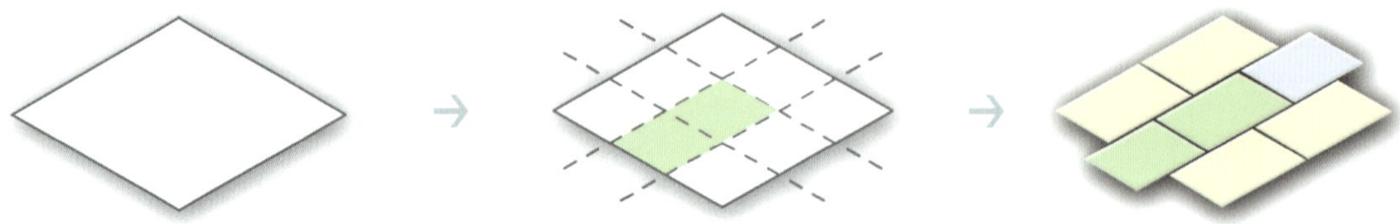

MODEL

**오 준 걸 JoonGul Oh**
서울과학기술대학교 건축학부 조교수

jgoh@seoultech.ac.kr 02. 970. 9016

미국 건축사, LEED AP
ADD Inc, 한길건축, Ross Barney Architects
서울대 박사수료, IIT 건축학 석사

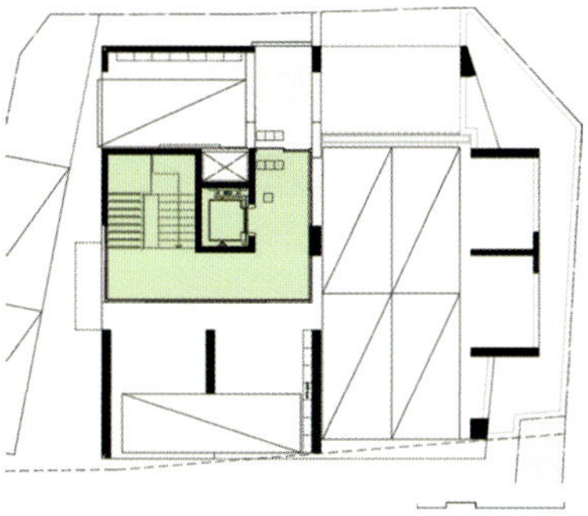

ground level

2~4th floor

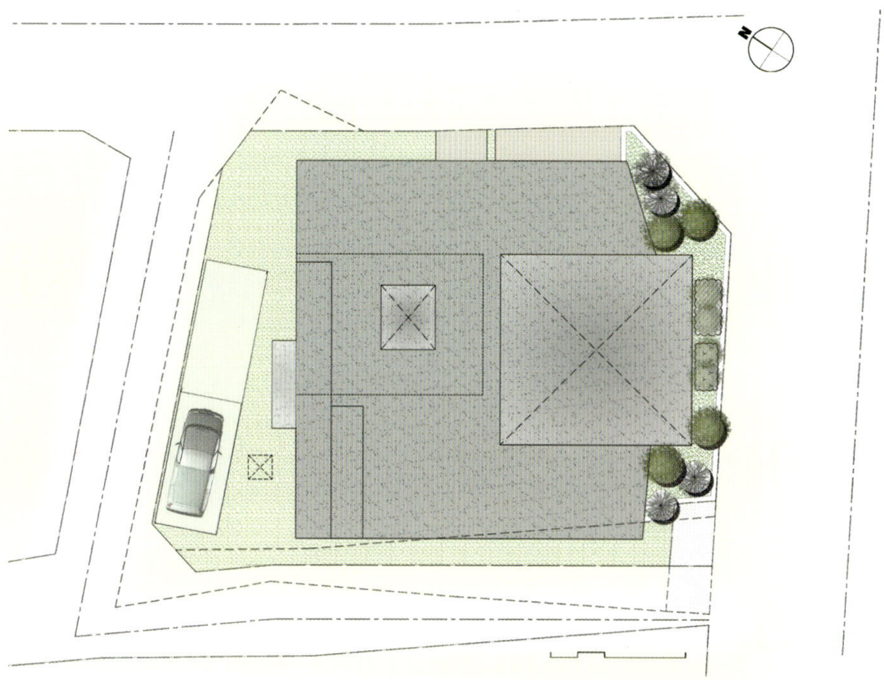

SITE PLAN

PERSPECTIVES

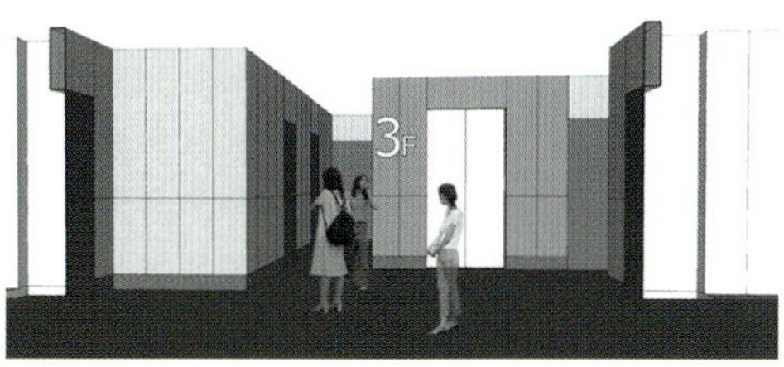


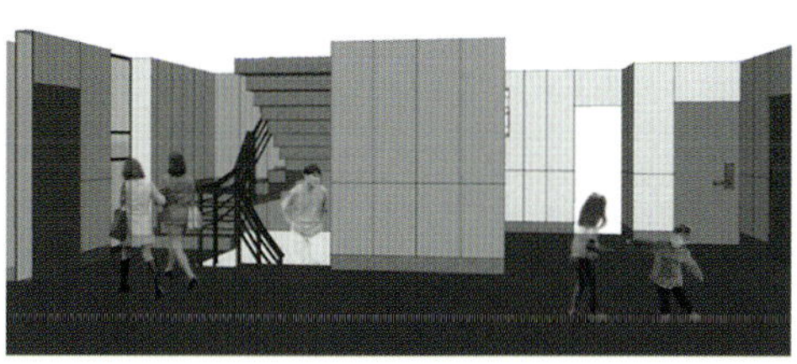

SECTION

델라웨어(Delaware) 워터프런트

# An EDGE

| | |
|---|---|
| 대지 | Delaware River, I95, South Street, Columbus Blvd. Philadelphia, Pennsylvania, USA |
| 대지면적 | 44,844.76㎡(14,619평) |
| 연면적 | 31,202.76㎡(9,441평) |
| 건축면적 | 17,891.16㎡(5,832평) |
| 용적율 | 69% |
| 건폐율 | 39% |
| 용도 | 페리터미널, 레스토랑, 프롬나드 |

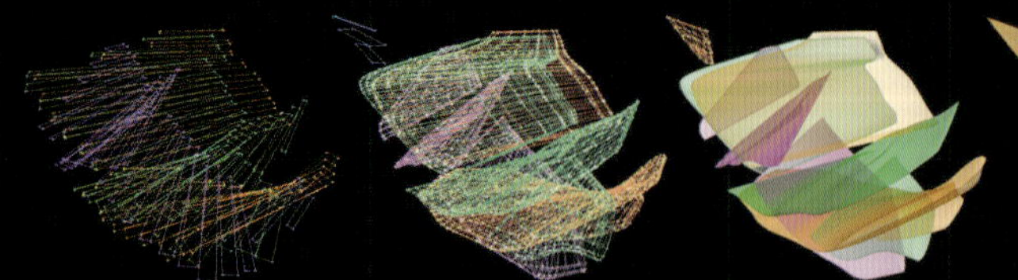

## DIAGRAMMATIC OPERATIONS

The dynamic interaction between human needs and the natural technical environments has required such a division of thought and labor, but their reification in fixed forms and disciplines can hamper the ability of architecture and architects to adapt to the rapidly changing condition of practice and construction. This project is to open up the technical dimension of architecture, not to reject it, but to resituate and exploit it.

## TYPES and FLOW

A reexamination and recovery of a more dynamic notion of type is informed by the results of ecological and systems thinking. Architectural constructions adapt to and accommodate these flows: the idea of flow, especially the relation of apparently fixed and durable forms to the flows of material, people and information in their environments. They direct them into new patterns and configurations.

## Anaysis of dynamic graph

The whole shape of a waiting line depends on decision of the second approaching person. If he or she consider existing people as a point or a line, the result is conspicuous. A trivial knot or point can lead to huge difference.

**오형석 hyoungseok oh**
국립공주대학교 건축학과 조교수

University of Pennsylvania 에서 석사 학위를 받은 뒤 Harley Ellis Devereaux에서 건축 디자이너로 다양한 종류의 프로젝트를 수행하였다. 2006년 귀국 삼우종합건축사사무소에서 부소장으로 재직하며 여러 경쟁 프로젝트와 Design 기획 업무를 담당하였다. 현재는 대학에서 필드에서의 실체적 경험과 이론적 지식을 바탕으로 Logic과 Communication에 근거한 설계 프로세스를 가르치고 있다.

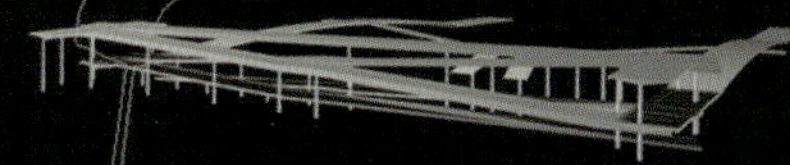

:: Visual inspiration with animation technique

:: Structures as knots

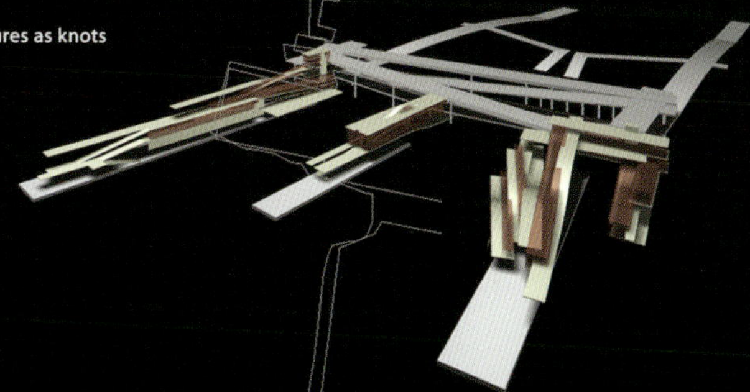

:: Model study

## An EDGE

In cities across the country and around the world, urban water fronts have become the focus of development, marking as well the transition from urban economies based on industrial production to ones based on information and tourism. The site of Delaware waterfornt is changing rapidly with the exploitation of its historic structures and a newer emphasis on conventions and tourism.
Though it is the most distinctive remnant of the old city, new hotels, entertainment complexes and cultural facilities being planned or built are transforming old pier structure and dock facility. This project is the terminal for huge cruises and small ferries which will be to provide a new focus for consolidating the exchange of tourists and adding another destination along the waterfront.

:: Multiple web_paths for pedestrian

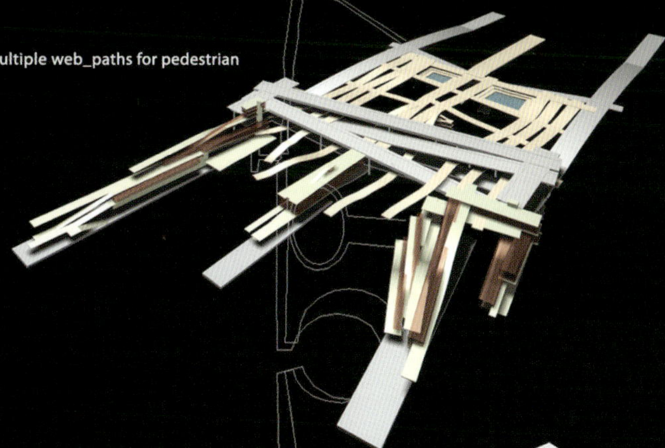

:: Continuation of Delaware Riverside

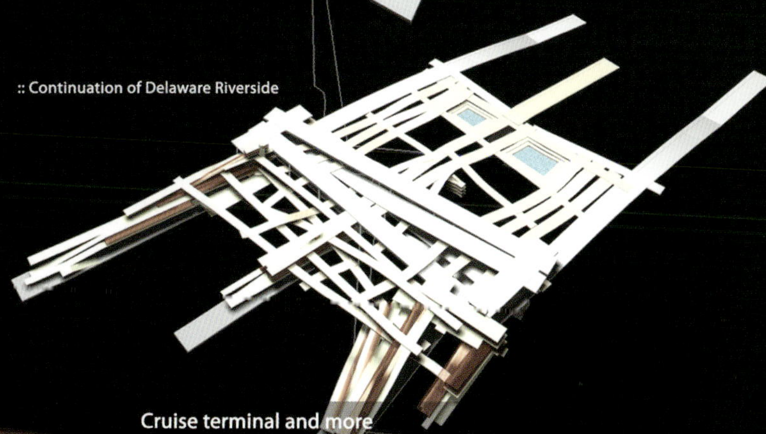

## Cruise terminal and more

This proposal has different layers which are for circulation and parking of vehicles, walking and resting pedestrians, position and link of buildings and continuation of river side. Each layer has own value, but when they meet each other, unpredictable behaviors can occur at different level. Instead of objectified use, visitors can create own experience of the site which depend on which path they choose. Space is not only created by object but also revitalized by perception of people through time.

전북도청사 지하 공간 개발을 통한 전라감영 부흥 및 구도심 활성화 방안

# Re-Palimsest [re-paelimpsest] 다시 덧쓰기

## 건축개요

**대지** 전라북도 전주시 중앙동4가 1-1 전라감영지 일대
**대지면적** 22,400㎡(6,776평)
**건축면적** 5,594㎡(1,692평)
**건폐율** 25%<60%
**연면적** 45,946㎡(13,898평)
기존건물 27,665㎡(8,368평)+지하신축 18,281㎡(5,530평)
지침제한 30,000㎡ 이하
(지하 포함, 문화재복원 존 제외)
**지상층연면적** 21,457㎡(6,490평)
**용적율** 95%
**규모** 지상5층, 지하3층
**주차** 284대

지하층에서 바라본 선화당

선화당 근경

## 핵심전략

### 공간 전략

**첫 번째 켜_전라감영 주요 건물은 복원restoration한다.**

조선시대 원래 모습을 재현하되 단계별로 복원한다.

**두 번째 켜_전북도청 주요건물palimpsest은 복구rehabilitation하여 활용한다.**

전북도청사와 의회는 외관을 복구하고 내부는 현대식으로 재단장한다.
전북지방경찰청은 내외관을 리모델링하여 상업시설로 활용한다.

**세 번째 켜_증축re-palimpsest은 지하로 한정한다.**

지하에는 상업시설과 주차장을 신설하고,
지상 오픈 스페이스는 역사문화공원으로 조성한다.

### 공간의 연결

**중첩되는 감영축과 도청축을 일치시킨다.**

현존하는 '凹'자형의 도청사 중앙축에 복원되는 'ㄴ'자형의 감영 진입축을 일치시켜 단순화한다.
일치된 축은 지하1층 상업시설에서도 천창을 통해 상징적으로 인지된다.

**지하와 지상은 채광 해자로 연결한다.**

선화당 주변에 선큰 채광창을 설치하여 지하1층 상업공간과 시공간적으로 연결한다.
지하 상업시설의 지상동선 연결은 모든 층이 상업시설로 전용되는 전북지방경찰청 건물을 통한다.

**대상지와 주변 블록을 보행공간으로 연결한다.**

지하주차장을 보행관광 루트의 시작점과 종점으로 활용한다.

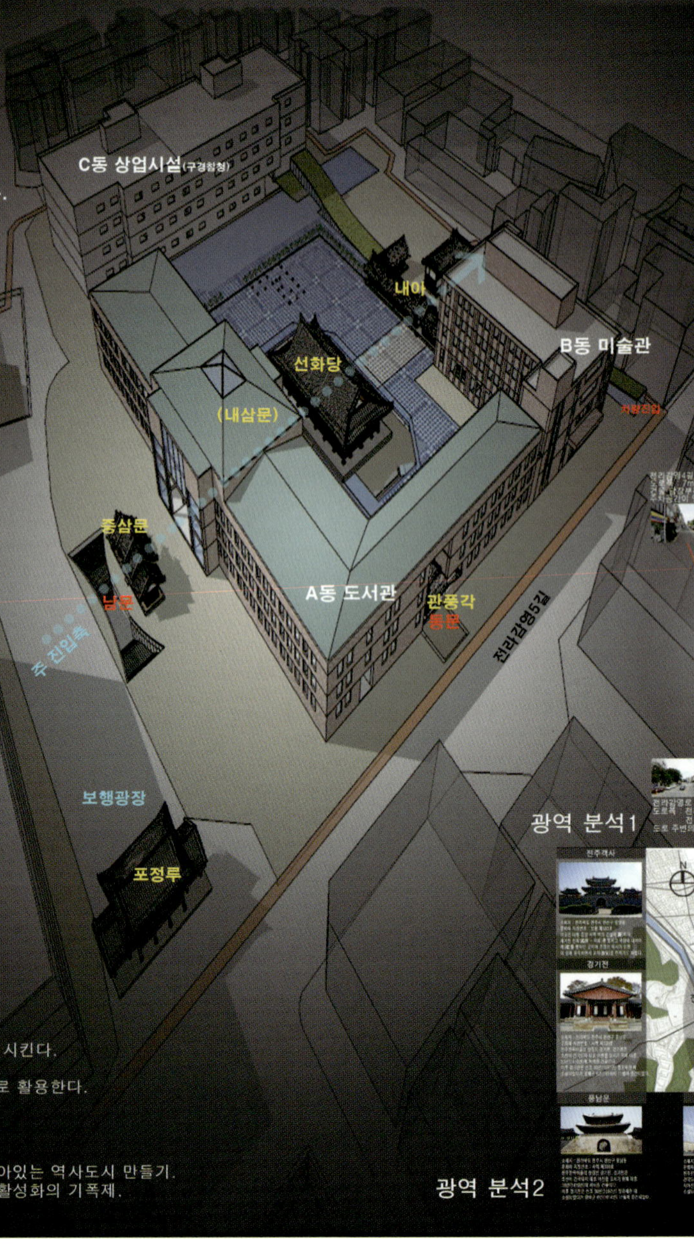


### 전라감영의 중심 선화당은 역사공간과 융합된 상업시설의 중심으로 재탄생된다.

상업공간은 전라감영을 시공간적으로 연결하여 마케팅의 궁극적 요소로 활용하며
전라감영은 상업공간과 연계되어 전주시민의 일상 속에 역사명소로 재탄생된다.

### 감영 정문 포정루는 역사가로의 중심으로서 구도심 보행관광의 시종점始終點으로 작동된다.

포정루 4거리를 보행광장으로 조성하여
풍남문과 경기전, 한옥마을을 보행공간으로 연결한다.
전라감영로(남측)는 포정루 하부에
지하차도를 설치하고, 전라감영5길(동측)은 차량을 우회시킨다.
지하 2,3층에는 공영주차장을 설치하여
일대의 주차난을 해소하며 차량이용 외지인의 시종점으로 활용한다.

### 전주시민과 외부 관광객이 공감하는 역사명소

시민이 즐겨 찾아야 외부 관광객에게도 명소가 된다.
일회성 고적 대신 문화재 관광과 일상 쇼핑이 결합된 살아있는 역사도시 만들기.
풍남문 보존preservation만으로 부족했던 전주 구도심 활성화의 기폭제.

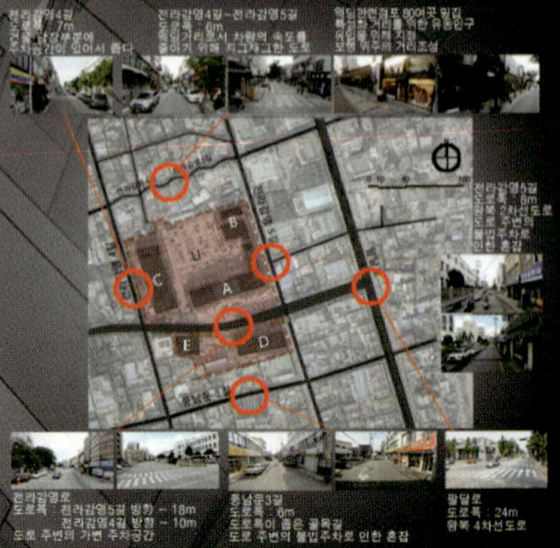

광역 분석1

광역 분석2

**옥 태 범 Oak, Tay Bumn**
명지대학교 건축대학 조교수

(주)창조건축 소장, (주)모인디자인 대표이사
(주)한울건축 실장, (주)아키반 건축

M. Arch. Univ of Houston(1985)
연세대학교 학사(1983)

명지대학교 차세대과학관 신축 및 함박관 휴게실 증축, 송파시범공중화장실, 김해 가야민속촌 현상공모 (당선), 분당 본치과

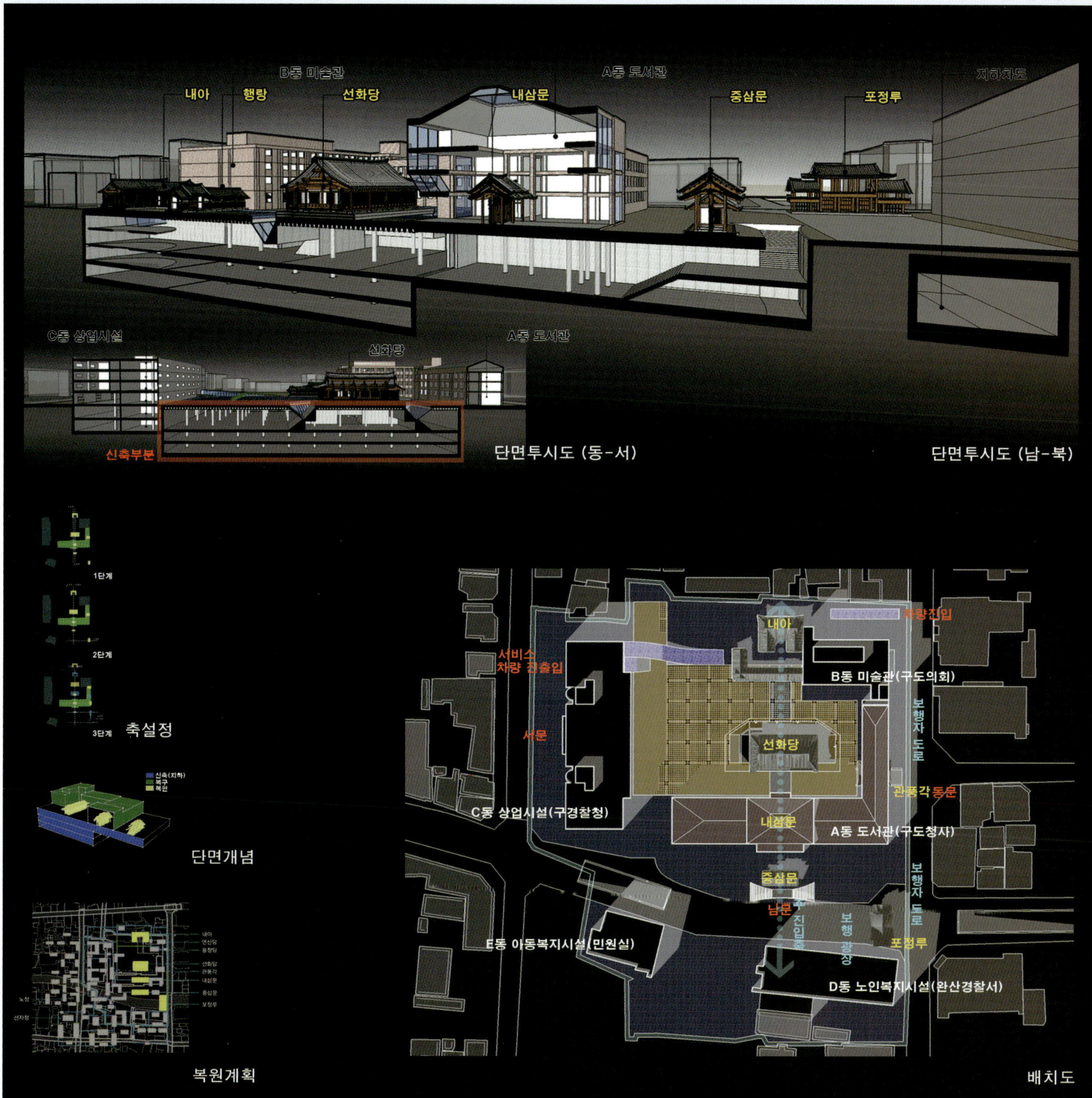

# neutral

**대지** Das Areal des Bundesministeriums der Verteidigung
**연면적** 10,710㎡(3,245평)
**건축면적** 2,147㎡(2,147평)
**규모** 지상5층, 지하1층
**건물높이** 17.15m

neutral
현재 독일 벤들러 블록은 2차 세계대전 당시 나치의 사령부가 위치했던 장소로서 역사적 의미가 깊은 곳이다. 신축 건물의 중성적인 형태과 외피를 통해 과거의 역사에 대해 이야기를 하고자 하였다.

건물은 장소에게 의미를 제공한다. 눈에 보이지 않는 역사의 흔적을 남겨두기 위해, 건물은 오직 기능적인 요구만을 수용할 뿐이다.
건물의 형태와 입면은 스스로를 드러내지 않는다.
소리없이 움직이는 역사와 공간, 벤들러 블록

이 역사적 공간을 바라보는 사람들에게 사색의 장을 마련해준다.

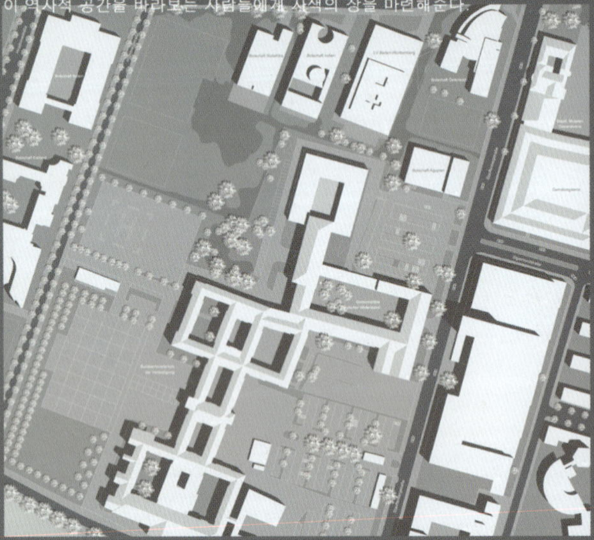

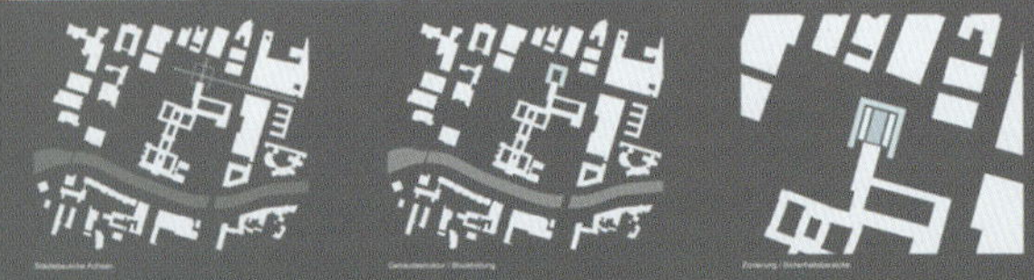

**원경섭 won kyoung-sop**
강원대학교 건축학과 교수

홍익대학교 건축학과 석사
uni. Stuttgart Architektur und Stadtplanung. Diplom. -ing
Auer + Weber + Assoziierte
Freier Architekt, AKBW
K.J.P 건축연구소


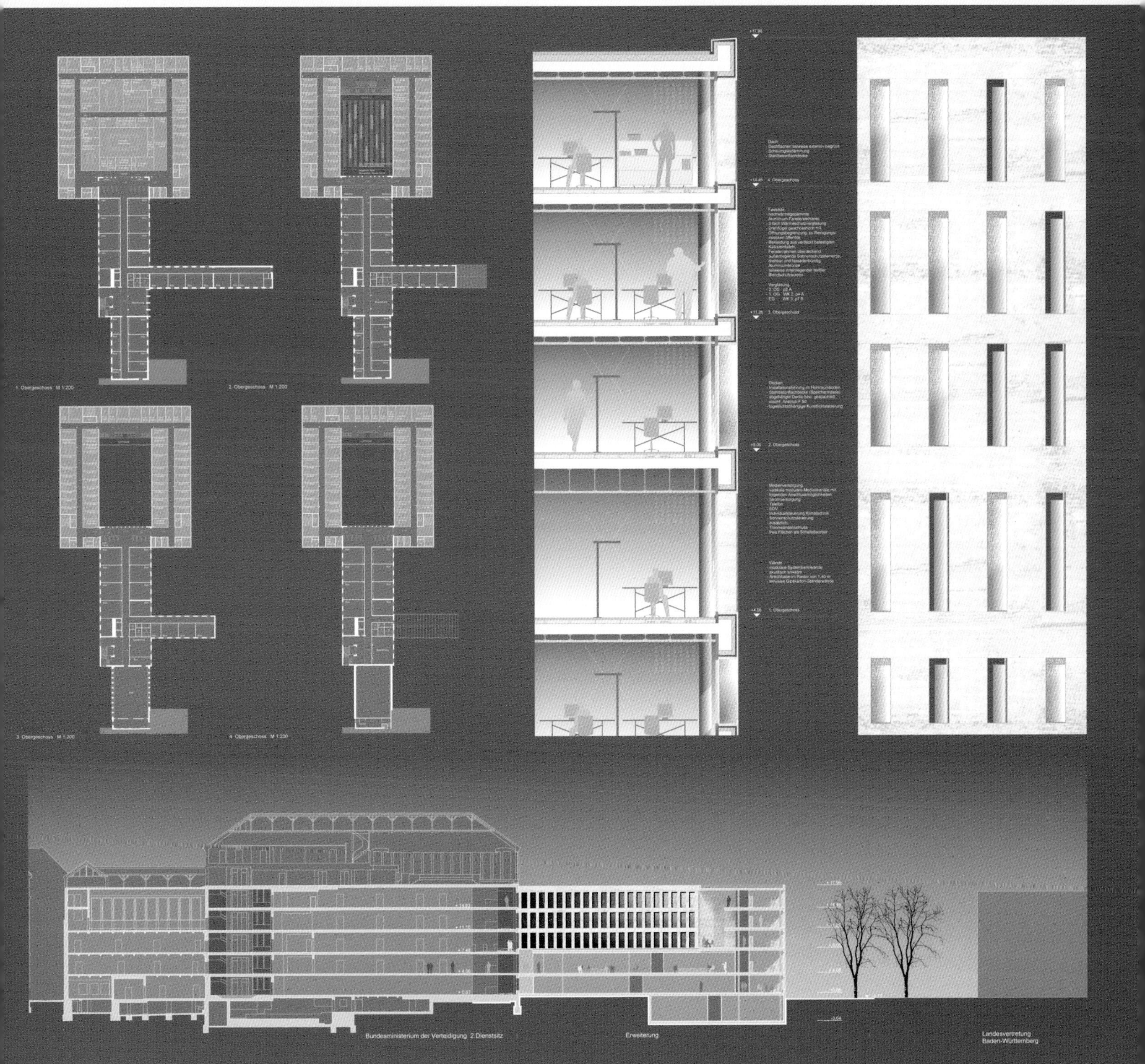

## 덕신 근린공원 재구성 프로젝트
# Xeno-Urbanism

**대지** 울산 울주군 온산읍 덕신리 덕신 소공원
**용도** 도시근린공원
**대지면적** 3629.2㎡(11997.4평)
**건축면적** 361.3㎡(109.3평)
**주요프로그램** 어린이 놀이정원, 근린공원, 피크닉, information center, 파출소, 공공화장실
**설계참여** 이우연

존재의 정체성은 타자에 의해, 보다 정밀하게는 타자와의 관계에 의해 형성되며 도시의 정체성은 타자성과 익숙함의 파편들이 누적되어 만들어진다.

울산을 대표하는 온산 국가산업단지의 배후주거지역인 온산읍 덕신리는 위치부터 간선도로 몇 개로 시내와 공단지역의 중간영역에 연결된, 태생적으로 타자성이 강한 지역이다. 타 지역에 비해 월등한 외국인 비율이 말해주듯, 외국인 근로자를 비롯한 산업유목민들의 삶터이자 2교대, 3교대의 노동 주기와 기존 주민들의 정상적인 라이프사이클이 공존하는 '낯설고 익숙한' 장소이다. 대규모 공단지역의 확장은 이 지역의 고밀화를 촉발하고 모내기를 하듯이 익명의 원룸 주거군이 도시풍경을 촘촘히 바꾸어 놓고 있다. 어쩌면 이 지역의 현상은 우리 도시 현상을 초고속으로 압축하여 보여주는 단서가 아닐까. 타자의 시선으로 작가는 이 지역의 일상적 풍경에서 이질적인 낯섦-반복적인 도시형 원룸주거와 익숙함-전형적인 기존 7, 80년대 도시주택의 충돌을 공간의 정체성으로 파악하였다.

역설적으로 어쩌면 점차 원룸촌이 대부분을 점유하게 될 이 지역에서 아직 남아있는, 우리 도시에서는 어디에나 있던 전형적인 기존 도시주택이 그 상대적 개방성과 다정함으로 인해 오히려 섬뜩하고 낯선 감각을 불러일으킬지도 모를 일이다.

SITE

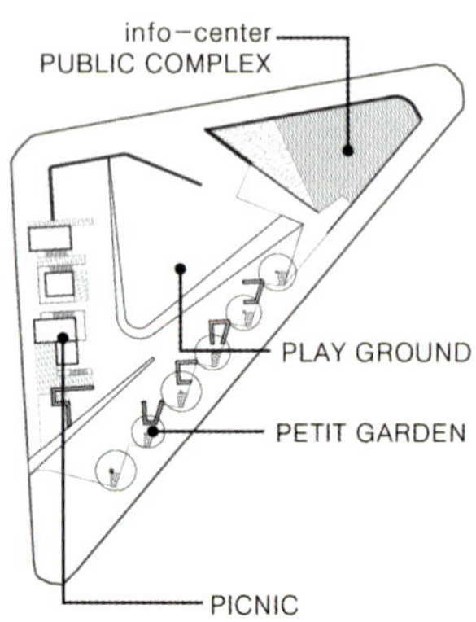

PROGRAM

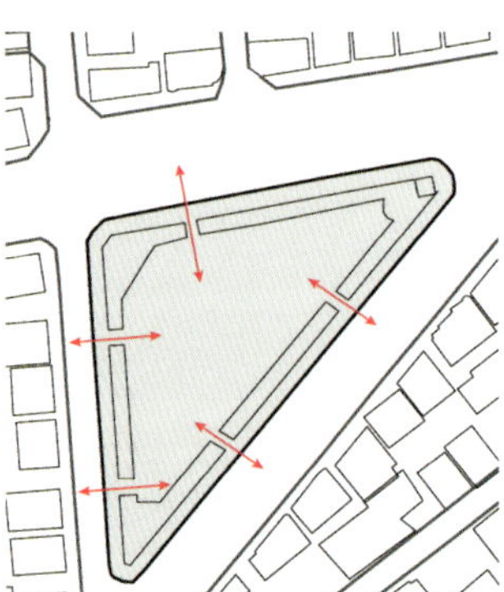
BEFORE

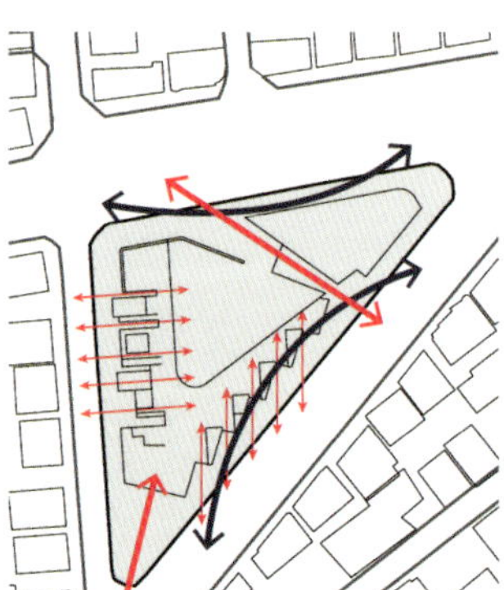
AFTER

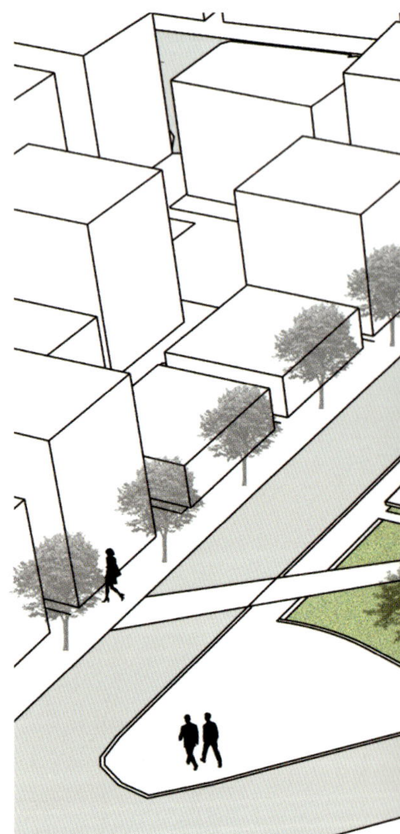

**유명희 Yoo Myoung Hee**
울산대학교 건축대학 부교수

홍익대학교 건축학과 졸업. 동 대학원 건축학과 석사, 박사. 정림건축과 모이건축사사무소를 거쳐 2006년부터 울산대학교 건축대학 재직. 대한민국 건축사. n_studio 대표
주요작품으로 2009년 대한건축학회 건축센타 아이디어 공모전 당선작 'ARCHICUBE', 공동육아협동조합 신촌 우리어린이집, 교육청 어린이집 공용공간 및 옥외 놀이정원 'BIKE - GARDEN' 외 다수
주요연구로 박사논문 '자기조직화 이론과 현대건축공간구성의 상관성 연구', '울산 남구 도시디자인 기본계획 및 디자인 가이드라인 수립', '산전지구거점확산형 주거개선사업 (건축MP)' 등

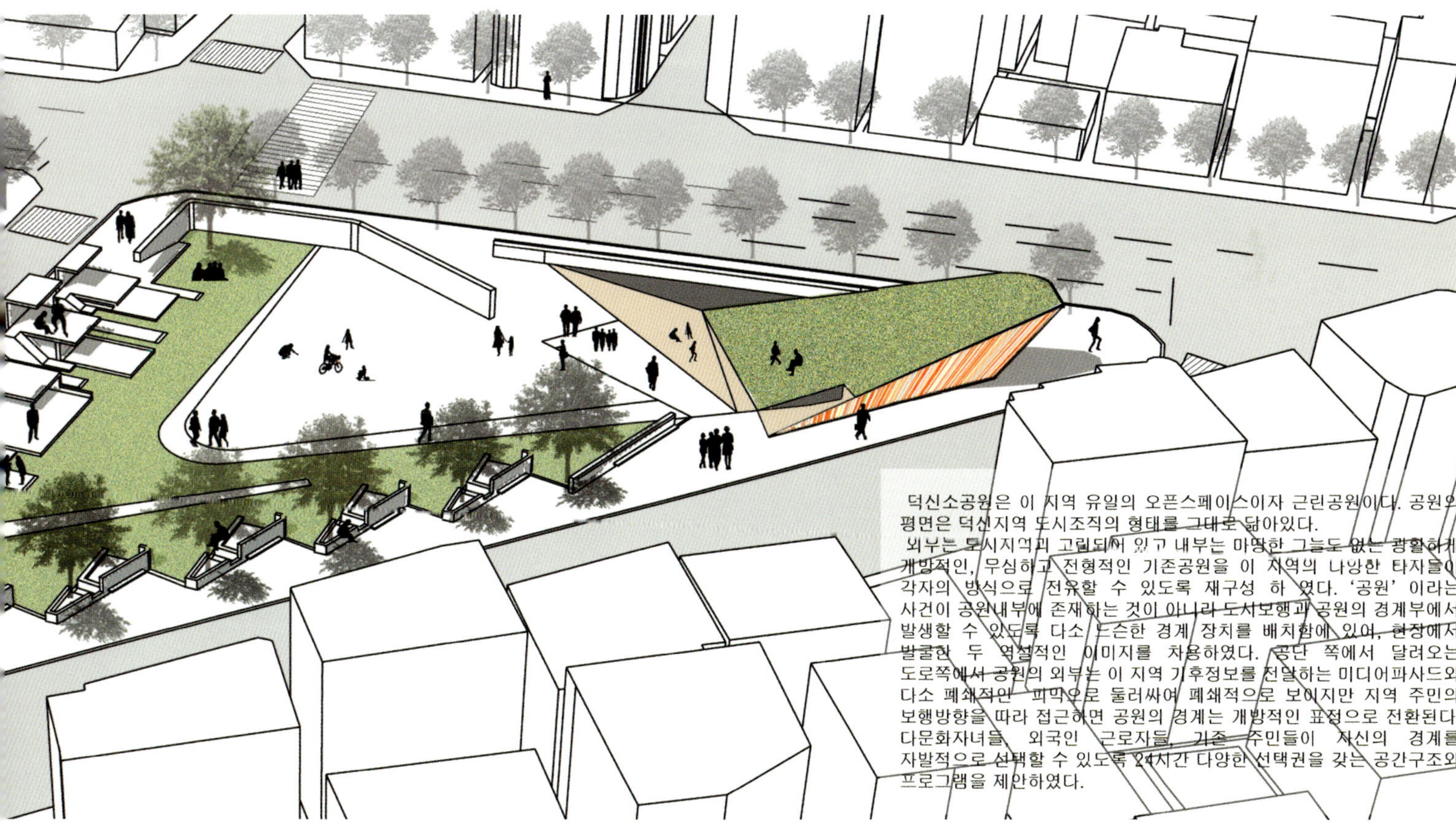

덕신소공원은 이 지역 유일의 오픈스페이스이자 근린공원이다. 공원의 평면은 덕신지역 도시조직의 형태를 그대로 닮아있다.
외부는 도시지역과 고립되어 있고 내부는 마땅한 그늘도 없는 광활하게 개방적인, 무심하고 전형적인 기존공원을 이 지역의 다양한 타자들이 각자의 방식으로 전유할 수 있도록 재구성 하 였다. '공원' 이라는 사건이 공원내부에 존재하는 것이 아니라 도시보행과 공원의 경계부에서 발생할 수 있도록 다소 느슨한 경계 장치를 배치함에 있어, 현장에서 발굴한 두 역설적인 이미지를 차용하였다. 공단 쪽에서 달려오는 도로쪽에서 공원의 외부는 이 지역 기후정보를 전달하는 미디어파사드와 다소 폐쇄적인 피막으로 둘러싸여 폐쇄적으로 보이지만 지역 주민의 보행방향을 따라 접근하면 공원의 경계는 개방적인 표정으로 전환된다. 다문화자녀들, 외국인 근로자들, 기존 주민들이 자신의 경계를 자발적으로 선택할 수 있도록 24시간 다양한 선택권을 갖는 공간구조와 프로그램을 제안하였다.

A Center for Interdisciplinary Design Education

# SERRATED STRATA

The proposal for a new graduate building at the Sam Fox School of Design & Visual Arts at Washington University in St. Louis is exploring the possibilities of open spaces as a serendipitous social platform for cross reference and exchange of information among disciplines. Instead of exploiting conventional open spaces strategies in the context of school typology–either centralized or decentralized, typically inner–directed affected by internal linear circulation system and have no relation to campus context and exterior environment–the design for the project reinterprets open spaces as a vehicle for intensifying urban, contextual, spatial, and programmatic porosity.

In order to integrate university's hybrid campus typology into the school's new graduate building and blur traditional boundaries of each discipline's programmatic zones, a series of voids are introduced along the defined building edge. This subtractive method generates an undulating elevation with a varying scale of open spaces connecting interior and exterior spaces both in horizontal and vertical dimensions. Carved inward from the building perimeter, this serrated geometry produces multi–level atria and fluctuating territorial and spatial conditions that alter the vertical stacks of floor plates.

Negotiated with environmental requirements such as daylight and views from the building, this series of exterior courtyards are transformed and extended from the facade into a new elevated ground that engage with existing campus structures and pedestrian flow of public exterior. As a place for student congregation, this landscaped platform supports and enhances school's cross–pollinating programs and interdisciplinary collaboration by producing synergistic coincidence and social encounters. With various levels of social association, communication, and organization, the new Sam Fox School graduate building enriches the existing campus fabric and fosters innovation in interdisciplinary design education.

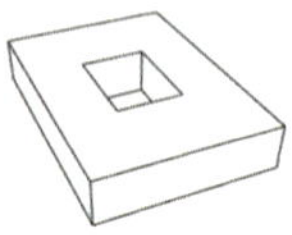

Conventional open space strategy

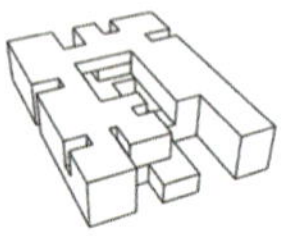

Perimeter voids and subtractive process

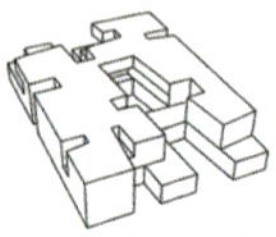

New Sam Fox School graduate building

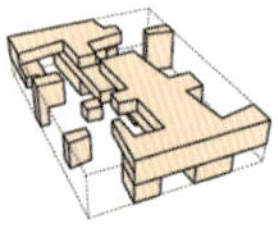

Exterior voids

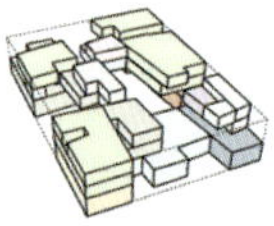

Program areas

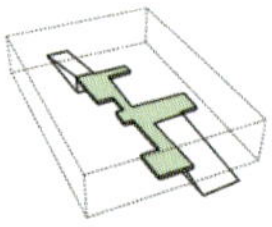

Landscaped platform

WASHINGTON UNIVERSITY IN ST. LOUIS CAMPUS CONTEXT

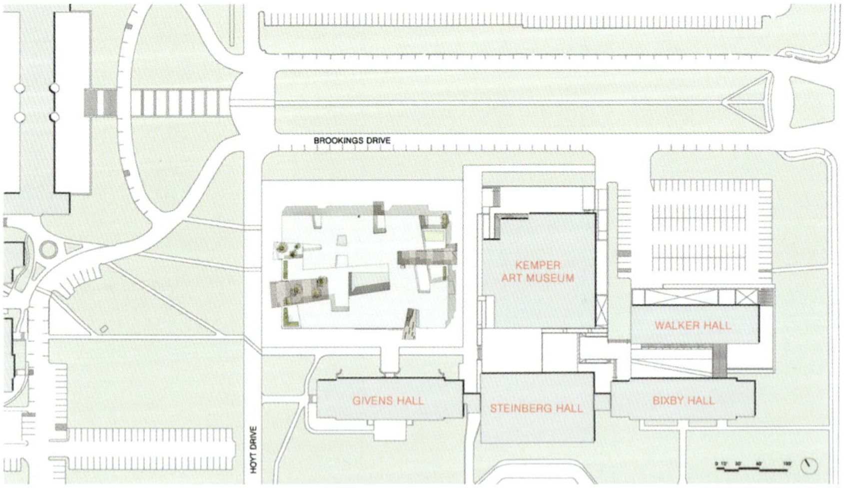


SITE PLAN

**유용현 Yonghyun Yu, AIA, LEED AP**
울산대학교 건축대학 조교수

유용현은 인하대학교 건축학과와 동대학원을 거쳐 영국의 Architectural Association School of Architecture에서 수학하였으며, 미국 University of Pennsylvania 건축대학원을 졸업하였다. 2004년부터 di Domenico+Partners, LLP, FXFOWLE Architects, LLP, Lee Harris Pomeroy Architects, PC 등 뉴욕의 설계사무소에서 디자이너로 활약하며 다수의 public space, urban infrastructure, transportation 프로젝트에 참여하였다. 2010년부터 울산대학교 건축대학 건축학부 조교수로 재직하고 있으며, 건축디자인연구소 U-LAB의 디렉터로 다양한 디자인 실험을 진행하고 있다.

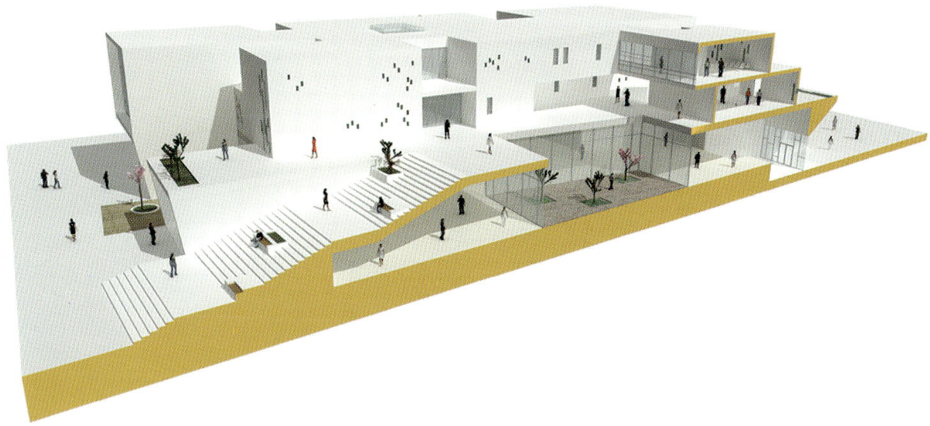

THIRD FLOOR PLAN

SECOND FLOOR PLAN

ELEVATION-EAST/NORTH

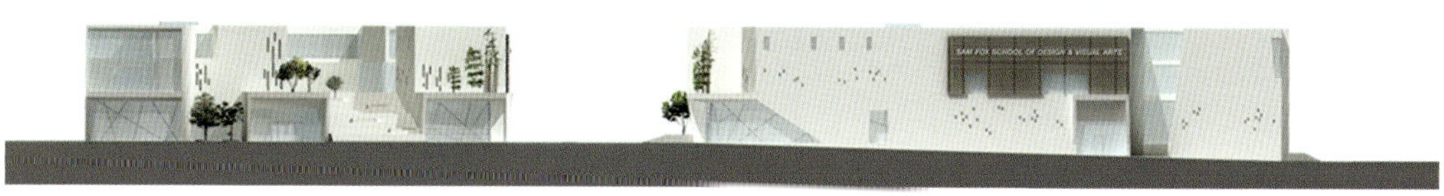

ELEVATION-WEST/SOUTH

GROUND FLOOR PLAN

SECTION A-A

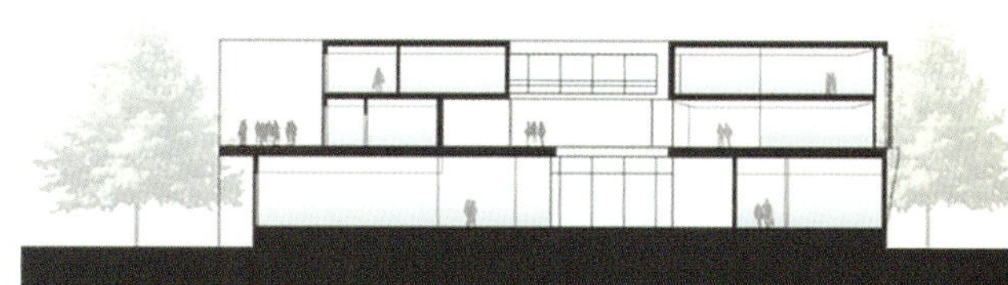

SECTION B-B

## Creative Office 2

**대지** 서울시 은평구
**대지면적** 2750㎡
**연면적** 2,644㎡
**건축면적** 1360㎡
**용적율** 97%
**건폐율** 50%
**규모** 지상2층, 지하1층
**건물높이** 9m

**유현준 Yoo Hyunjoon**
홍익대학교 건축대학 학과장

건축공간체험은 우리가 일상 속에서 별다른 의식 없이 얻는 체험이기에 음악이나 음식과 같이 특별하게 인간에게 직접적인 영향을 끼치는 것으로 인식되지 않고 있다. 하지만 우리가 엄마의 뱃속에서 나와서 일어나 걷고 자신이 사는 집과 그 주변을 인식하기까지 얼마나 많은 시간과 경험이 들었는지를 생각한다면 공간체험이 인간의 머리로 할 수 있는 가장 복잡한 경험과 정보처리 중의 하나라는 것을 쉽게 깨달을 수 있다. 따라서 이 같은 많은 의식 혹은 무의식의 프로세스를 요하는 공간체험은 우리의 업무, 휴식과 같은 일상의 사고에 엄청난 영향을 끼친다고 할 수 있다. 최근 들어서 업무공간에서 창조적인 공간을 만들려고 하는 움직임과 노력이 보이기 시작했다. 특히나 벤처붐과 IT산업이 일어나면서 기존의 대단위 공장과 같은 생산중심의 공간보다는 새로운 아이디어를 만들어낼 특별한 공간이 필요해졌기 때문이다.

높은 천장과 같은 일상적이지 않는 공간의 체험들은 새롭게 사고의 영역을 확장하는데 도움을 준다. 그리고 다른 종류의 작업을 하는 팀원들이 상대방이 진행중인 프로젝트를 바라다 볼수 있어야 창조적인 시너지 효과가 일어난다.

# 전라 감영지 복원을 통한 전주 구도심 재생계획

**대지** 전라북도 전주시 완산구 중앙동4가 1-1 전라감영지 일대(약 22,400㎡)
**대지면적** 22,431.85㎡
**연면적** 26,177.15㎡
**건축면적** 4,505㎡
**용적율** 26%
**건폐율** 20.09%
**규모** 지상2층, 지하2층
**건물높이** 11m
**주차** 278대
전북도청 이전부지 및 현재 완산경찰서 부지 및 전라감영로

전주는 통일신라시대부터 완산주의 주치, 후백제의 도읍이자, 조선왕조의 수부였고 삼한시대인 3세기 경 최초의 촌락이 형성 되었다. 6세기경 백제시대에는 완산으로 불렸으며, 이후 신라 경덕왕 16년 때 부터 전주로 개칭된 유서 깊은 도시이다.

또한 조선 시대 전주는 건국직후 태조어진을 모신 경기전을 설치하여 왕실의 본향임을 분명히 하였다. 현재 전주문화유산의 주류를 이루고 있는, 경기전, 조경묘, 조경단, 오목대, 이목대, 객사, 풍남문, 전주사고 등은 풍패지향과 관련이 있다.

옛 전주성의 중심 가로망은 객사와 전라 감영, 전주 부영, 경기전 등의 4개의 건물이 주축이 되어 형성 되었다. 조선후기 전라 감영의 모습은 문헌과 고지도를 통해서 살펴볼 수 있다. 완산십곡병풍도에 수록 되어있는 전주부사를 보면 사대문을 연결하는 십자형 가로망은 T자형으로 구성된 가로 체계였다. 이 도면은 감영 부지 안에 건물의 평면 형태에 관계없이 사각형 안에 건물명을 기입했고 기능적, 중심적 건물은 실제 영역과는 다르게 크거나 작게 표현했다. 따라서 건물의 규모나 비례는 부정확하다.

도성 중심부인 객사를 중심으로 오른 쪽에는 전라감영, 왼쪽에는 전주 부영이 위치하며 태조 이성계의 영정을 모신 경기전은 풍남문 옆에 망은 일제 강점기 성내를 정비하면서 모두 격자형 도로 체계화 되었다.

본 설계안은 전통문화 구역으로 진입하는 도로인 경기로를 따라 경기전, 전동성당, 오목대, 전통한옥지구 등의 문화유적들이 직접 연결되며, 현재 공사 중인 전통공예품 판매전시장, 한옥 체험장, 전통소리 문화체험관, 전주 향교 등과도 연계성이 강화될 것으로 예상된다.

## ▶History_풍패지관 이야기

1872년제작 된 고 지도 / <전주전도> / 19세기<전주부 4폭병풍도> / <완산십곡병풍도> / 선화당 영역 확대 지도 / 설계 대상지

## ▶Site analysis_전주와 전라감영

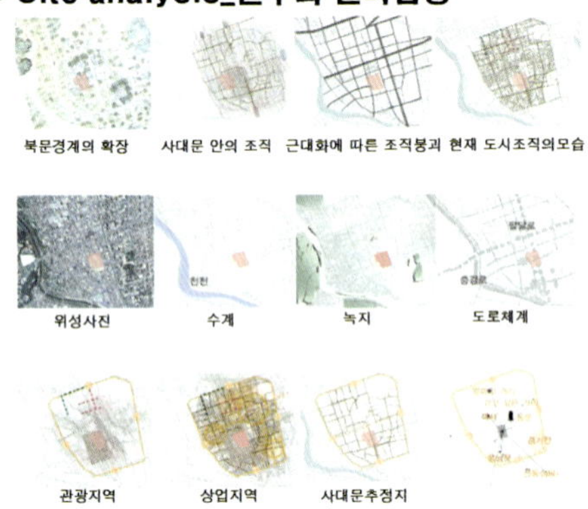


## ▶Concept_지도의 적층

## ▶Site issue_전라감영

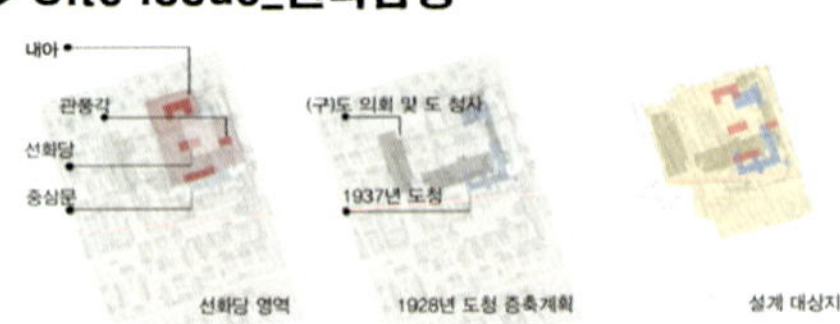


## ▶City issue_객사와 풍남문

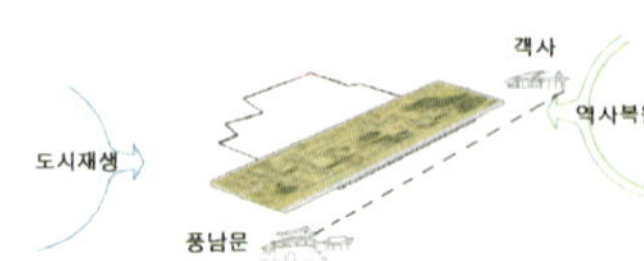


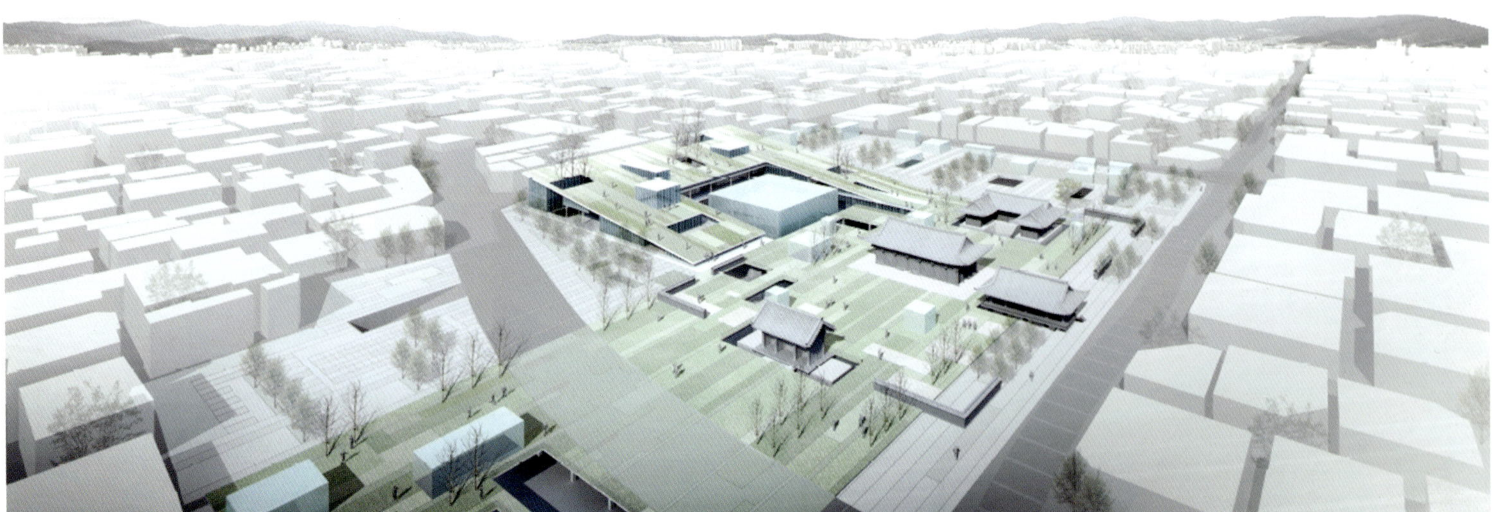

## 이 영 Lee Young + 유선건축

가천대학교 건축대학 교수


1980 서울대학교 대학원 건축학 석사
1981 University of Virginia M. Arch
1992 서울대학교 대학원 건축학 박사

1977-1980 광장건축연구소 근무
1983-1985 송민구건축연구소 실장
1985-1986 일건건축연구소 실장

1980 대한민국 국전 건축부문 입선
1995 국립박물관 국제현상설계 입상
1998 경기도 건축문화상 주택부문 은상
2001 성남시 청소년문화센터 현상 당선
2002 성남시 여성근로자 임대아파트 현상가작

2003 경기도 제2과학고등학교 현상 당선
2003 성남시 중원구 청소년수련관 현상 당선
2006 인천광역시 서부교육청청사 현상 당선
2009 영종하늘도시 공공도서관 현상 2등
2010 대한민국 역사박물관 계획안

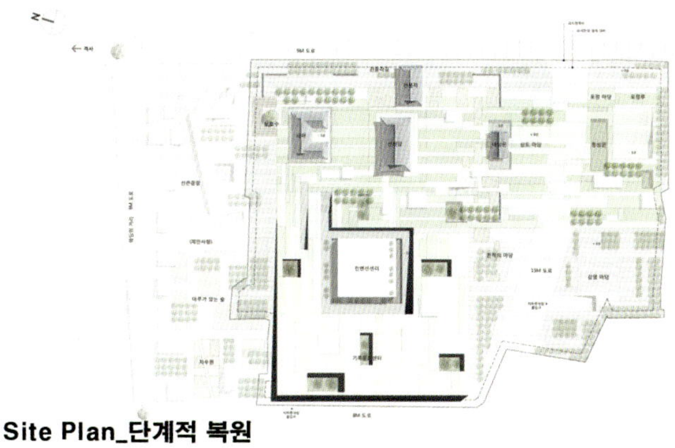

**▶Site Plan_단계적 복원**

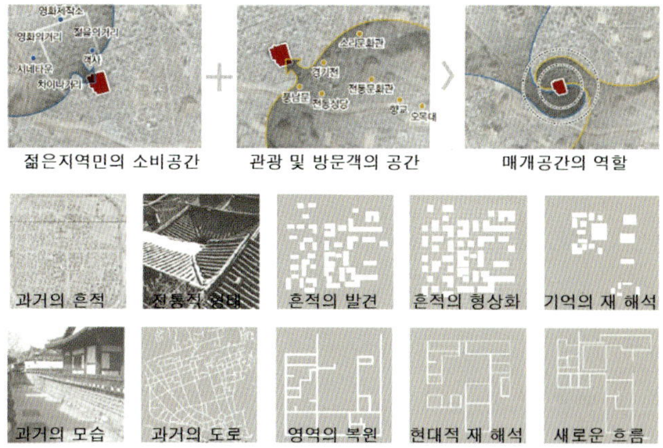


**▶Plan_**

고지도의 적층을 통한 감영 영역 분석을 통해 각각의 영역과 면적, 길이, 각도를 맞추어 현재로써 확인된 선화당의 영역을 기준으로 주변 부속 건물들의 위치를 파악한다.

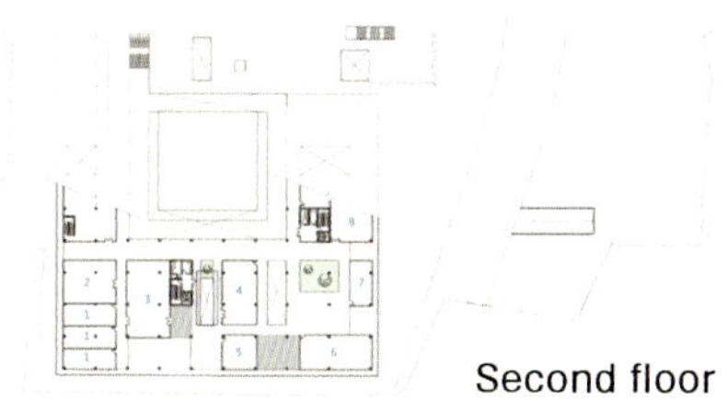

Second floor

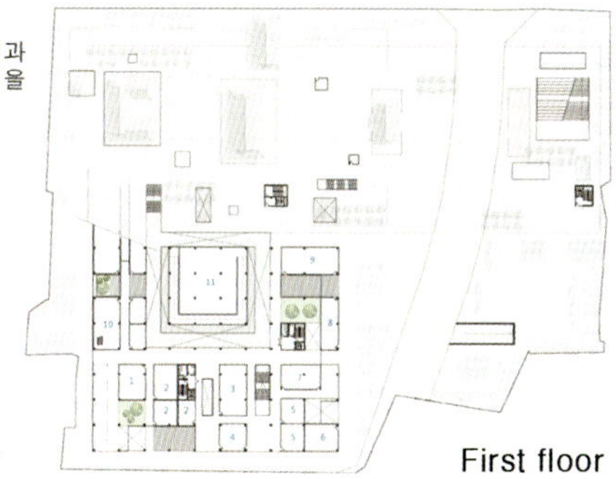

First floor

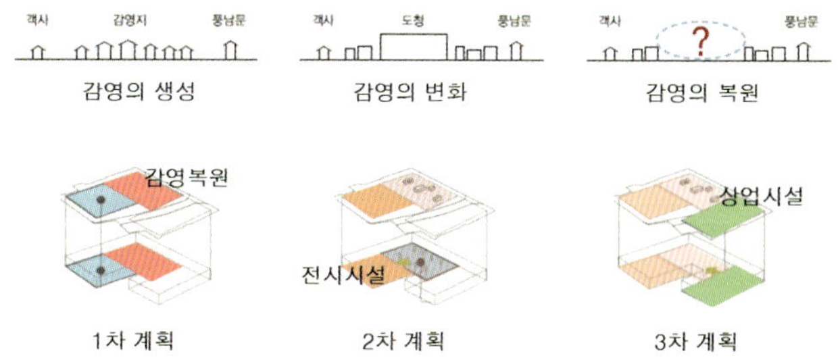


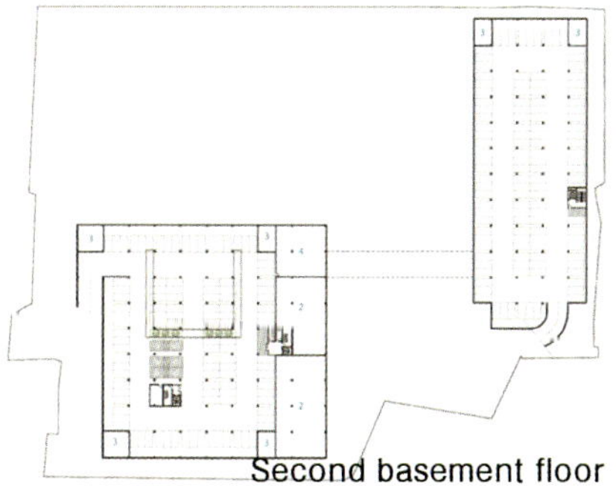

Second basement floor

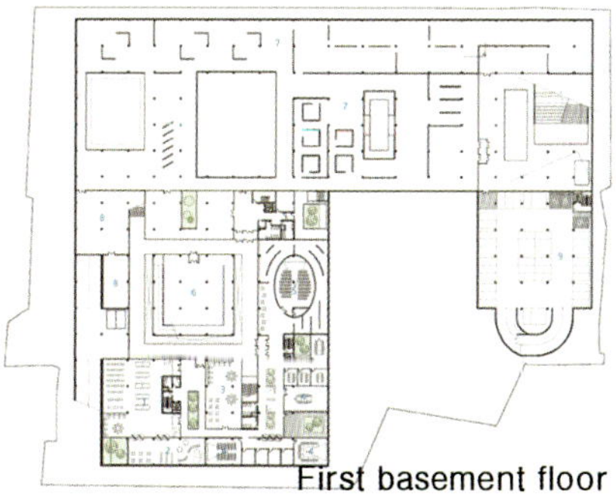

First basement floor

**▶Section_**

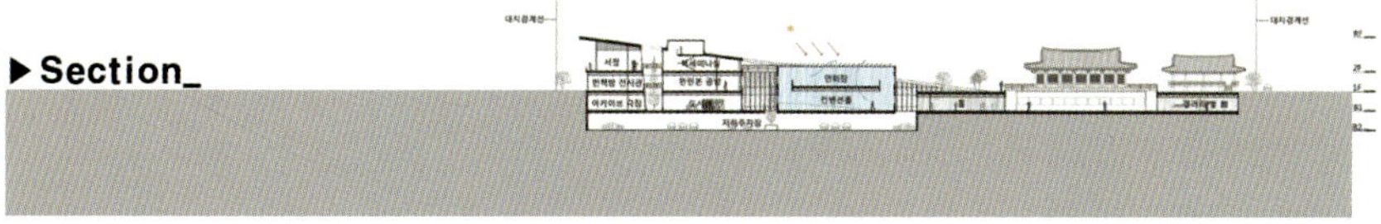

전주의 문화적 키워드라고 하면 저항과 풍류를 들 수 있다. 또한 이 곳은 맛, 소리, 전통, 판소리, 명창, 목판본, 전통한지, 합죽선 등 한국을 대표하는 다양한 문화적 발전을 가져온 고장이다.
전주 시내에 가장 한국적인 움직임과 모습을 반영하는 것은 도시를 재생시키고 시민의 움직임을 활성화 시키는 방법이다. 그러기 위해서는 사라진 문화와 역사의 흔적을 다시 찾는 작업이 필요하다.

행정 중심 시설로써 경제, 문화, 군사, 사회 전반에 걸쳐 큰 영향력을 행사하던 조선시대-일제강점기 감영부지는 도청이전과 함께 급격하게 쇠퇴했다. 따라서 과거의 영역의 추적과 발굴 작업은 감영 복원 그 이상의 의미가 있다. 이 부지는 전주 감영의 옛 터를 기억하고 기록을 통해 발굴하고 확인 된 공간은 흔적이 되고 새로운 기준과 흐름이 될 수 있다. 전통과 도시 가로를 바탕으로 한 격자의 언어는 현대적 흐름에 맞게 재해석 되었다. 선라 감영 (설계대상지)에도 적용되어 같은 모습을 닮도록 하였다.

감영지 부근은 특화 된 주제를 가지고 몇 개의 블록과 가로를 통해 상점과 도시 조직들이 뻗어있다. 이 특화 된 거리와 설계안이 복합적으로 작용할 수 있도록 구체화된 프로그램을 제안한다. 이러한 전라 감영 인접 부지 내에 다양한 역사 · 문화적 요소는 전라 감영 부지의 활용을 중요한 요소이자 설계 수단이라고 할 수 있다.
감영을 통해 현재 전주시와 장인, 시민 참여자 연계해 대중에게 전주스러움, 한국스러움이 전해질 수 있도록 기록문화, 전통 공예산업, 지원 공간, 작업 공간. 제작 판매 등의 전 과정을 연계한다. 또한 물리적으로 쉬운 접근 경로는 문화 환경 인프라 구축에 긍정적인 역할을 할 것으로 기대한다.

# C대학교 NH관 계획안

**대지** 충북 청주시 흥덕구 개신동 산 12번지
**대지면적** 1,645.00㎡
**연면적** 3,705.94㎡
**규모** 지하 1층, 지상 4층
**용도** 1층 : 농협, 전시홀
2층 : 회의실, 세미나실
3층 : Dream Room, 휘트니스센터
4층 : 휘트니스센터

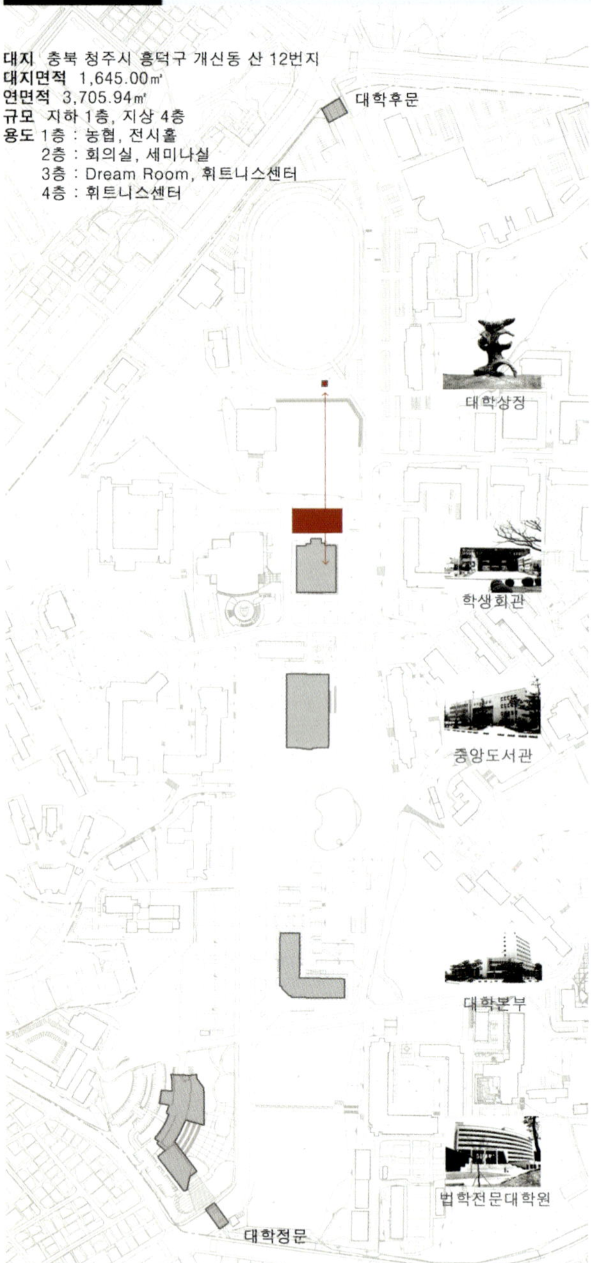

대안3 스터디 모델

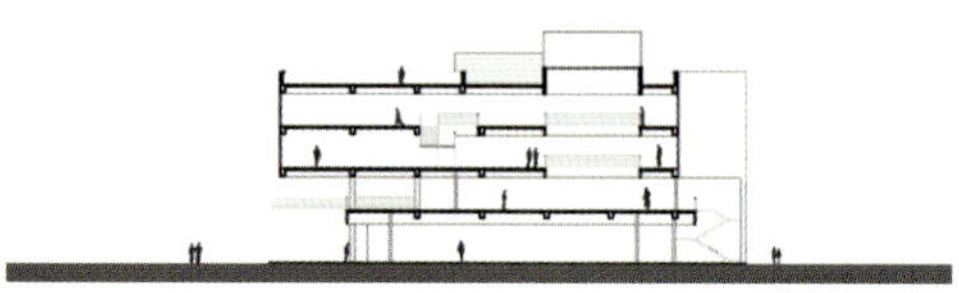

횡단면도

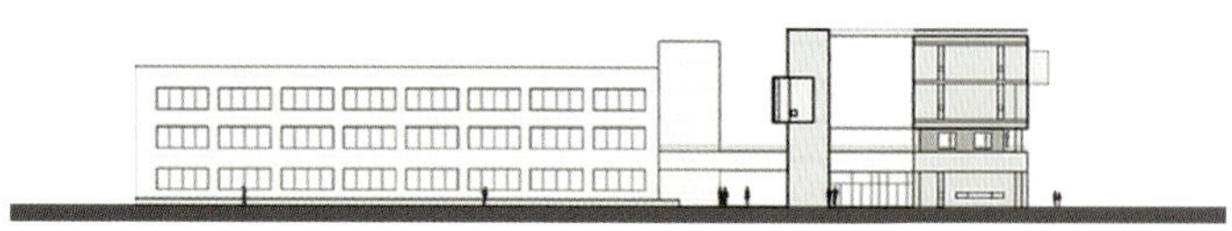

남측입면도

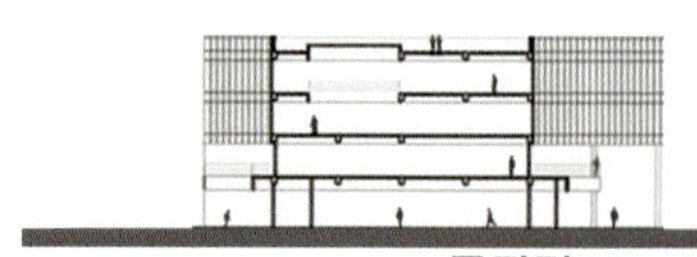

종단면도

## 이강훈 Lee kang hoon
충북대학교 건축학과 교수


서울대 건축학과 학부, 석사, 박사, 아키반 근무, 유펜 방문교수, 현재 충북대학교 건축학과 재직중
음양공간, 한칸의 미학, 초대하는 공간, 살림공간이란 주제로 작업중

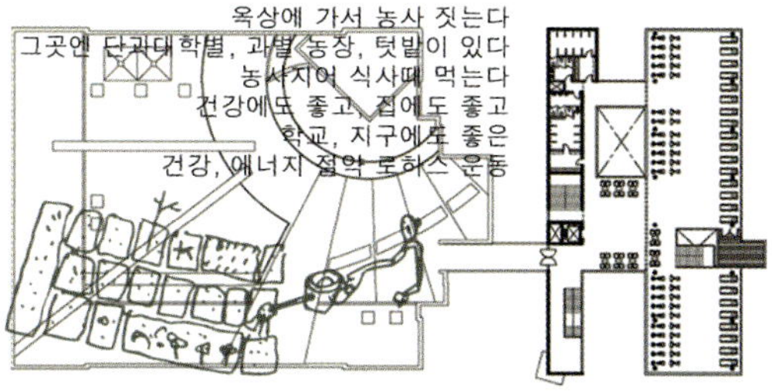


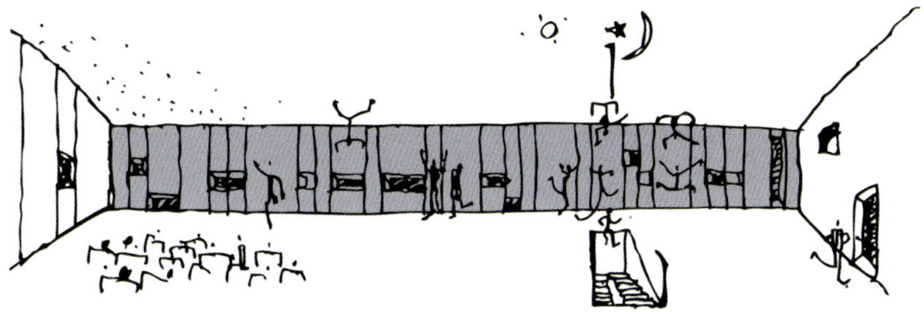

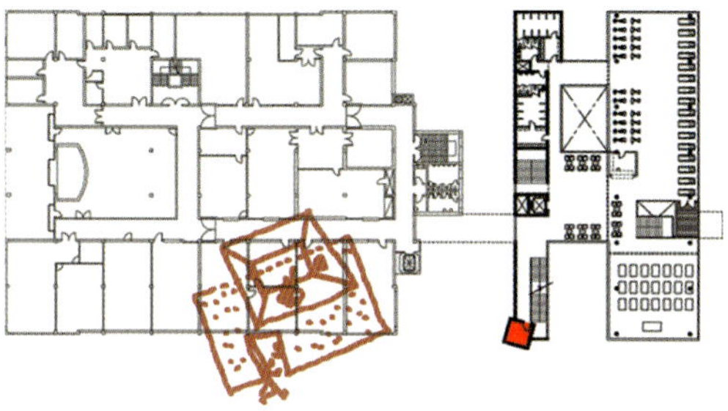

Dream Room
휘트니스 센터

3층 평면도

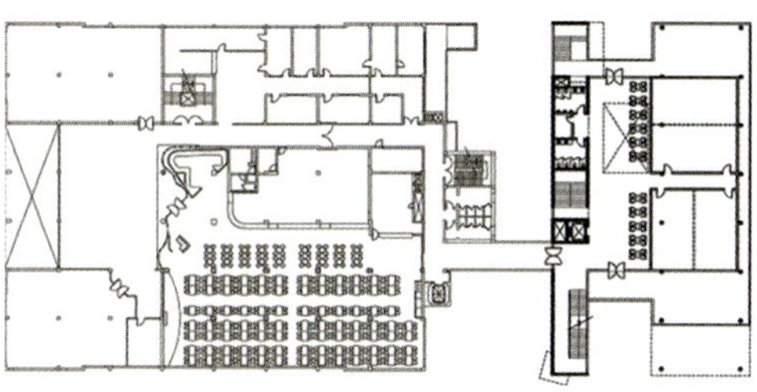

회의실
전시홀

2층 평면도

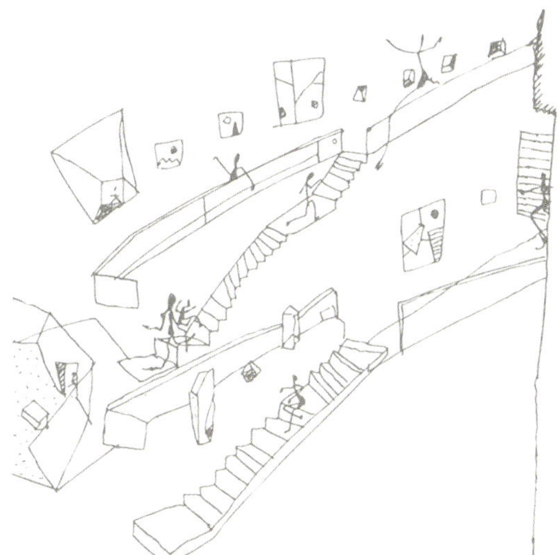

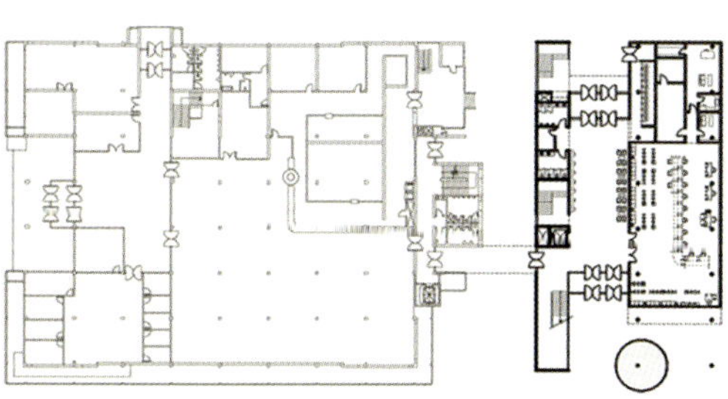

농협
전시홀

1층 평면도

저금하고 식수 후
회의하고, 공부하다
지치면 운동하고, 계단으로 뛰어
달리기 하다가, 사색의 방으로 간다

사색의 공간

글 그림으로 적은우리의 꿈이
1~4층 홀에 전시된다

전시공간을 보며 걷고 보고 읽다 보면
우리의어제
오늘, 내일이 읽혀신나
그런 건물이다

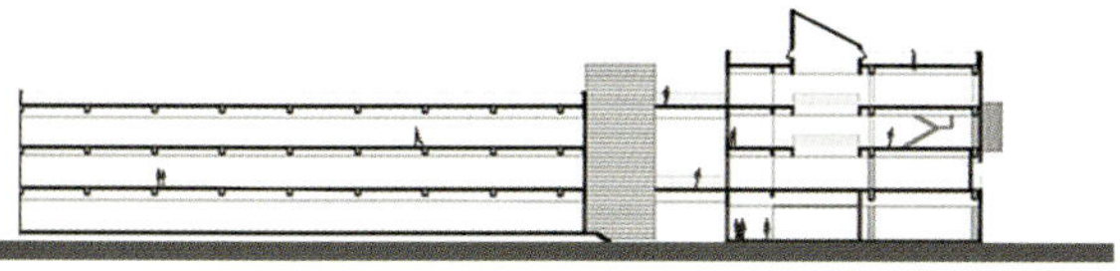

종단면도

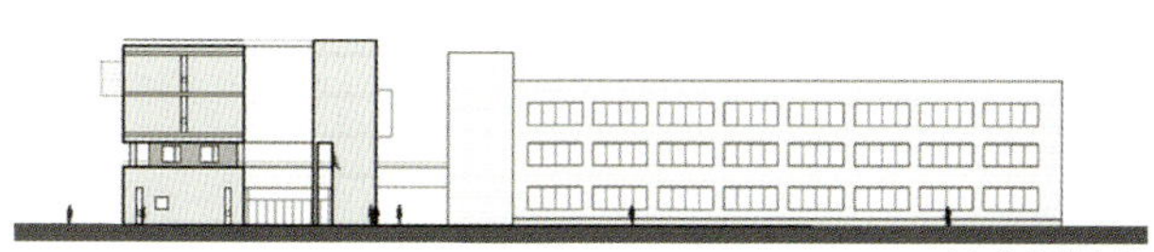

북측입면도

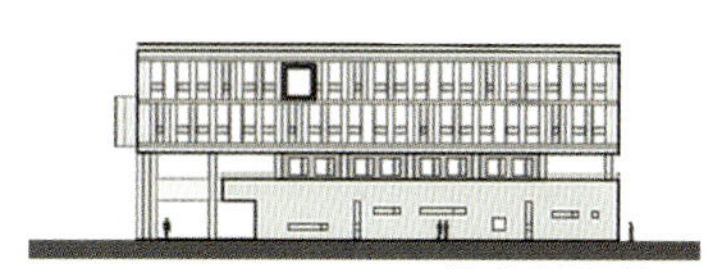

동측입면도

# 피아니스트를 위한 주거 계획안
# Housing for Pianist

피아니스를 위한 주거제안이다.
창작을 하는 직업인들은 그들의 개인적 공간을 가지고 있다. 자신이 사는 집안에 조그만 공간이 존재하기도 하고 별도의 공간을 갖기도 하는데 공통점은 독립된 공간들이다. 직업의 유형이 따라 서재, 아뜨리에,스튜디오 등의 다양한 형태로 존재하지만 모두 자신의 작업에 집중과 개성을 드러내는 공간이다. 본 프로젝트로 이러한 맥락에서 도시에 사는 피아니스트의 세컨드 하우징이다. 작가는 이곳에 와서 연습과 녹음작업, 휴식을 취하는 공간으로 작가가 음악에 빠져 집중할 수 있는 공간이 된다.

집의 출발은 악보의 오선에서 출발한다.
음악가들에 있어 오선의 의미는 하나의 규준이다. 이러한 오선의 음악적 의미를 건축적으로는 5개의 벽으로 의미를 부여했다. 5개의 벽속에 음악가의 생활공간이 전개되어 있는데, 이 5개의 벽은 악보에서 음표 쉼표와의 관계에서의 의미를 건축에서의 솔리드와 보이드로 옮겨 보았다. 즉, 벽으로 이루어진 물질과 물질사이의 빈공간이다. 이러한 빈공간은 벽의 개구부에 연속적으로 겹쳐진 부분으로 인해 각각 복도, 좁은 방, 넓은 방으로 규모가 달라지게 된다. 또한 움직임에 따른 공간의 변화에 의해 음악의 요소들을 공간으로 재현된다. 음악가는 건축속에서 음악적 영감을 건축가는 음악속에서 건축의 영감을 찾는 즐거운 소통의 작업이다.

## Idea Transparency & Superimposition

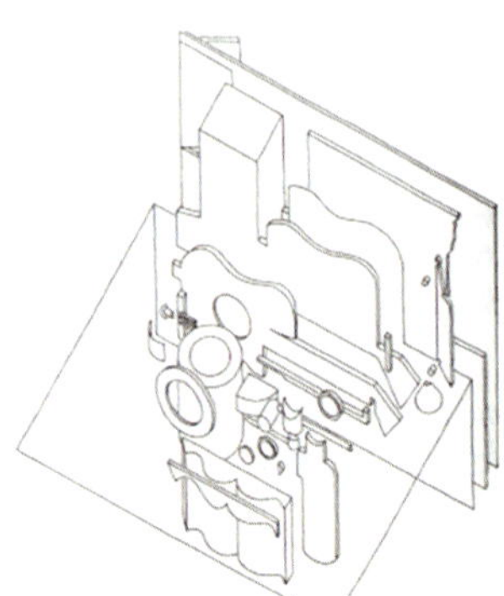

## Concept

### A. Contrast

stabile Struktur : verschidene Raumgestaltung und Zirkulation
Zeitachse (Bebegung) : Raumachse (Bleiben)

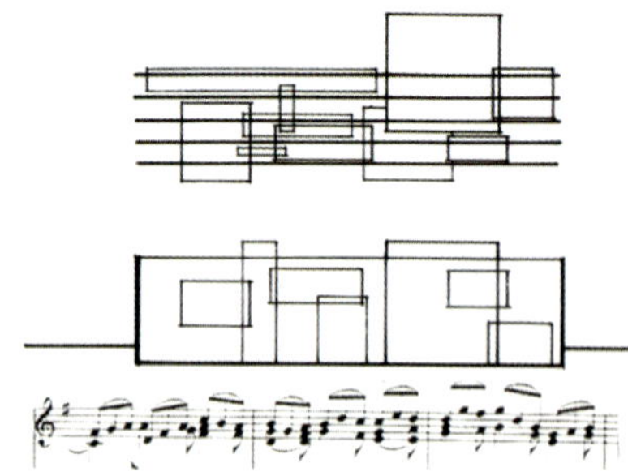

### B. Noteline & 12 Tons of Music Composion (Structure)

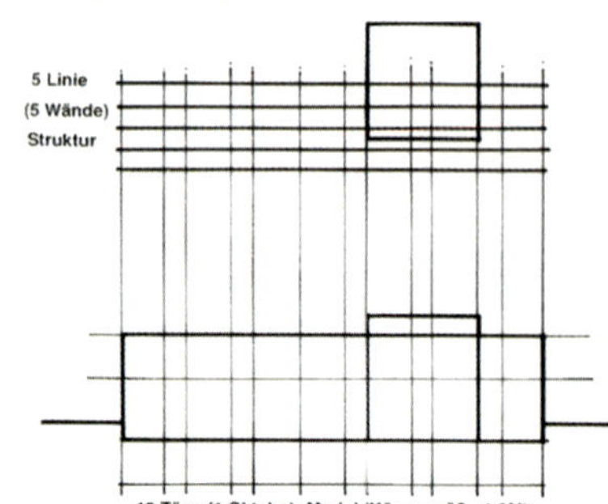


### C. Time Composition (Program)

Zeitachse : Raumschicht
Veränderung der Szene nach der Wandöffnung

**이 명 재 lee myung jae**
한국교통대학교 건축학과 조교수

1996 서울시립대 건축공학과(공학사) / 2001 베를린공대 건축학과 디플롬(Dipl.-Ing.) / 2004 독일연방건축사 / 2007 한국교통대학교 건축학과 재직

무영건축, 에이텍건축, 정림건축을 거치면서 수원농수산물유통센터(2001),Ketti 연구센터(2001), 답십리 오피스텔(2002), 청담동 복합빌딩(2003), 장지지구 아파트 현상설계(2003), 서초 장애인정보문화센터 현상설계(2006), 인천대학교 송도신캠퍼스 신축공사(2006)등 다수의 작품을 수행했다.

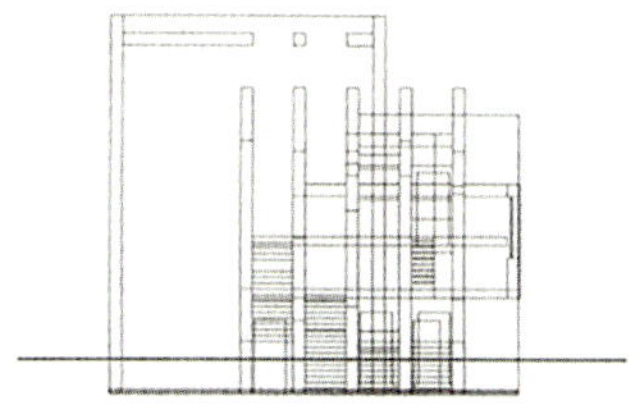

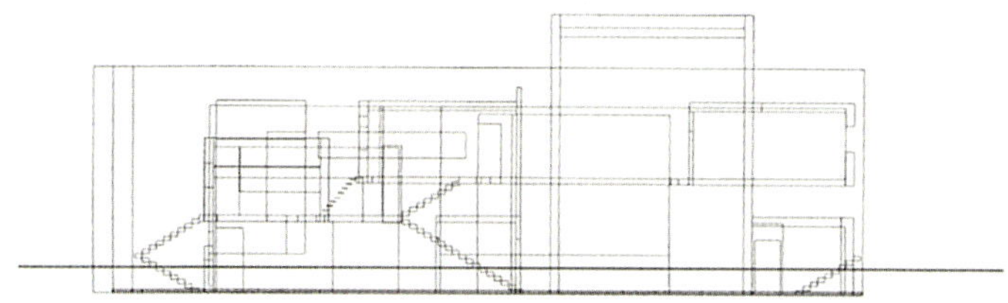

Program Composition

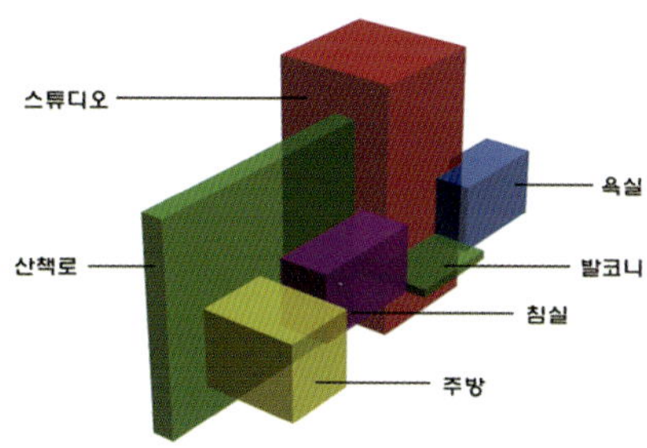


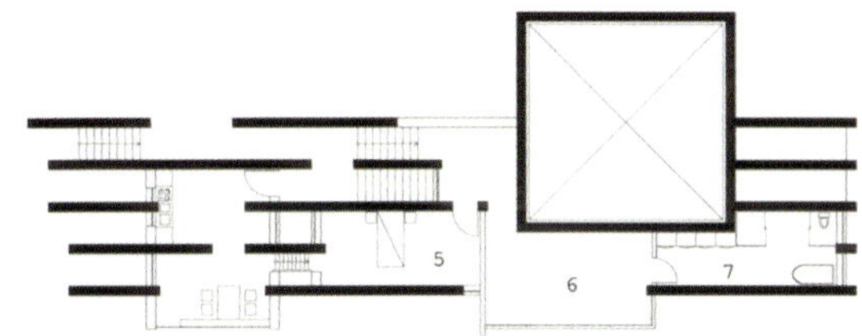


3rd Floor Plan

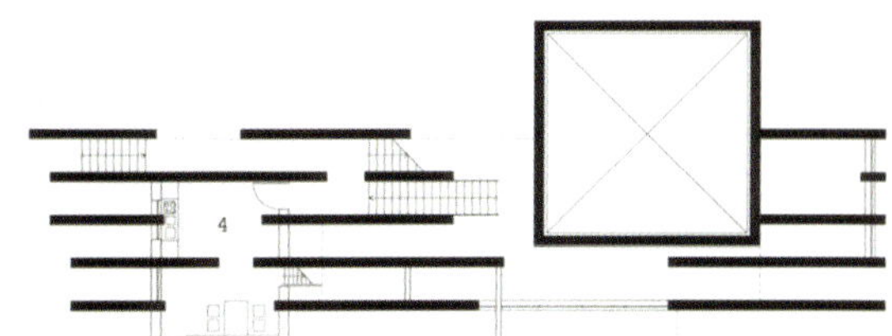


2nd Floor Plan

1. 스튜디오
2. 다용도실
3. 녹음실
4. 부엌/주방
5. 침실
6. 발코니
7. 욕실

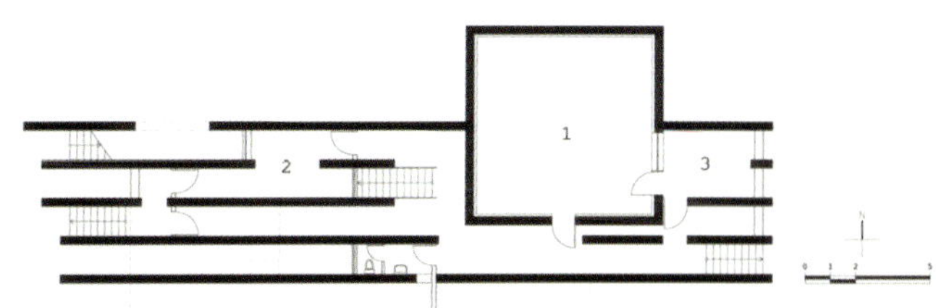


1st Floor Plan

Elevation 1

Elevation 2

# 개신캠퍼스 복합지하공간 계획

**대지** 청주시 흥덕구 성봉로 410
**대지면적** 15.054㎡(4,554평)
**연면적** 9,016㎡(2,727평)
**건축면적** 5,337㎡(1,614평)
**용적율** 7%
**건폐율** 35%
**규모** 지상4층, 지하2층
**건물높이** 16m
**주차** 20대

본 설계부지는 대학 캠퍼스내 나지막한 구릉이 감싸고, 남쪽을 향해 개방된 소운동장내에 위치하고있다. 운동장 지하공간을 활용하여 새로운 동선체계에 연계된 후생복지 및 체육문화공간을 건립하고자한다. 또한 공과대학의 주도로와 사범대학, 문화관을 연결하는 새로운 남북축 동선체계를 제안하며, 이에 직각으로 문화관과 학생회관의 동서방향 보행자 동선축을 연장하여 대운동장까지 이르고자한다. 현재 지상부는 여러가지 체육행사로 사용되고 있으므로, 주요 시설은 지하공간에 위치시키며, 지상부엔 진입광장, 이벤트 마당을 설치한다. 프로그램화된 캠퍼스, 지형의 수치적 해석을 통하여 캠퍼스와 주변 도시, 자연의 대지는 융해되고 각 프로그램간의 경계는 융합되어 교육, 연구, 휴식, 자연이 합쳐진 캠퍼스가 된다. 현 운동장의 지하공간은 빛과 비물질적인 개념을 통한 영역의 확장으로 건물과 조경, 내부와 외부, 자연과 인공환경의 융합 배치가 생긴다. 지하에서 새로운 동선체계는 공간의 레벨과 시각적 흐름에 따라 조성되며, 장차 계획될 대규모의 지하주차장과 연계된다. 주변녹지와 운동장으로서 개방적인 경관을 고려하여, 지하에 위치한 체육 및 후생복지시설은 효율적이며 안전한 지하보행동선을 따라 위치한다. 지하공간의 쾌적성을 위해 자연환기와 채광을 고려한 천창, 아트리움 및 타워형 굴뚝은 자연적 대류현상에 의해 공기의 순환이 이루어지도록 하며, 이런 장치들은 대규모 지하공간을 낯설고도 친근한 공간으로 변모시킬 것이다.

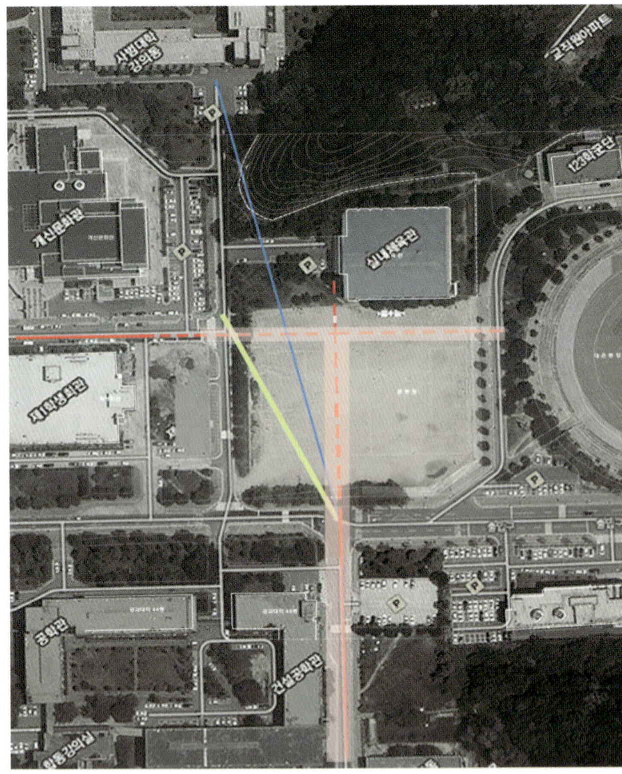

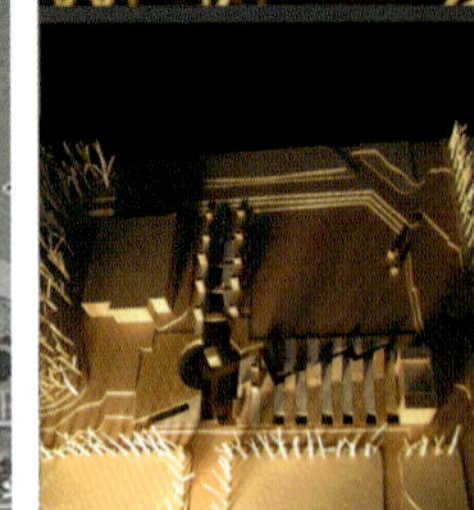

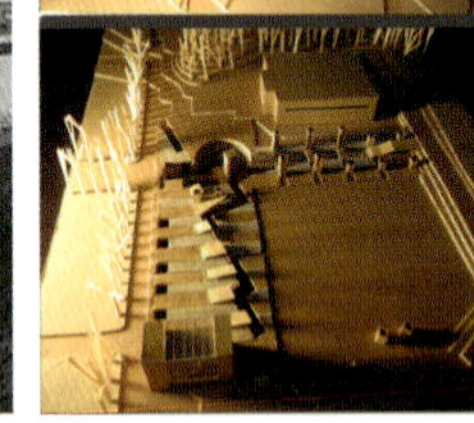

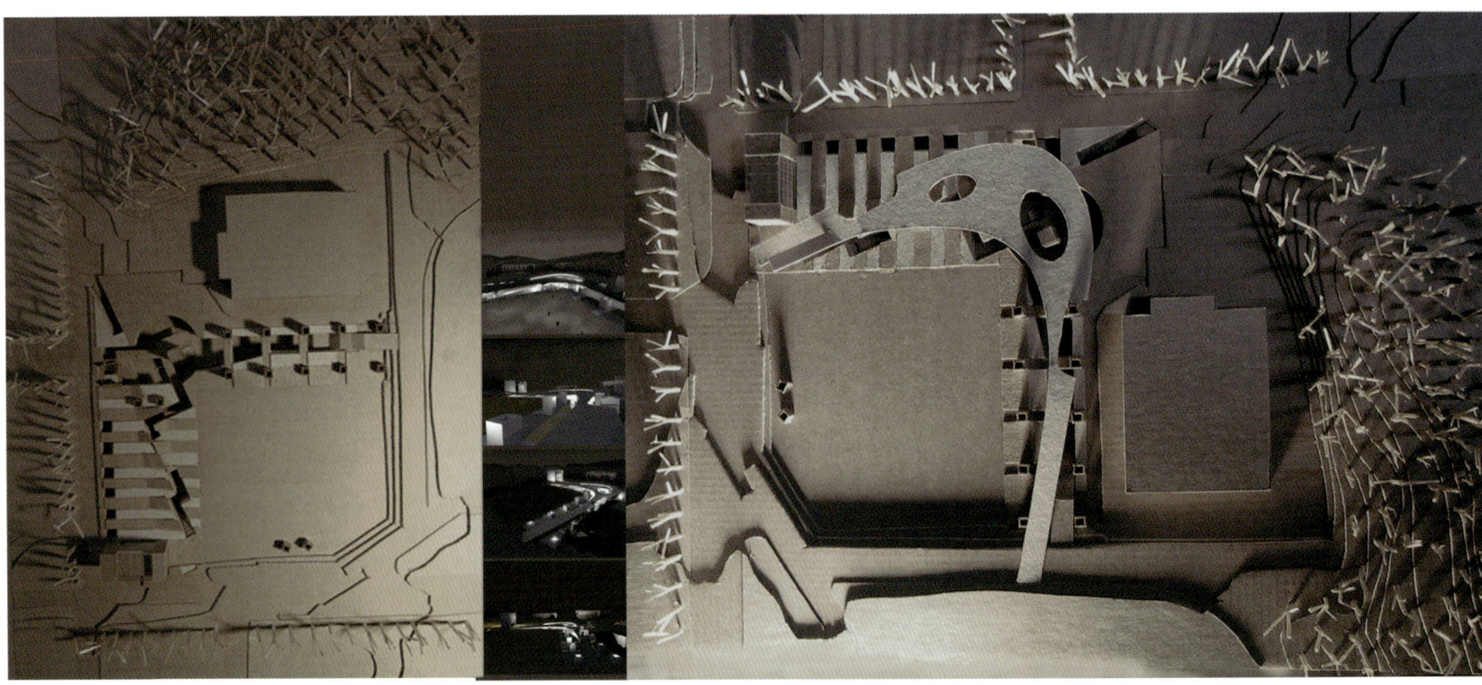

**이 상 훈 sanghoon lee**
충북대학교 건축학과 부교수

서울대학교 건축학과를 졸업하고 동대학원 건축학과를 졸업하였다. 1992년부터 서울건축, 경영위치건축사사무소, 한길종합건축사사무소에서 근무하고, 2000년 경기대학교 건축전문대학원에서 전임강사 역임하여, 현재 충북대학교 건축학과에 재직중. 친환경적인 패시브 시스템과 생태주거건축에 대하여 연구중이다.

# RE-PARADISE

## DMZ야생동물 생태관

**대 지:** 강원도 양구군 동면 원당리 183번지 일원
**대지 면적:** 5,623㎡
**연 면 적:** 898.75㎡
**건축 면적:** 840.63㎡
**용 적 율:** 15.98%
**건 폐 율:** 14.95%
**규 모:** 지상 2층
**건물 높이:** 9.4m
**주 차:** 8대(장애인 2대포함)
**외부 마감:** THK.30 화강석붙이기(잔다듬), 티타늄아연도강판

과거의 자연은 경계가 없는 동식물의 낙원이었다. 인간의 욕망에 의해 생긴 경계의 땅 DMZ. 인간의 생활에 의해 단절되고 경계지어진 상태.
야생동물의 안식처가 된 이곳 국토 정중앙 양구에 생명과 평화가 공존하며, 경계를 허물어 인간과 자연이 소통하는 새로운 생태낙원을 그려본다.

Re-Paradise.

**이 석 권　Lee Seok-gweon**
강원대학교 건축학과 부교수

강원대학교 건축공학과를 졸업하고, 가람건축, 원양건축 등에서 실무를 익혔다. 1998년부터 건축사사무소 유덕건축을 운영하였고, 2006년 강원대학교 건축학과에 임용되어 건축과 도시설계분야에서 연구와 실무를 병행하고 있다.

주요작품으로는 Villa-Nobile(2012), 철원군 주요거점 핵심사업 마스터플랜(2011), 수변도시 비젼공모 [현상설계 공동] (2010), 철원 두루웰파크 정보센터 마스터플랜 (2009), 가평군립 청평도서관 [현상설계 가작] (2009), 춘천시 몸짓극장 [현상설계 가작] (2008), 춘천시 여성회관・문화원 [현상설계 우수작] (2007), 동강(광하)탐방안내소 [강원도 경관우수건축물](2007), 충주시 안림동 단독주택 (2006), 한국산업인력공단 강원지사 청사 (2006), 춘천시 청소년 수련관 [현상설계 우수작] (2006), 뒤란이 있는 집 [경기도 건축문화상 수상] (2006), 조종도서관 [현상설계 최우수작] (2004), 경기도 건축문화상수상-공동2명](2007), 강원대학교 연적지 휴게시설 [현상설계 우수작](2004), CONTEXT - 1 [경기도 건축문화상 특별상] (2003), CONTEXT - 2 (2002) 등이 있다.

DESIGN PROCESS

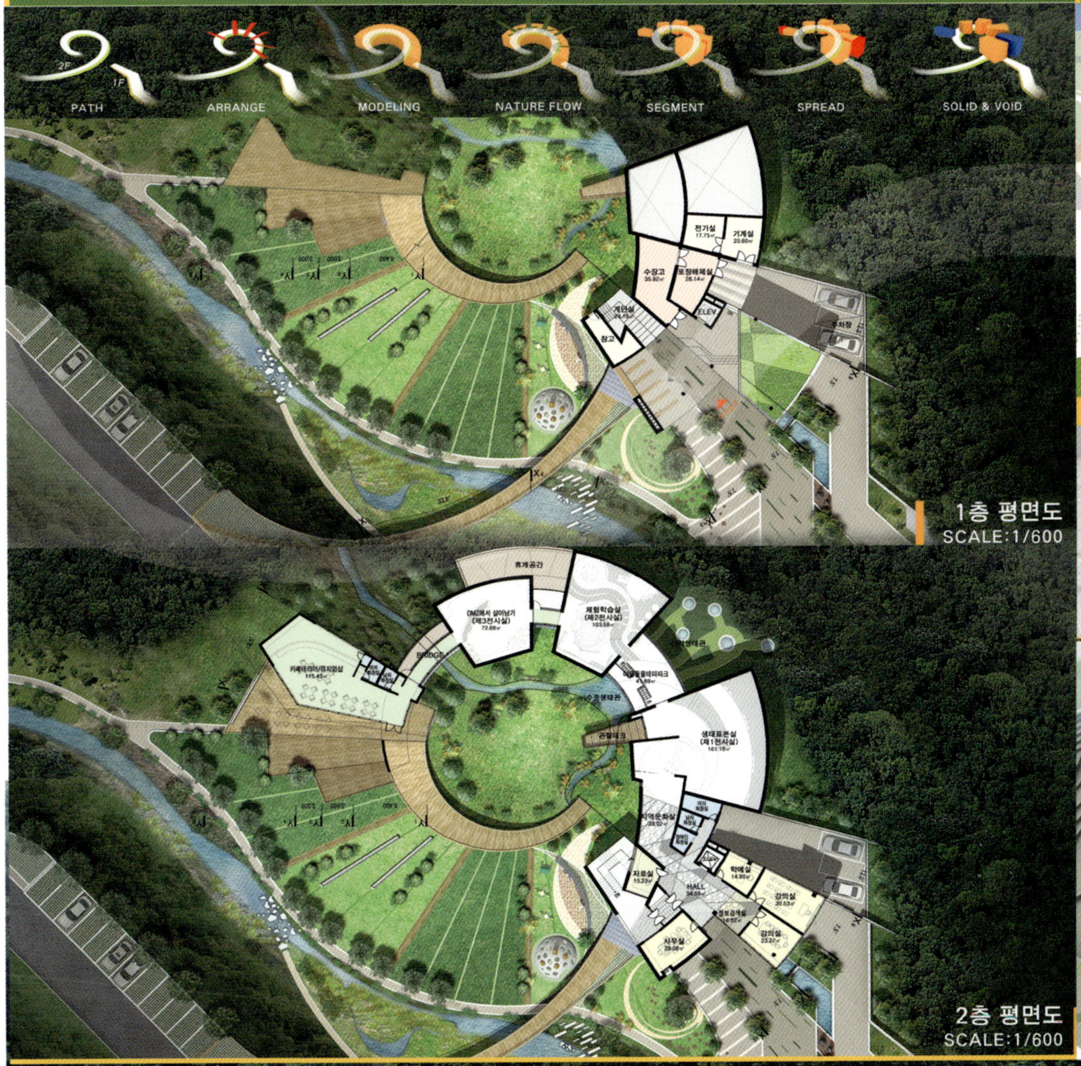


단면 계획

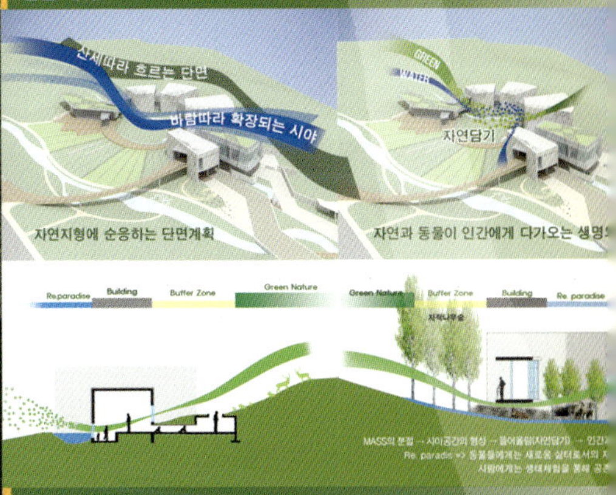


MODEL

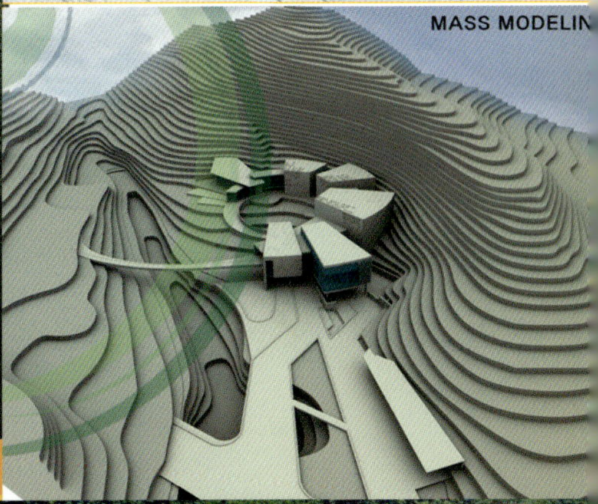

– 학생, 교사, 학부모가 함께 만드는 학교 –

# User Participation in School Design

**대지** 진천-음성 혁신도시 계획부지 **대지면적** 17,542㎡ **연면적** 12,345㎡
**건축면적** 7,462㎡ **용적율** 115% **건폐율** 42.54% **규모** 지하1층, 지상4층
**건물높이** 15m **주차** 32대

진천 혁신도시에 새로 들어설 초등학교는 학교설계의 새로운 전기를 마련하는 기획으로 Green, CPTED, U-School을 표방하였다. 이와 더불어 정서적인 학교환경, 커뮤니티에 열린 학교를 지향하면서 설계과정에서 학교의 직접적인 사용자가 될 학생과 교사, 학부모의 목소리를 담았다.
현재 사용하는 학교공간에 대한 평가, 새로운 학교시설의 공동 목표설정을 위하여 키워드를 찾아내는 wish list작업부터 개별공간의 이미지를 선택하고 공간사용 시나리오를 작성하는 작업, 공간에 담을 내용을 토론을 통하여 찾아가는 과정이 그대로 설계작업이 되었다.

**: Key Words for Goal Setting :**

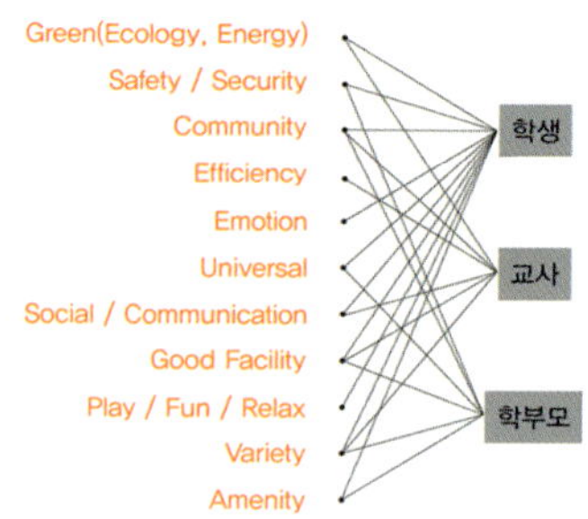


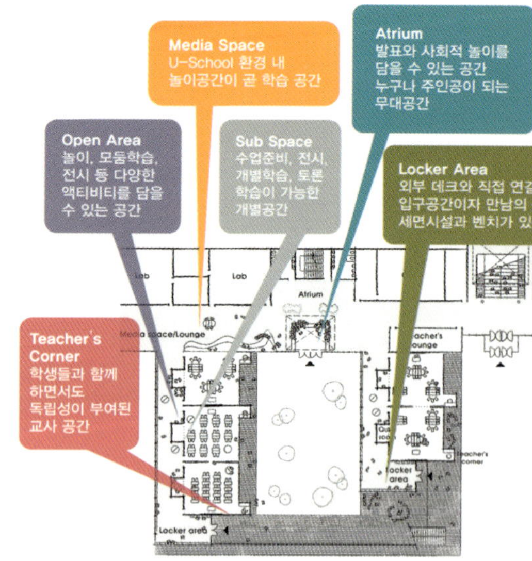


PLAN_저학년 교실 클러스터

**: User Participation Process :**

**: 다양한 교실 이용 방식 :**

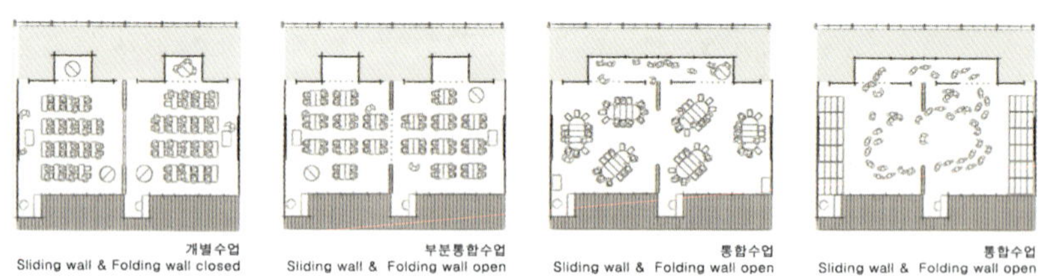


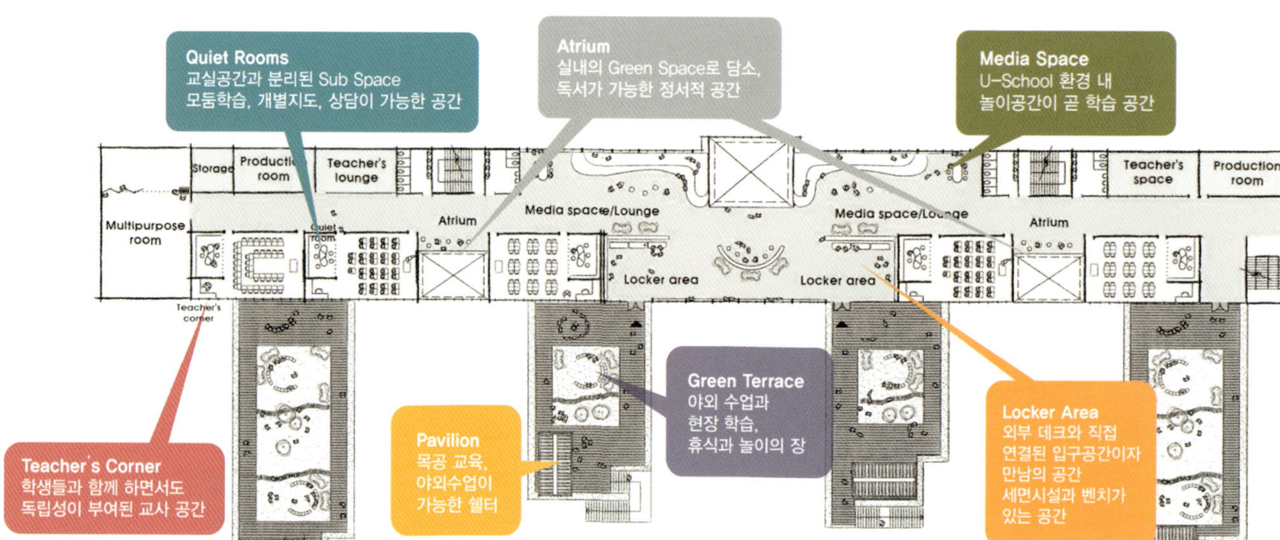


PLAN_5~6학년 교실 클러스터

**이 선 영 Sun Young Rieh**
서울시립대학교 건축학부 교수

한국과 미국의 건축사이며 현재 서울시립대학교 건축학부 교수로 재직 중이다.
서울대학교 건축학과를 졸업하고 U.C. Berkeley에서 M.Arch를, University of Hawaii에서 Arch.D를 받았다. 2007년에는 풀브라이트 교환교수로 하와이대학에서 강의하였다. 현재 환경친화건축과 교육시설에 집중하여 설계와 연구를 진행 중이다. 소개된 프로젝트는 한국교육개발원(KEDI)과 함께 진행한 선진형 학교 모형개발의 일부이며 현재 사용자참여형 학교설계와 관련하여 설계뿐 아니라 Facilitator로도 활동하고 있다.

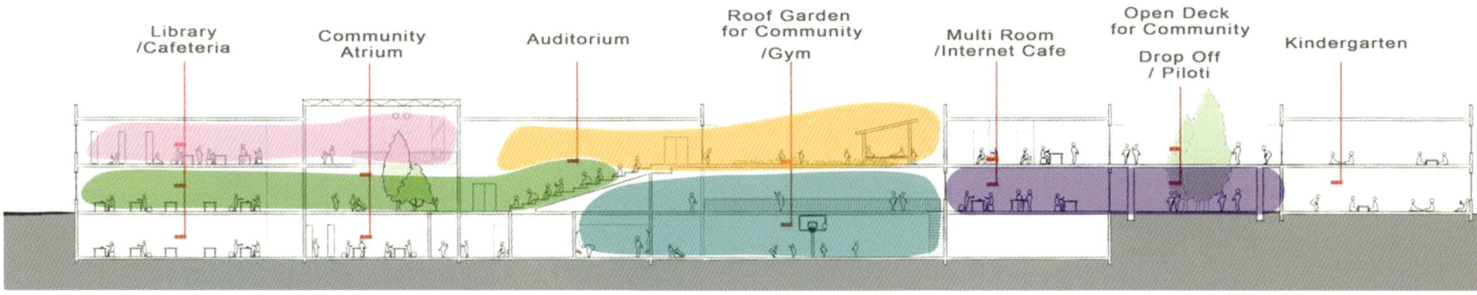


Section Diagram_커뮤니티 시설 구성 계획 : 지하1층~지상2층

## Site Plan

## CPTED

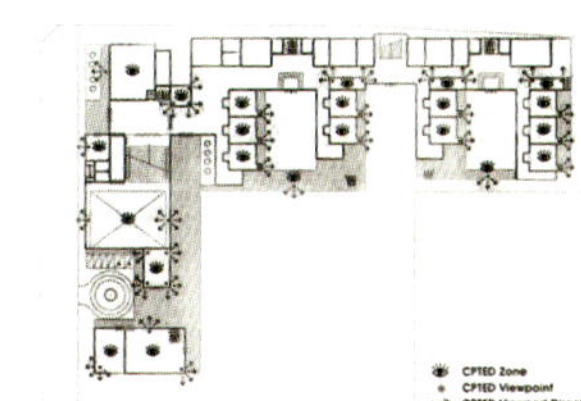

## Socialization / Communication

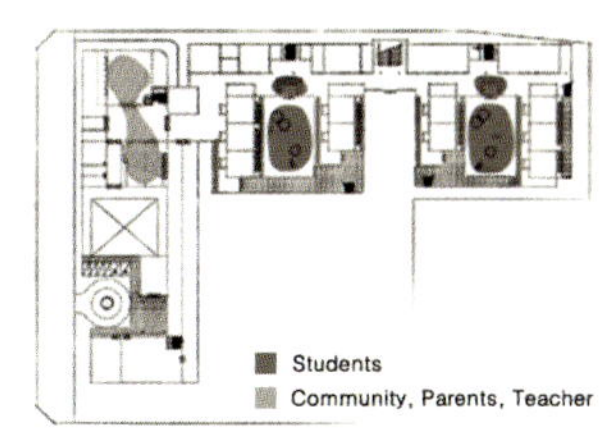


## Facilities open for the community

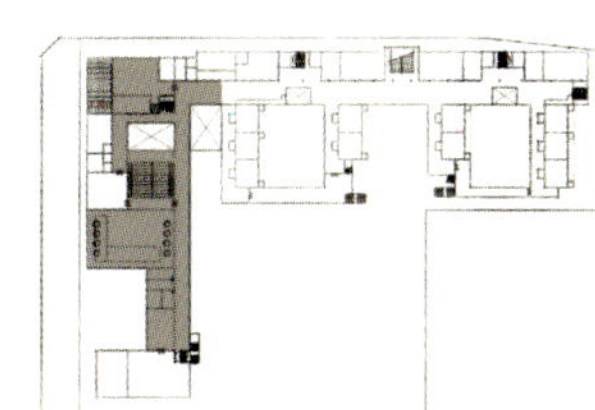


Section_교사동

# Strangely Familiar & Tactically Familiar

**위치** 경기도 안양시 만안구 석수동
**면적** 83.55㎡ (25PY)
107.79㎡ (32PY)

소형단위세대(25PY)의 경우 LIGHT MODERN을 주제로 따뜻하고, 세련된 분위기를 연출하였다. 무늬목 시트, 벽지, 타일, 플로링 등에 중형단위세대에 비하여 보다 밝은 색상을 사용하여 좀 더 확장된 느낌을 주었다.

중형단위세대(32PY)에는 Modern Naturalism을 주제로 모던함과 자연스러움을 연출하도록 아이보리 또는 그레이 색상의 마감재료를 사용하여 안정감 있는 공간 연출을 시도하였으며, 같은 계열의 다소 진한 톤의 재질로 약간의 변화를 가미하여 세련된 조화를 나타내도록 하였다.

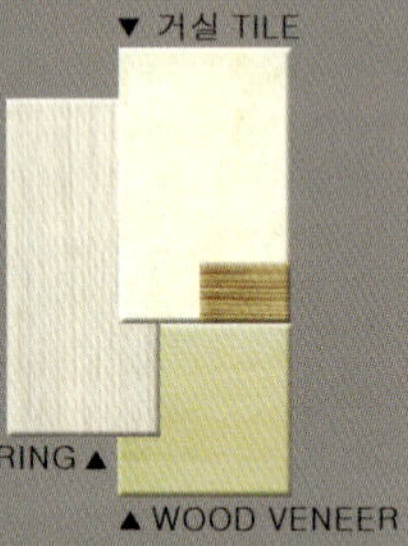

83 M²
LIGHT MODERN

**이세영 Sae-young, Lee**
중앙대학교 건축학부 부교수

서울대학교를 졸업하고 동대학원과 미국 Cornell University에서 건축학 석사학위를 취득하였다. (주)원도시 건축과 New York 소재의KPF(Kohn Pedersen Fox), Gensler에서 Project Architect로서 경험을 쌓았으며 귀국 후에는 (주)아이에스오디 건축사 사무소를 운영하였다. 현재는 중앙대학교 건축학부 부교수로 재직 중이며, 꾸준하게 건축 및 실내건축 작품 활동을 하고 있다. 대표작으로는 Toshiba 전시장, National Instruments.Korea, 인천 시스코 전시관, D종합증권, I빌딩 등이 있다.

# 107 M²

## Modern Naturalism

ELEVATION-A

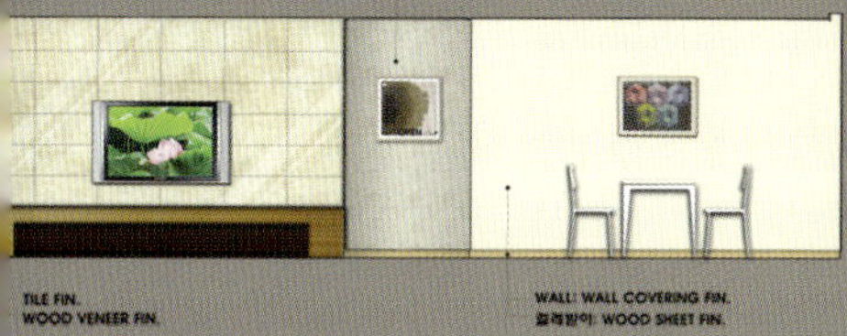


▼ 거실 TILE

거실 WOOD VENEER ▲

▼ FLOORING

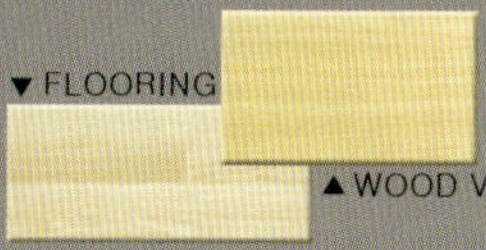

▲ WOOD VENEER

ELEVATION-B

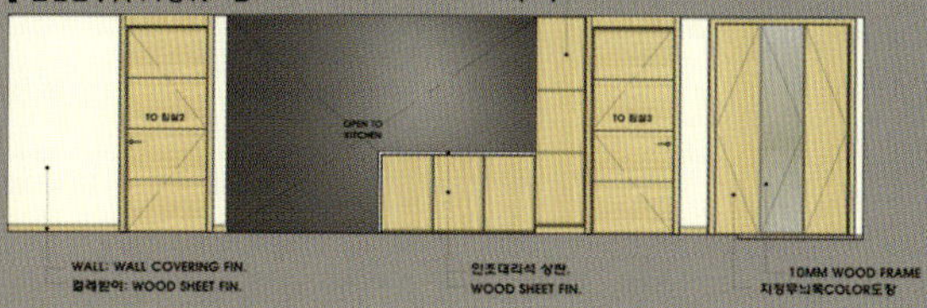


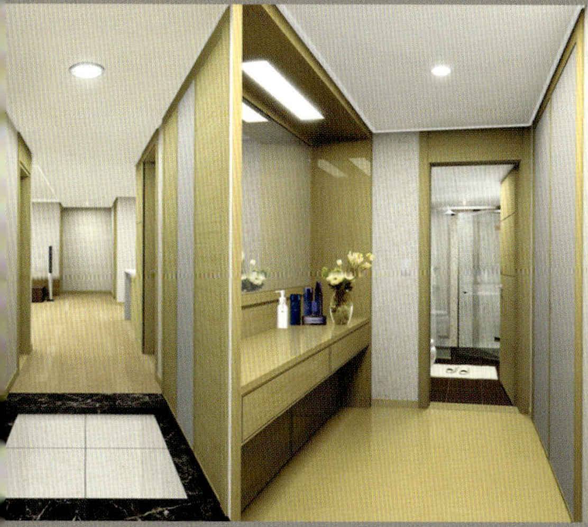

한양대학교 신소재공학관

# Retrospective

**대지** 서울 한양대학교 캠퍼스 내
**연면적** 21,173㎡(6,405평)
**건축면적** 2,530㎡(765평)
**규모** 지상7층, 지하2층
**건물높이** 27m

신소재와 화공계열의 연구실험시설과 세미나센터, 후생시설이 결합된 복합시설로서 3-layer의 평면구성과 내부 공간구성조직을 3차원화해서 입면으로 표현한다. 주변시설과 공간적/시각적 연계네트웍을 통해서 공대캠퍼스의 유기적 조직구성을 완결하고 남측의 건축도시관과 일체화된 공간을 구성한다.

후기모더니즘의 캠퍼스 분위기에 모던클래식 스타일의 조형을 도입해서 verticality와 multi-layer의 외피로 구성된 post- 또는 classic- modernism으로 전환의 계기가 되었다.

North elevaion

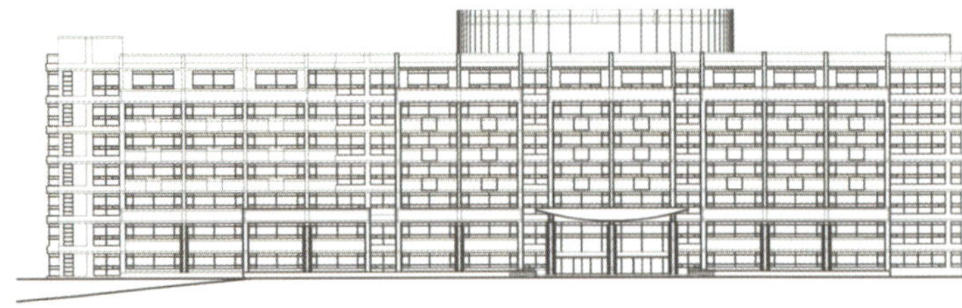

South elevaion

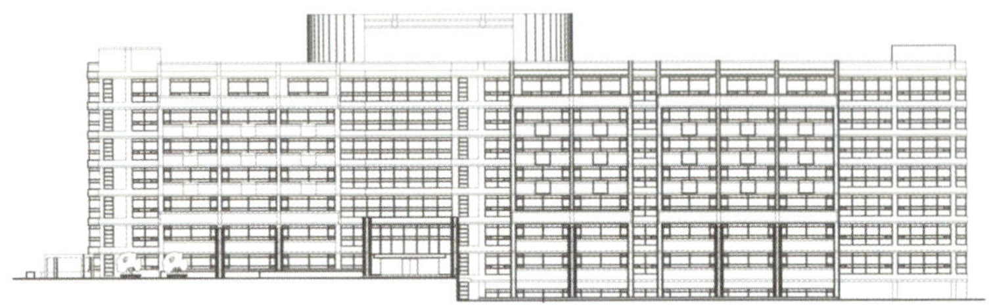

Site plan

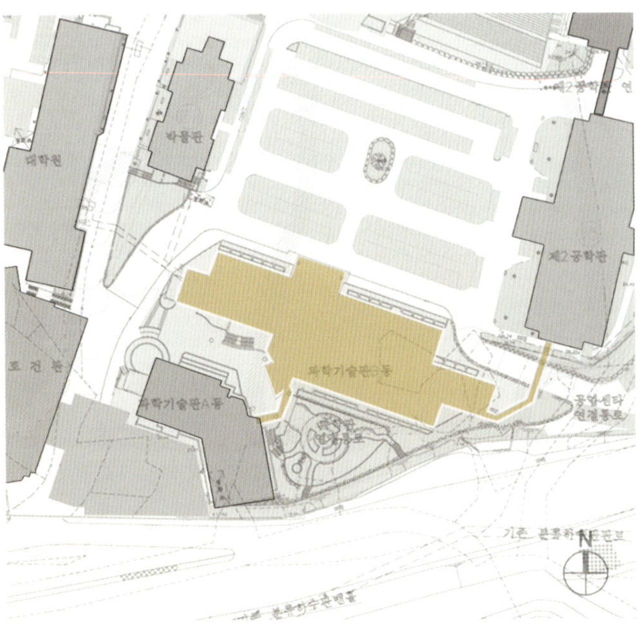

이 정 만 李正萬
Lee Jungman, M.Arch, Ph.D.Arch

한양대학교 건축학부 교수
건축사, 미국 건축사, POSCO 석좌교수
E-mail : jmlee@hanyang.ac.kr

1. Main entrance

2. Hall

3. Interior Void

4. South elevation

5. Bridge

## Plan

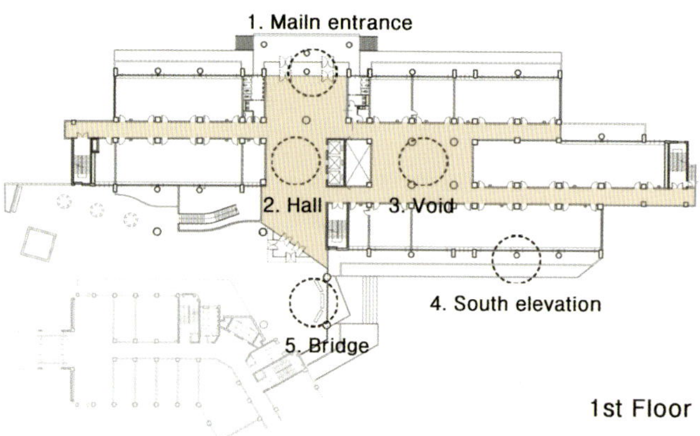

1st Floor

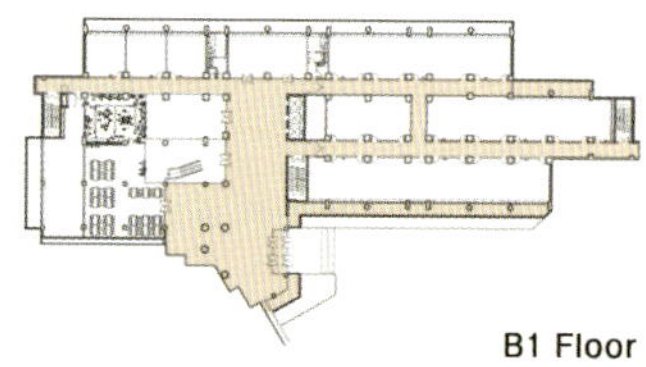
B1 Floor

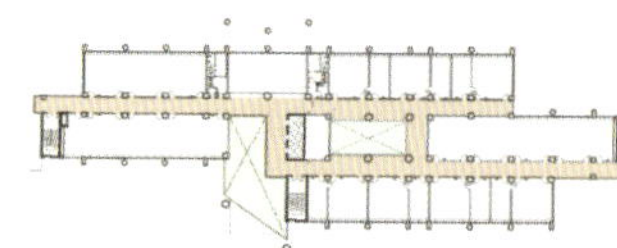
2nd Floor

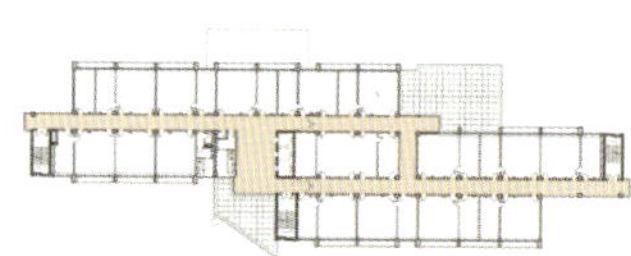
3rd-5th Floor

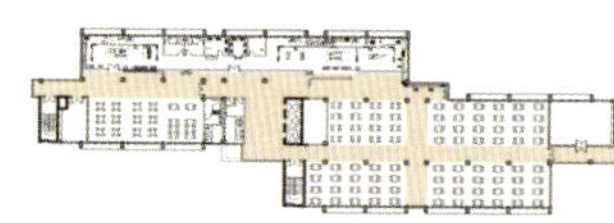
7th Floor

한양대학교병원 특수진료동

# Reiteration

**대지** 서울 한양대학교 캠퍼스 내
**연면적** 9,811㎡(2,967평)
**건축면적** 1,411㎡(427평)
**규모** 지상6층, 지하1층
**건물높이** 28m

한양대학교 서울병원의 서측 전면에 위치하여 병원의 새로운 정면 역할을 제공하며 심장센터, 산업의학센터 등의 특수진료시설과 저층부의 장례식장을 입체적으로 결합하고 6흥과 본관의 3층을 연결하는 bridge를 조형해서 Hospital Street를 완결하고 전체 부속병원 단지를 시각적 기능적으로 통합한다.

친숙한 기존 조형원리를 존중하기 위해서 기본형태의 비례와 매스모듈을 사용하고 캠퍼스 모던클래식 스타일의 디자인을 통해서 새로운 미학을 도입한다.

South view

East Entrance

Site plan

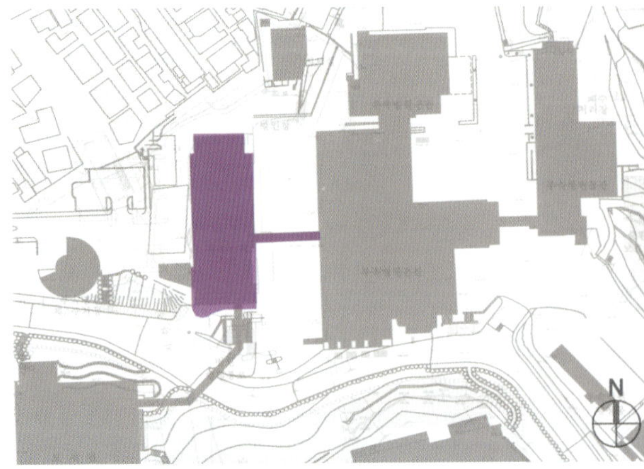

**이 정 만+ 공간환경연구소**
Lee Jungman, M.Arch, Ph.D.Arch + Space Environment Lab

한양대학교 건축학부 교수
건축사, 미국 건축사, POSCO 석좌교수, 공간환경연구소 대표
E-mail : jmlee@hanyang.ac.kr

## Hospital street

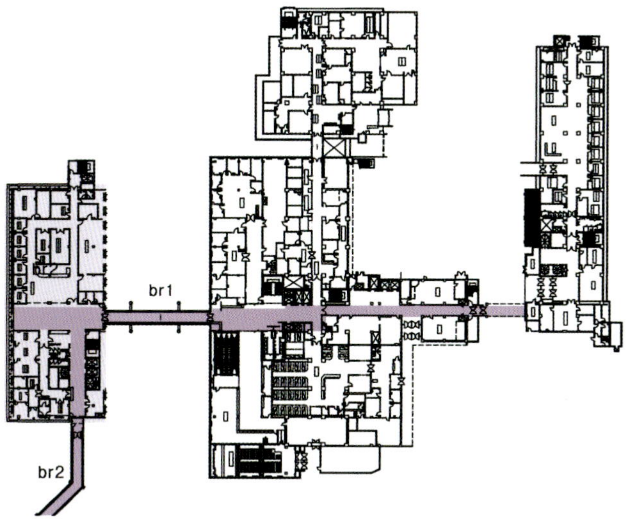


## Plan

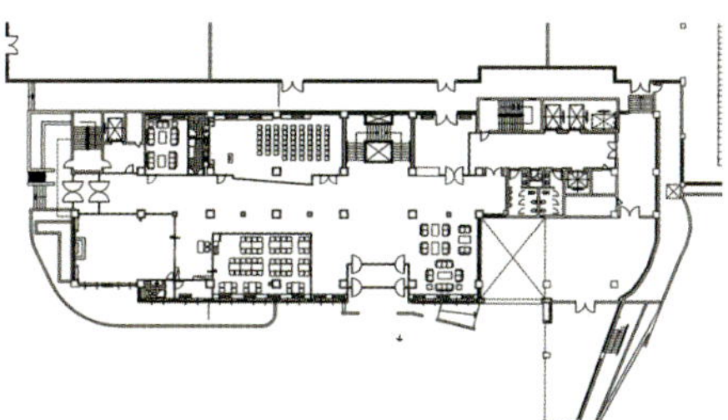
1st Floor

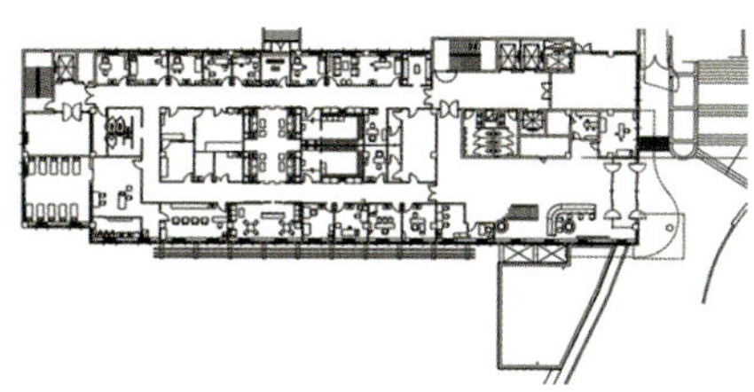
3rd Floor

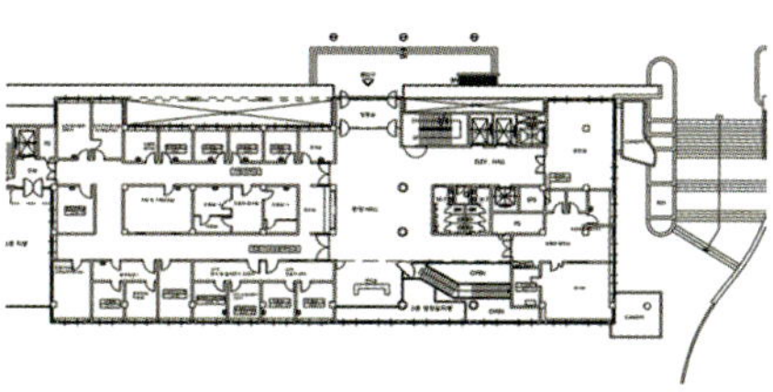
4th Floor

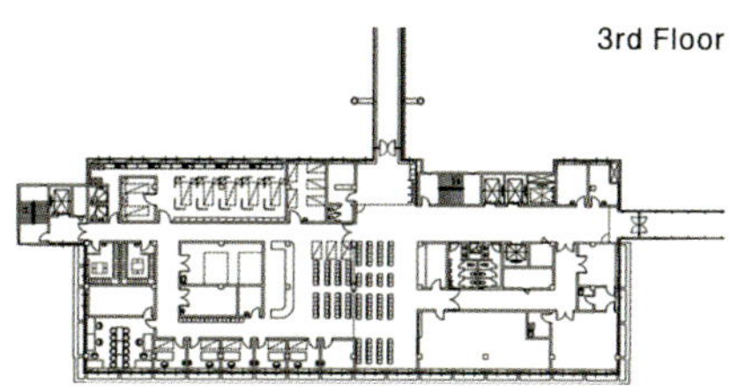
5th Floor

## West elevation

Northwest view

Southwest view

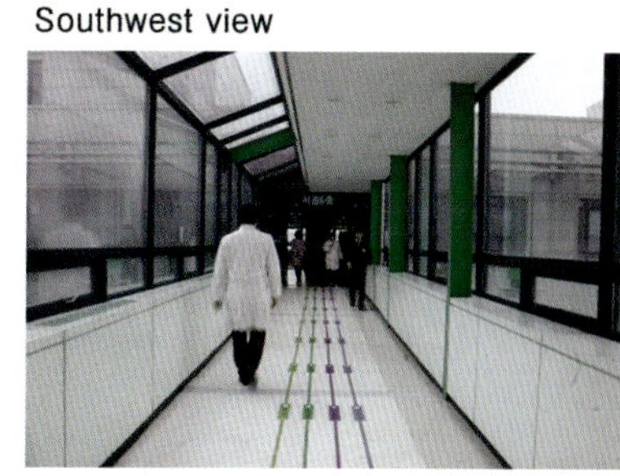
Bridge 1

Bridge 2

West view

도시형 주거단지 프로젝트

# 서래마을 주거공동체 재생계획

**대지위치** 서울 서초구 반포동 577-56번지 일대
**대지면적** 3,559㎡(1,076평)
**연면적** 5,633㎡(1,704평)
**용적율** 55.02%
**건폐율** 158.29%
**규모** 지상5층, 지하2층
**건물높이** 15m
**주차** 72대

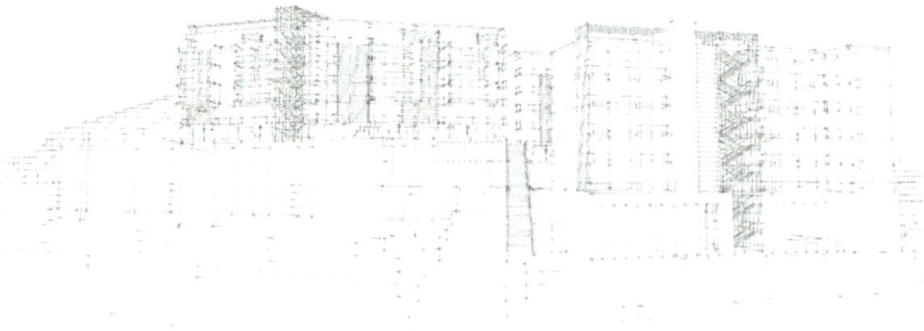

서래마을은 광역적으로 한강과 우면산 사이 지대에 위치하고 있고, 프랑스인들이 거주하는 마을로 알려져 있다. 그 중 대상지는 몽마르뜨 공원과 서리풀공원으로 둘러쌓여 있으며 완만한 경사를 가지고 있는 장소이다. 그러나 현재 이 대상지의 주택들은 주변과의 소통이 단절 되어 있다. 옹벽으로 인해 거리와의 소통이 단절되고, 다양한 계층과 입주민들 사이 대화의 소통이 단절되고, 경사지라는 이점을 살리지 못하고 전망과 풍경과의 소통이 단절되어 대상지의 장점을 충분히 살리고 있지 못한다고 판단되며, 소통 가능한 미래형 집합주거가 필요하다고 생각해 도시형 주거단지인 서래타운을 제안하였다.

이정형 Lee jung hyung / 이여경* Lee yeo kyung
중앙대학교 건축학과 교수 / 중앙대학교 건축학과 박사과정

1986년 중앙대학교 건축학과를 졸업하고 일본 문부성 장학생으로 도일, 동경대학교 도시설계연구실에서 석사 및 박사과정을 마쳤다. 1998년 도시설계수법으로서 도시경관계획에 관한 내용으로 박사학위를 받았다. 미국 보스턴 소재 Akira Yamashita and Associate 및 일본 후쿠오카 소재 이찌우라 건축사사무소에서 5년간 건축 및 도시설계 실무에 종사했으며, 1995년 일본건축사를 취득했다. 귀국 후 서울시정개발연구원을 거쳐 2000년부터 중앙대학교 건축학부 교수로 재직 중이며 도시건축연구실을 주재하고 있다. 주요관심 분야는 도시설계, 도시경관계획 분야로 도시와 건축의 관계성, 도시의 공간환경디자인 등에 관한 연구 및 프로젝트를 수행하고 있다.

(*이 계획의 연구는 2010년도 중앙대학교 신입생성적우수장학기금 지원에 의한것임을 밝혀둡니다)

## Concept

첫 째, 가로와의 소통
– 범죄 예방 / 주민 편의 증진 / 걷고 싶은 거리

for SHOP

둘 째, 풍경과의 소통
– 입면의 재미 유발 / 평면의 다양화 / 경사흐름 반영

for BALCONY

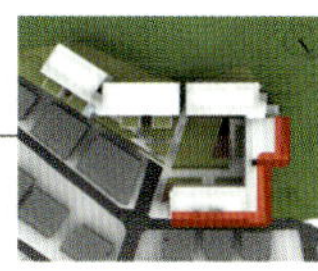

셋 째, 계층간의 소통
– 집주인과 세입자간의 이해와 공감 유도 / 다양한 주민이 하나의 단지에 거주

for Various UNIT

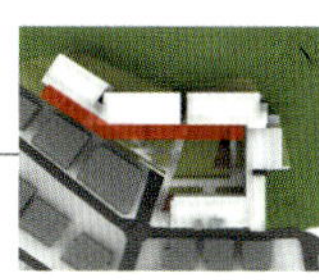

## Masterplan

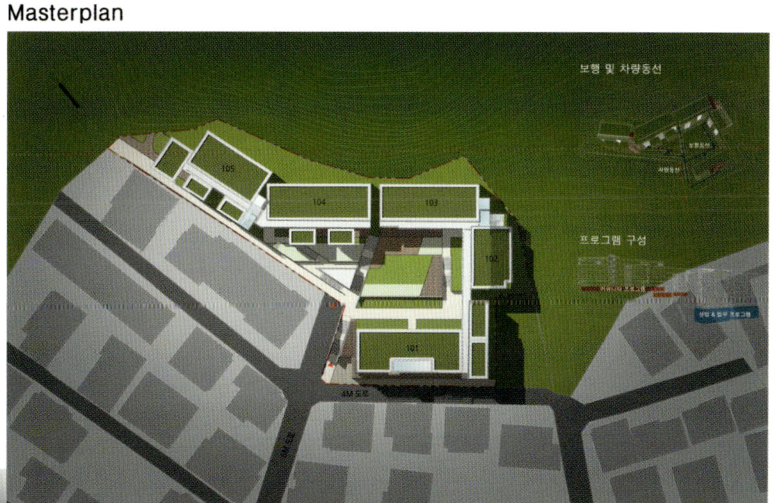


## Plan

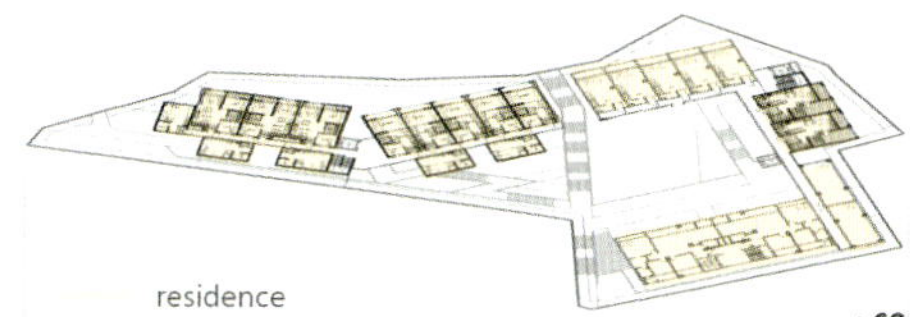

+68
(기준층)

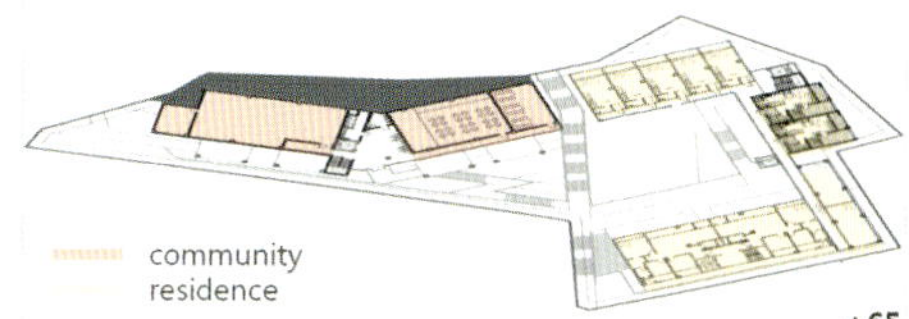

+65

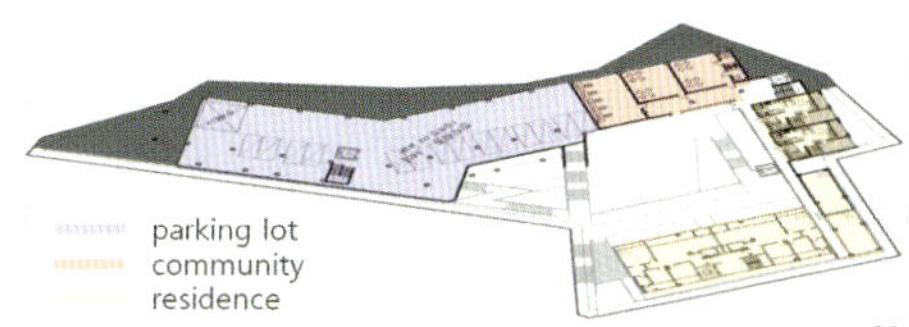

+62

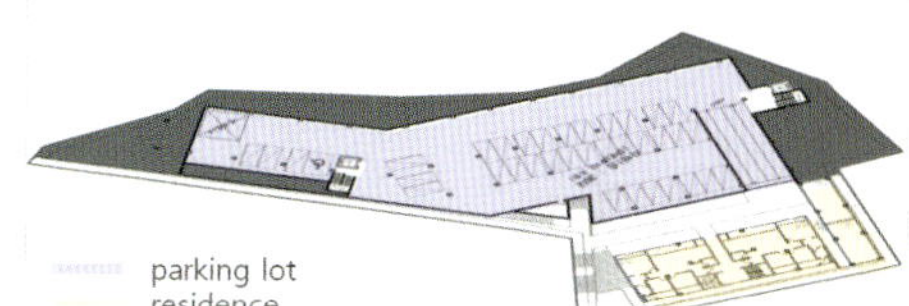

+59

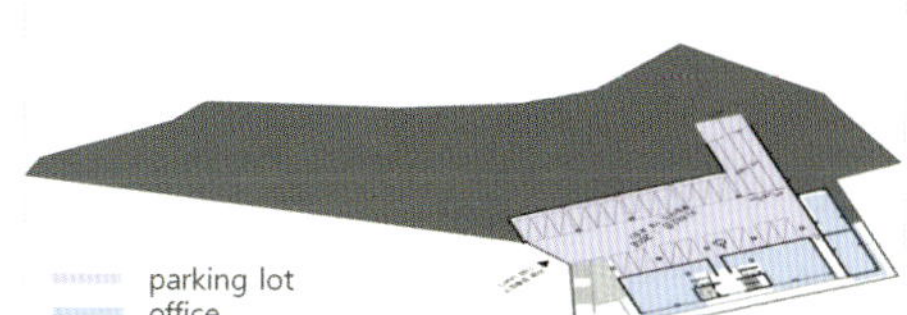

+56

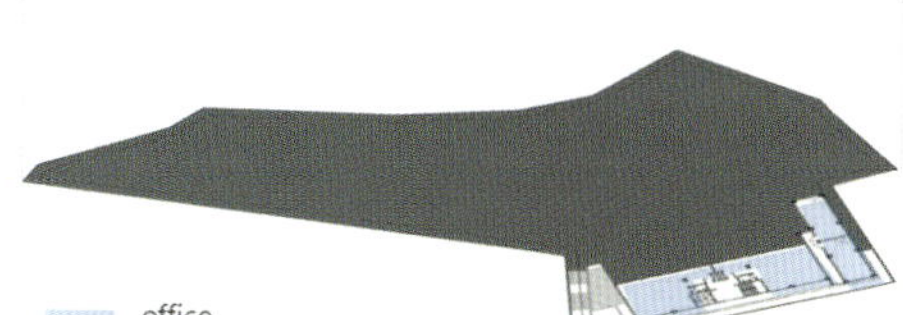

+53

# Rio Tower:

## DESIGN PURPOSE

The "Lighthouse–Tower" should possess a basic design occupying a constructed area of no more than 2,000㎡ (two thousand square meters). The project will be located on the island Cotunduba, in the bay facing Copacabana Beach. Within the program the following spaces should be developed.

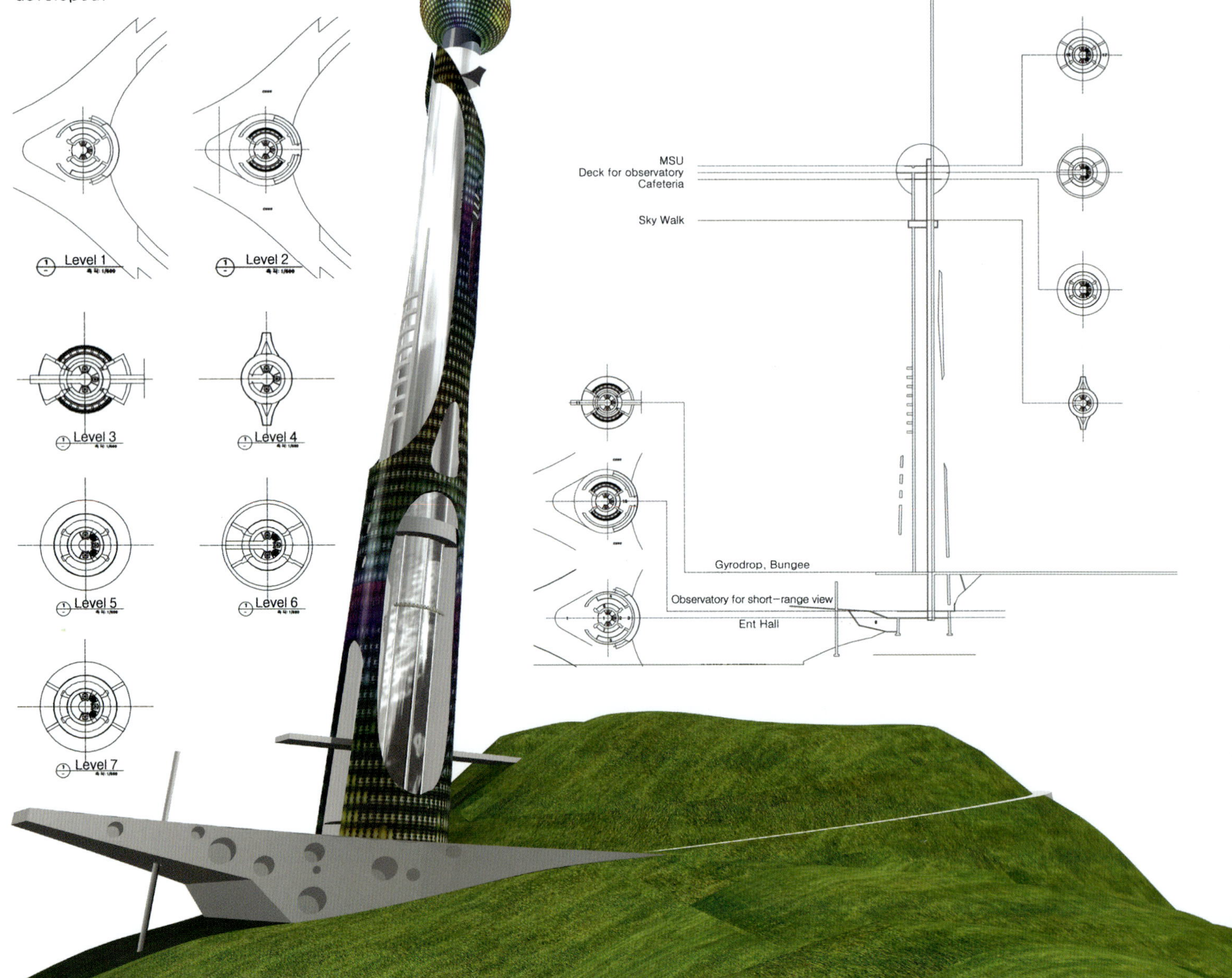

**이제선 Jeasun Lee, 이기욱 Kiok Lee**
연세대학교 도시공학과 부교수, 필립건축사사무소 대표

이제선: 고려대학교 건축공학과 학사(1990), 고려대학교 일반대학원 주거단지 및 도시설계 전공 석사(1992), University of Washington(USA), Urban Design & Planning 박사 (2003), 현재 연세대학교 도시공학과 부교수로 재직중이다.
이기욱: 고려대학교 건축공학과 학사(1988), 서울 국제설계학교 MIT-SNU 수료(1988), 고려대학교 일반대학원 건축공학과 석사(1989), 현재 (주)필립종합건축사사무소 대표, 고려대학교 겸임교수, 중앙대학교 겸임교수이다.

# eye on the global

**AXIS** The tower is located at the point where the tow axes meet: one is Urban Axis that faces the City of Rio De Janeiro and the other is Nature Axis open to Atlantic Ocean. Visitors are able to enjoy beautiful sceneries there.

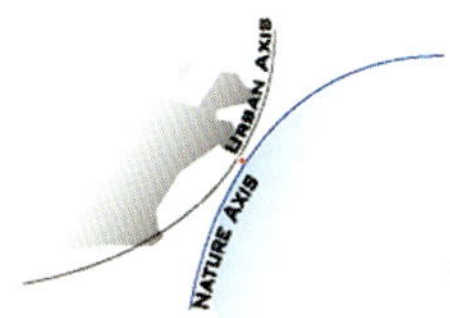


**DESIGN CONCEPT** Rio Tower attempts to symbolized Charity, Faith, and Hope among with Christ the Redeemer and Pao De Acucar, and express the good wishes and catholicity to the world.

-Charity Christ the Redeemer is the symbol of Christianity which makes people visit the city. Being the biggest statue in the world, it boasts of its charity and love to human world by opening both arms widely toward the City.

-Faith Pao De Acucar in the left side of the Statue is a strong and steady piece of rock that stands for Faith, with the impression of its firmness and permanence.

-Hope The Rio Tower that plans to be located in the right side of the Statue stands for Hope, with the features of bright lightening and its beautiful round shape.

## SYNOPSIS

Rio Tower will be the central point of global communications that reflects and lightens the whole world. The world will converge at Rio Tower, and the City of Rio De Janeiro will expand to the world through Rio Tower. It is expected to bring livability and diversity into the City and send a message of world peace and optimistic future. The light from the Tower will reach all over the world and bring peace to the land.

## HEIGHT

The height of Rio Tower is the 404m that is the same of Pao De Acucar, which stands for the equality.

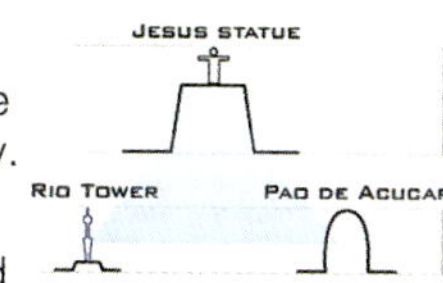


## FORM

The Zest and Passion characterized in Samba Festival Consumes are reflected in exterior of Rio Tower. Soccer is Brazil's icon and Brazil keeps the Jules Rimet Cup as a token of total five victories in the world cup. The shape of obsertion deck on Rio Tower is inspired by the soccer ball and follows its form in order to be loved by the Brazilian asmuch as they love a soccer ball.

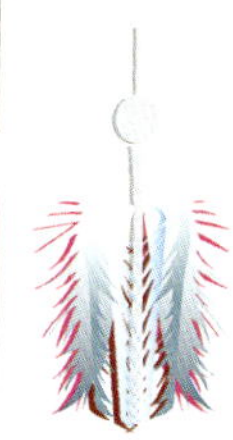

## LANDSCAPE PLAN

By using moving walk on the top of the site, visitors enjoy the spectacle shape of the tower while approaching to the Tower as well as the beautiful scenery to the Sea.

## PERSPECTIVE VIEW

## SITE PLAN

Providing diverse accessibility on the Island offers various beautiful scenery and vast openness in any direction. It is the idea of the Rio Tower to reach all over the place in the world and represent the passage and connectivity among the world.

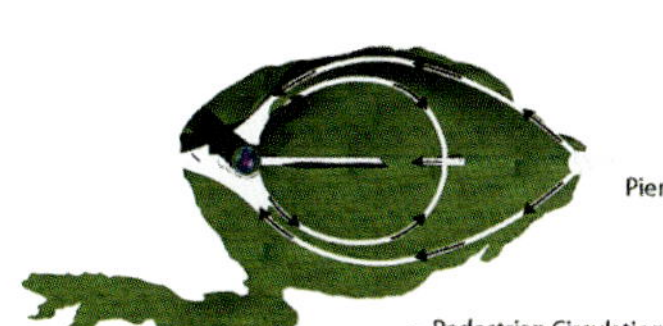

Vertical Promenade _ 고군산군도 연결도로(2공구) 건설공사 전망타워계획안

# 'See & Seen [Rigidly Pliable]'

> BUILDING COMPONENT

SKIN　　STRUCTURE　　STAIR TUBE

단단하고 균질한 공간의 틀은
익숙하다.
그 구조적 틀 안에서
우리는 낯선 유연함을
경험한다.

단단한 구조적 틀 안에서
항상 보는 주체로서 나는 이제 동시에 보여 지는 대상으로
안과 밖, 낮과 밤, 그리고 위와 아래라는 시간과 공간 사이를 오가며

낯선 유연함에 익숙해진다.

> SITE

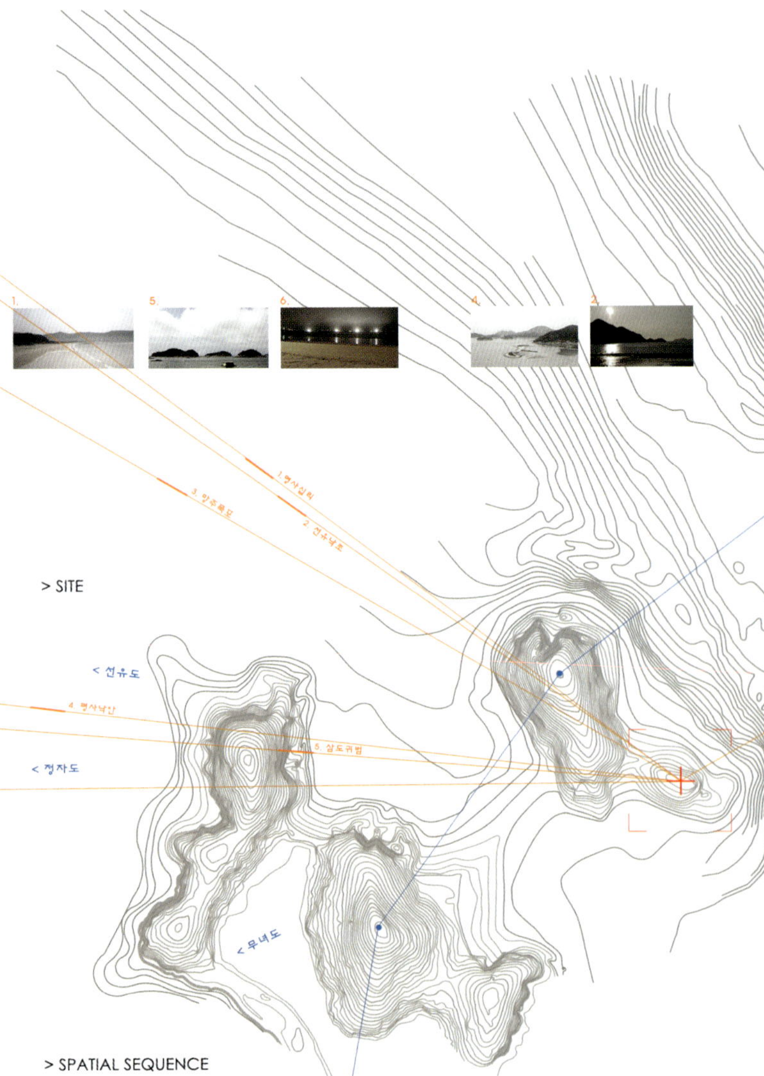

> SPATIAL SEQUENCE

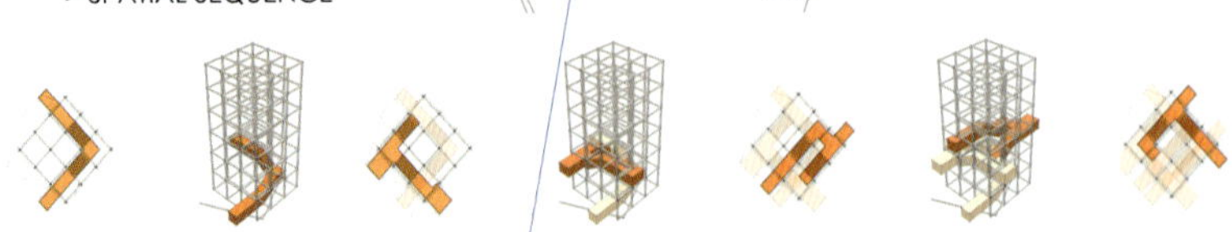

**이 진 석　lee jin seuk**
한국교통대학교 건축학과 전임강사

충북대학교 건축공학과를 졸업하고 미국 Columbia University, GSAPP 도시건축대학원에 'Advanced Standing'으로 입학하였으며 건축학 석사 학위를 받았다. Kohn Pedersen Fox Associates PC (KPF)와 ID Architects 에서 실무를 쌓았으며 Huamao Center in Beijing 작품으로 'Asia pacific Real Estate Awards'를 수상하였으며 ART in Village: International Idea Competition for Young Professional 국제아이디어 공모전에서 우수상을 수상하였고 고군산도 연결도로(2공구) 전망타워 현상설계 와 한농연 농업인종합교육문화센터 현상설계에서 각각 당선하였다. 현재 미국 건축가 협회(AIA)와 U.S. Green Building Council의 정회원이며 현재 국립한국교통대학교 건축학과에 재직중에 있다.

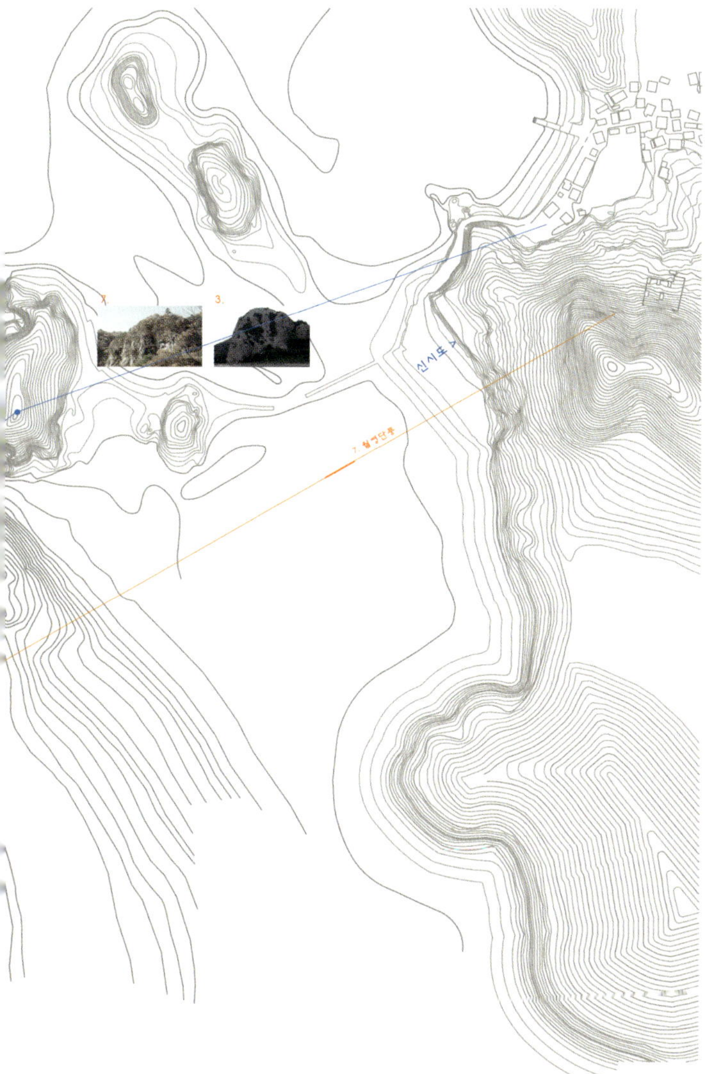

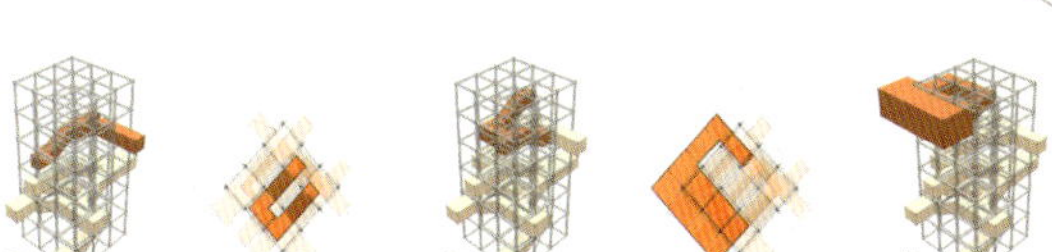

# Unfamiliarize or Familiarize

대지위치 : 부산시 연제구 연산동 1832-2 외 9필지
용　　도 : 종교시설(교회)
대지면적 : 883.92㎡(제2종 일반주거지역), 505.75㎡(준주거지역)
건축면적 : 407.81㎡(제2종 일반주거지역), 225.18㎡(준주거지역)
연 면 적 : 3,443.82㎡
건 폐 율 : 46.10%(제2종 일반주거지역 : 법정 60% 이하),
44.52%(준주거지역 : 법정 60% 이하)
용 적 율 : 198.89(제2종 일반주거지역 : 법정 200% 이하),
104.21%(준주거지역 : 법정 500% 이하)
구　　조 : 철근콘크리트, 일부철골조
규　　모 : 지하 2층, 지상 5층
외장재료 : 노출콘크리트, 알루미늄쉬트, 불투명 복층유리

**이 충 기 Lee chungkee**
서울시립대학교 도시과학대학 건축학부

수상 경력
2009 경복궁 서측 지명현상설계 당선(서울시)
정릉 3단지 지명현상설계 은상 (서울시)
2008 부산 화물차전용 휴게소(부산시장 표창)
대연성결교회(부산다운 건축상)
2006 제주전문건설회관(제주특별자치도 건축문화대상 본상)
2005 옥계휴게소(한국 건축문화 대상 우수상)
2001 가나안교회(한국 건축문화 대상 본상)
인삼랜드휴게소(한국 건축문화 대상 우수상)

전시회
2009 Megacity Network전
2009 에스토니아, 스페인 초청전
2008 러시아 블라디보스톡 초청전
독일 DAZ(베를린) 초청전
2007 독일 건축박물관 초청전
홍콩센젠비엔날레 전시회
2006 당인리문화공장 전시회
2004 서부접경지 평화특구전

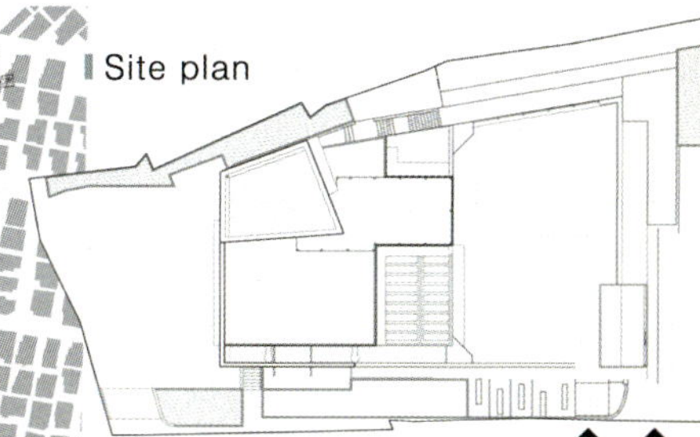

Site plan

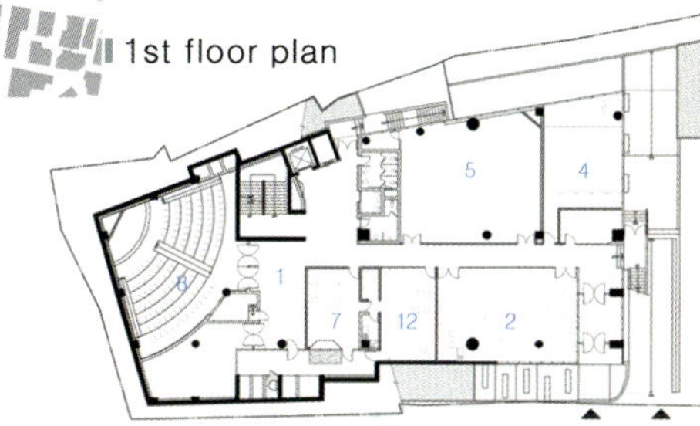

1st floor plan

## Unfamiliarize or Familiarize

Familiar Situation
- 6m, 3m 골목
- 15%-20% 경사지( 6m 고저차)
- 주거지:단독주택, 다세대 주택,상가주택
- 평균 2, 3층 규모높이
- 수직수평의 건축
- 담으로 이어지는 폐쇄적 골목

Unfamiliarize
- 기존 도시조직의 크기와 다른 대지규모(10필지 합필)
- 교회건축
- 종탑의 수직성
- 골목에서는 낯선 재료(노출콘크리트,유리,금속판)
- 담이 없는 개방감
- 익숙하지 않은 형태계획

Or Familiarize
- 단절된 양쪽골목도로의 연결
- 이웃과 소통하는 커뮤니티 공간 도입
- 본건물의 수평성 강조
- 주변에서는 익숙한 재료(콘크리트,유리,금속)와 색상(무채색)
- 쉽게 접근하기
- 도로경사를 고려한 3개의 진입레벨 계획
- 새로운 컨텍스트(공공성,쾌적성)

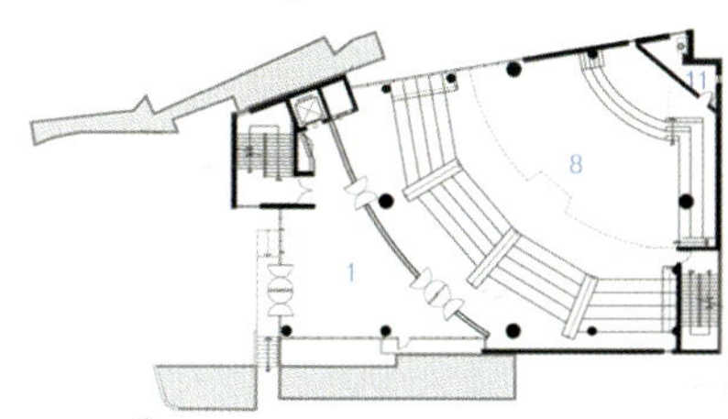

2nd floor plan

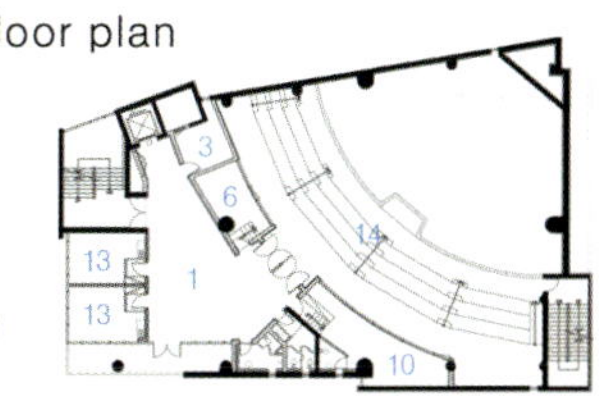

3rd floor plan

1.홀 hall 2.북카페 book cafe 3.소모임실 assembly room 4.성가대연습실 choral room 5.교육실 education room 6.조정실 conrtol room 7.교역자실 religious worker room 8.예배실 chapel 9.당회실 conference room 10.자모실 baby room 11.준비실 prparation room 12.사무실 office 13.전도회실 propagation room 14.발코니석 balcony 15.식당 dining room

East elevation

West elevation

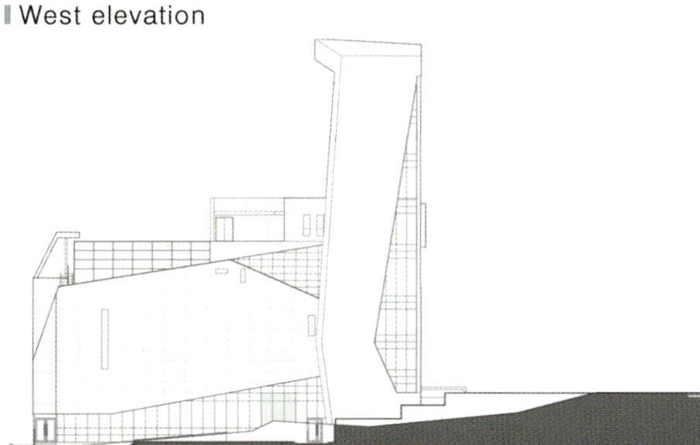

Horinontal section

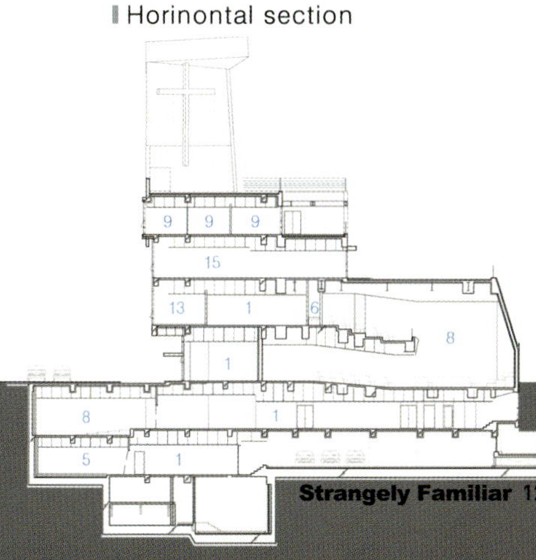

차이와 사이

# Monument. Floating Crystal

**대지** 인천청라지구 경제자유구역 중앙호수공원 내
**대지면적** 110,425㎡
**용도** 전망대 및 부속시설
**건축물의 최고높이** 450m
**건축면적** 1,715.79㎡
**연면적** 고층전망존 4,095.1㎡
중층전망존 4,068.82㎡
저층시설 1,645.94㎡
계 9,809.86㎡
**건축물의 구조** Tripod + Mega Link Truss+ Diagrid
**주차** 지상 155대(장애인 24개, 대형 55대포함)
지하 1,648대(장애인 30대 포함)
계 1,803대(장애인 54대, 대형 55대포함)

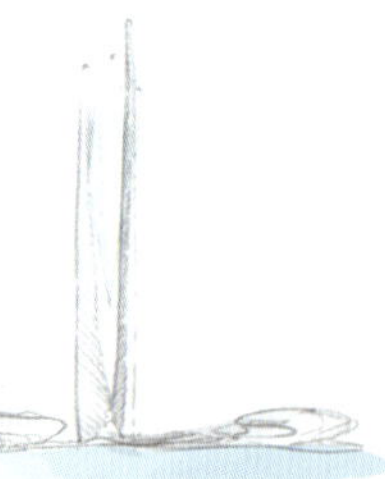

## SITE PLAN

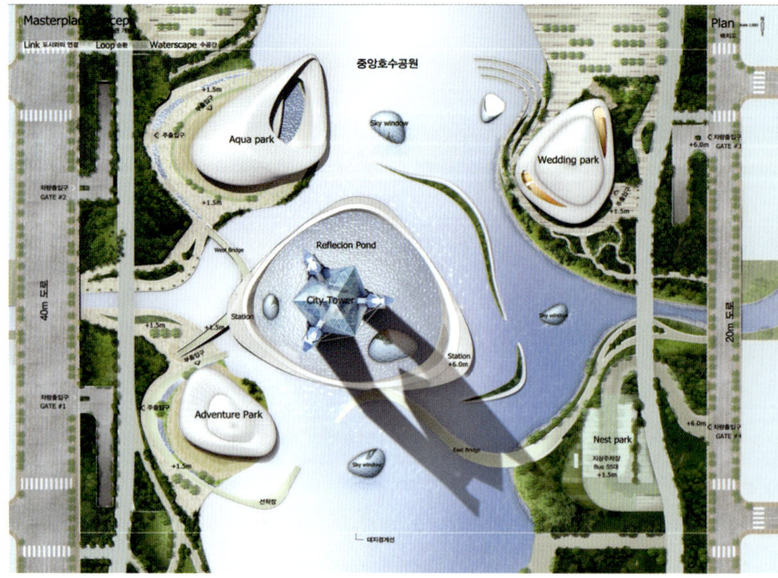


## Design Concept

도시의 기준을 만드는 모뉴멘트로 청라의 ' 푸른 보석 '을 하늘에 ' 떠있는 보석 '으로 미래지향적인 모습을 상징한다. 타워의 상징성을 강화하고 주변시설과의 유기적인 연계를 위해 구름의 유기적 선형을 이용하여 매력적인 장소를 창출한다. 바다는 청라의 천혜의 자연조건이며 시민 누구에게나 친숙한 공간이다. 바다 위에 띄어지는 시티타워의 외부공간은 열린 공간으로써 시민 모두를 위한 청라의 새로운 명소로 창조한다 세계의 푸른 보석 청라, 청라에 띄우는 푸른 빛, 시티 타워는 인천의 새로운 랜드마크가 되며 청라를 통합하는 상징으로 기능한다 청라에 띄운 빛을 통하여 청라는 세계 최고의 국제도시로서의 위상을 뽐낸다.

## PLAN

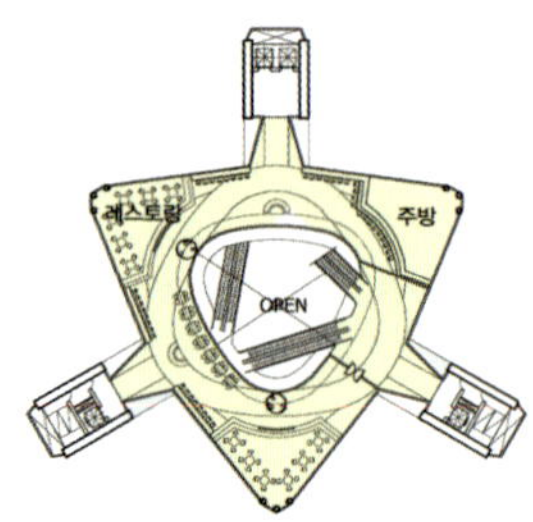

+396m Level Sky Restaurant

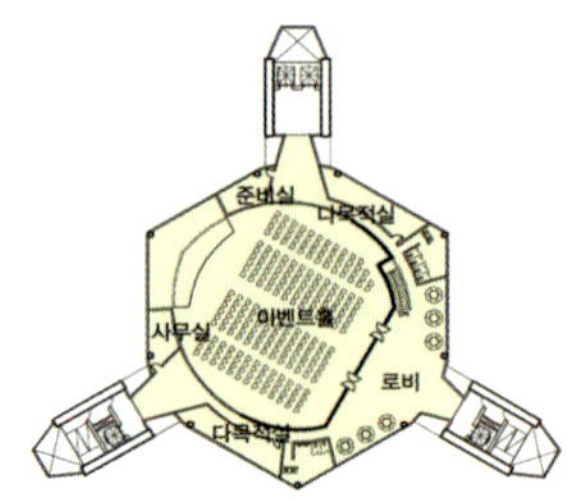

+306m Level Sky Restaurant

+288m Level Glass Observatory

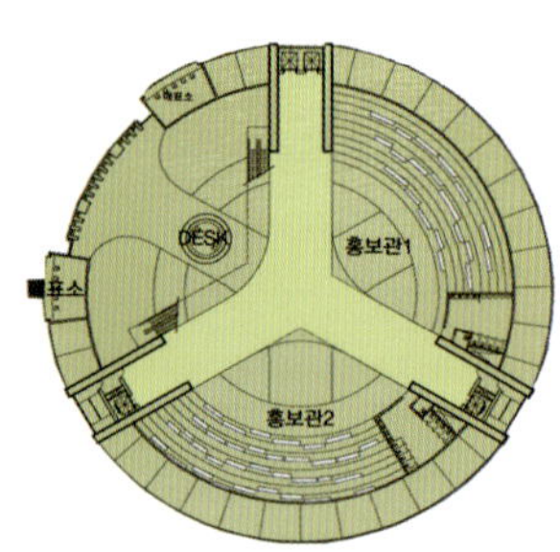

-8m Level Center Hall

**임 종 엽  lim jong yup**
인하대학교 건축학과 부교수

홍익대학교, 대학원에서 건축을 공부하고 장에서 건축실무를 경험, 이탈리아 밀라노 국립 건축대학을 졸업 후 R.Cecchi 교수의 연구조교활동과 함께 특별 전문가 과정에서 환경과 토지이용계획을 공부하였다. 밀라노 건축디자인 스튜디오 Mario Bellini Studio 에서 실무를 익혔으며 귀국후, 숙명여대 미술대학에서 조교수, 인하대하 건축학과 부교수로 재직하였다. 지난 4년간은 해안 건축 사무소에서 본부장으로 디자인 랩을 이끌며 상하이 엑스포 '한국 기업관', 한강 르네상스 '플로팅아일랜드', '고척동문화시설', 리솜 '화진포리조트', 기아자동차 '공간디자인' 메뉴얼등을 당선하여 작업하였으며, 이전에는 주택 담제헌과 나뚜찌 미국본사사옥, 대구 시립 미술관 등을 디자인 하였다. '극장의 역사' 등의 저서와 '헬만의 건축이야기', '건축속으로' 등을 번역하였고, 현재 인하대학교 부교수로 재직중이다.

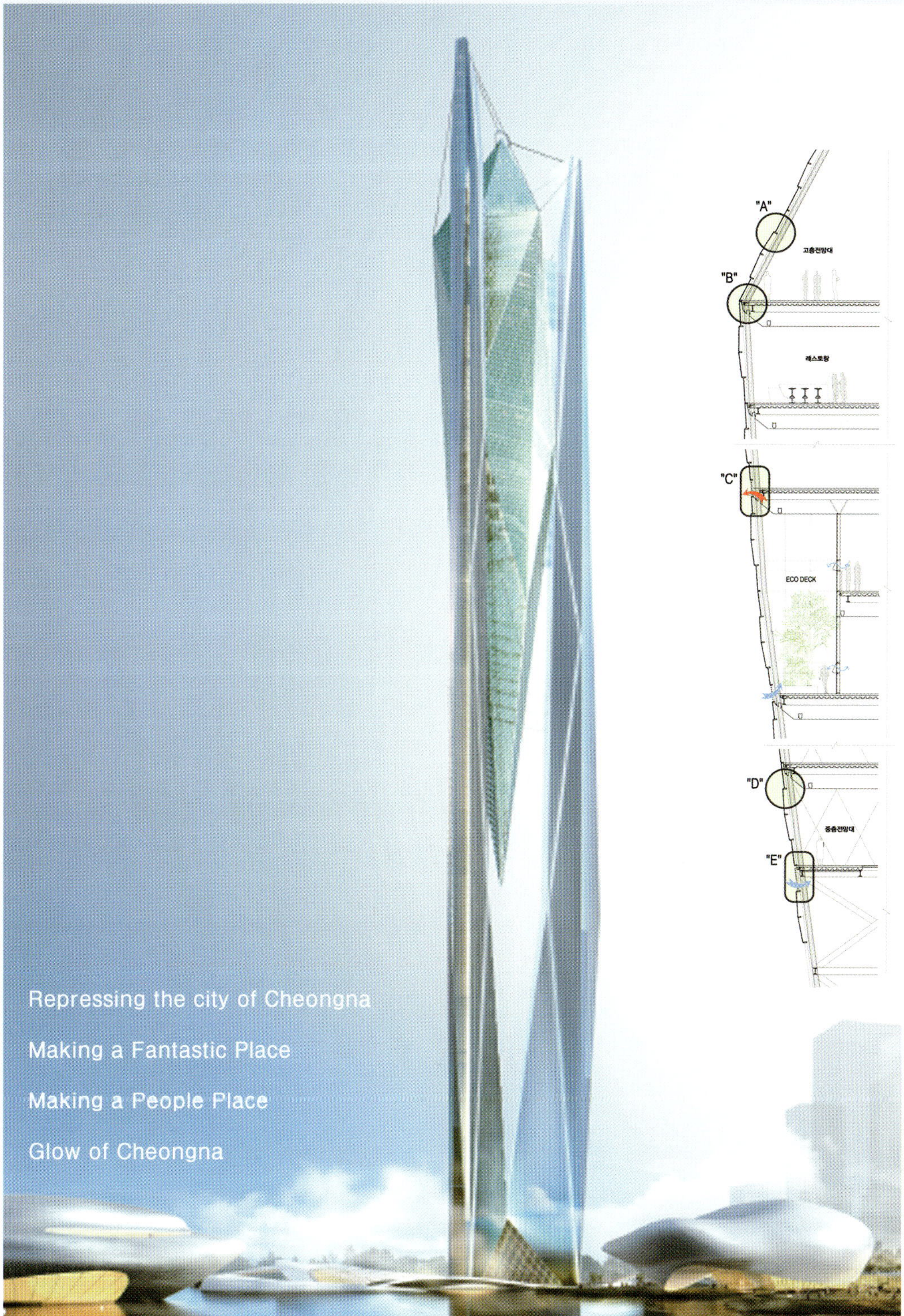


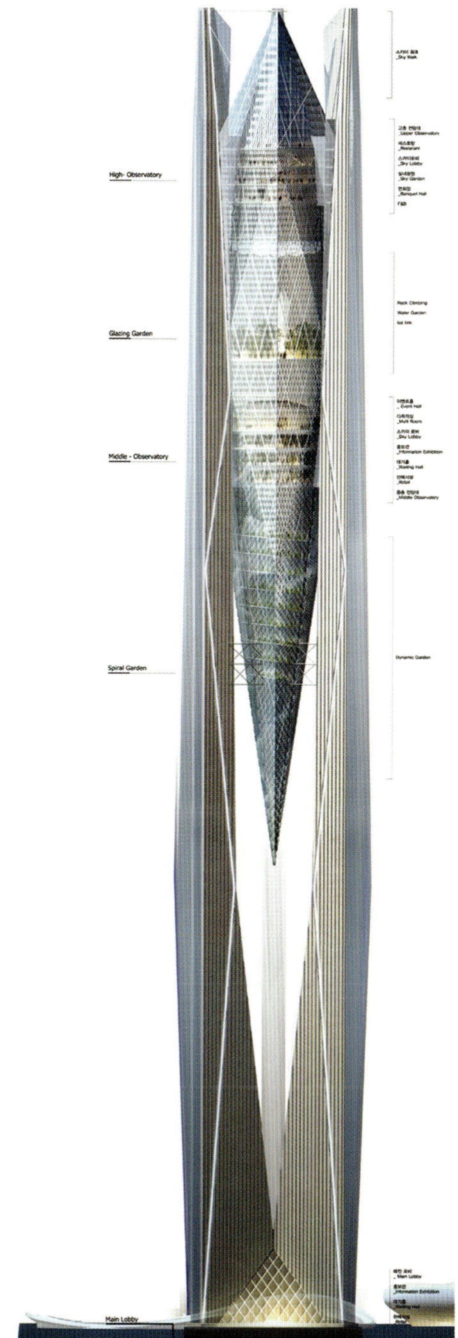

# 대구 덕인한의원

| | |
|---|---|
| **대지위치** | 대구광역시 북구 노원동 3가 763-3외 1필지 |
| **지역/지구** | 일반상업지역, 방화지구, 중심지미관지구, 최저고도지구(9.9M) |
| **건물용도** | 근린생활시설 |
| **대지면적** | 792.10㎡ |
| **건축면적** | 531.62㎡ |
| **건폐율** | 67.12%(법정: 70%) |
| **연면적** | 3,263.36㎡ |
| **용적율** | 329.43%(법정:1000%) |
| **규 모** | 지하2층 / 지상8층 |
| **구 조** | 철근콘크리트조 |
| **외부마감** | U-GLASS, 노출콘크리트, 커튼월, STS, 현무암 |
| **조경면적** | 121.65㎡(법정 118.82㎡ - 15%) |

본 설계안은 대구 북구 팔달시장에 위치한 오래된 한의원 건물을 재건축하는 작업이다. 처음에는 건축주에게 기존 건물을 리노베이션할 것을 권유하였으나 구조안전상 심각한 문제가 드러나 결국 새로 짓게 되었다. 고가 전철이 대지의 전면을 3층 높이로 가로지르는 가운데 차량통행으로 복잡한 전면도로부와 대조적으로 후면은 사람사는 냄새가 활기찬 재래시장 구역이다.

어떤 건축가의 표현을 따르자면 근린생활건축은 가장 설계하기 어려운 유형 중 하나이다. 그 이유는 통상적으로 이 유형의 경우 임대면적의 극대화와 경제성의 문제로부터 자유롭지 못할뿐더러, 일상적 생활공간이 근간을 이루기에 극적인 공간효과를 추구하기가 쉽지 않기 때문이다. 또한 주어진 콘텍스트를 완전히 무시하기도 어려우며 기능성과 효율성이 우선시 되는 것이 보통이다. 그러다 보니 간혹 독특한 파사드 디자인을 통해 시선을 끌기 위한 제스춰를 취해보지만 실제로 개념과 형식의 독창성을 추구하기에는 한계가 있는지도 모르겠다. 하지만 이러한 제약이 어쩌면 가장 일상적인 공간을 통해 풍부한 경험을 이끌어낼 수 있는, 또한 사적이며 경제성이 우선시되는 공간에 공공성의 개념을 실현할 수 있는 근저를 제공해줄 수도 있겠다. 본 계획안 역시 이러한 역설에 주목하고자 했다. 먼저 건축주를 설득하여 통상적인 코어 대신 전체 평면의 삼분의 일에 해당하는 공간을 통행로와 공적 외부공간으로 할애하였다. 또한 그것을 대지의 안쪽이 아니라 가장 비싼 임대공간이 위치할만한 코너부분에 배치하였다. 이 공간은 건축지정선으로 3M 후퇴한 전면 공지와 결합하여 수평이동뿐 아니라 4층에 위치한 공중정원까지 자유롭게 이어지는 수직이동 동선의 산책로로 작동할 것이다. 한편 이러한 저층부의 공공적 성격과 달리 상층부 임대공간은 그 내밀성을 존중하기 위해 가장 고전주의적 방법의 하나인 대비(contrast)의 개념을 적극 도입하였다. 저층부의 공간은 안도 아니고 밖도 아닌 모호한 공적 공간을 표현하는 반투명의 재료로 둘러싸여있는 반면 상층부는 육중한 바위 덩어리가 그 위를 걸터앉은 모양새이다. 또한 저층부의 개방성과 대비되는 작은 창들은 밤이면 별도의 조명시설 없이도 주변에 자신의 정체성을 알려줄 것이다.

별도의 덧칠을 할 필요가 없도록 속과 겉이 같을 것. 먼지 흘러내림으로부터 버틸 수 있으며 상당한 시간이 흘러도 외관에 큰 변화가 없을 것. 얼핏 익숙한 것 같지만 다시 보면 흔치 않을 것. 이러한 원칙을 지키기 위해 선택한 것이 다공질로 인해 시간이 제법 흘러도 빗물과 먼지로 인한 오염이 적은 현무암과 반투명의 (translucent) U-glass block, 그리고 그 사이를 메워주는 송판무늬 노출콘크리트였다.

정면도

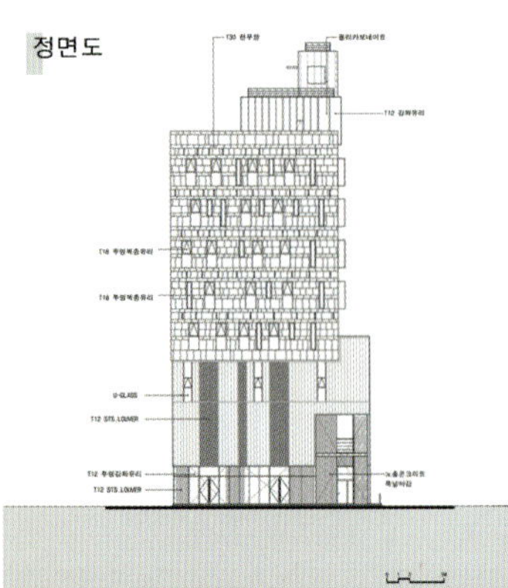

종단면도

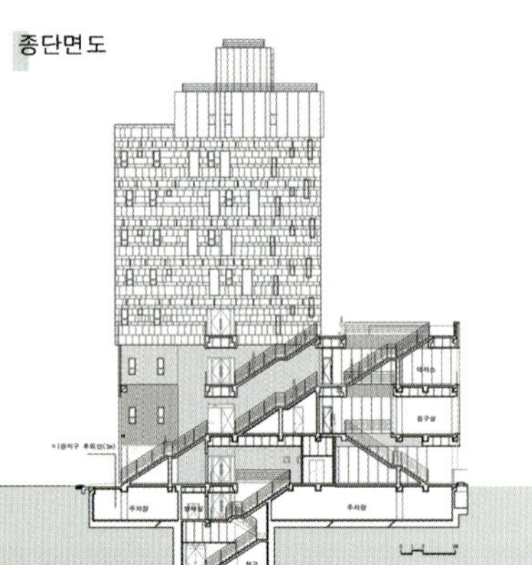

우측면도

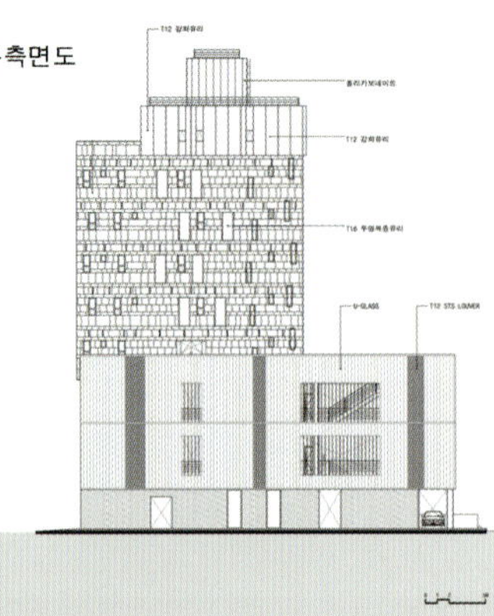

배면도

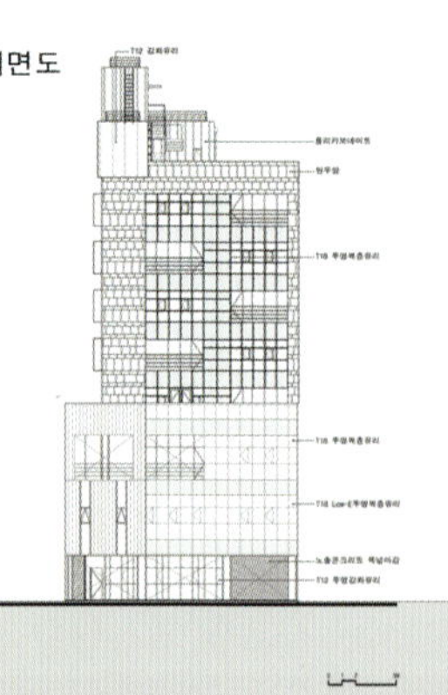

**전 영 훈 Jeon Young-Hoon**
중앙대학교 건축학부 / 교수

서울대학교 건축학과 및 동대학원 졸업(공학박사), 서울대학교 공학연구소 연구원을 거쳐 1997년부터 2004년까지 이로재 종합건축사사무소에서 건축실무경험을 쌓았다. 2004년부터 중앙대학교 건축학부 교수로 재직 중이며, 한국건축가협회 정회원, 새건축사협의회 편집편찬위원회 위원장으로 활동하고 있다. 공학연구소 시절 삼성생활체험관, 신도리코 본사마스터플랜, 서울대학교 대학원종합연구단지계획을 수립하였으며, 이후 천주교중곡동성당, 웰콤시티, 동광감리교회, 파주출판문화단지마스터플랜 등의 작품에서 설계 및 감리를 담당하였다. 제11회 대한민국건축대전 입상, 제2회 태양열건축전 특별상을 수상하였으며, 2008년에는 국가건축정책 수립에 기여한 공로로 국토해양부장관 표창을 수여받았다. 주요 저술로서 미스 반 데 로에와 러시아 아방가르드 건축가들, 그리고 근대기술론에 관한 연구논문들을 발표하였으며, 구축성, 공동성, 기억성이라는 테마를 중심으로 현대기술과 인간의 관계에 주목한 건축작업을 전개하고 있다.

배치도

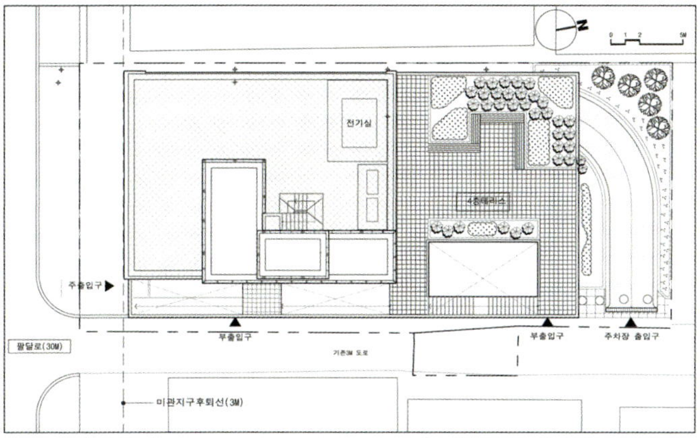

1층 평면도

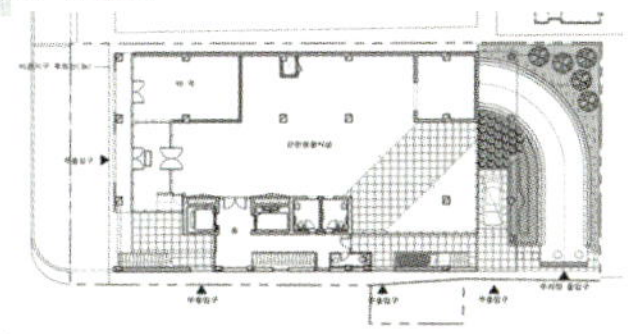

3층 평면도

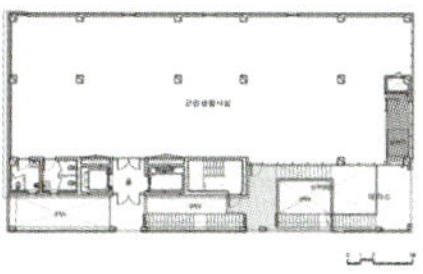

2층 평면도

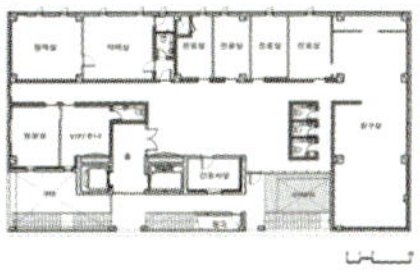

4층 평면도

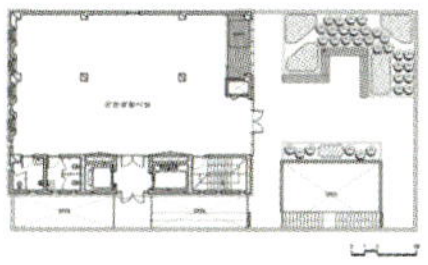

Liquidity that accepting the placeness and process of creating relationship

# Field of Terra Fluxes

## Bridge for Memory of City

As a part of city, the interest towards bridge as a revealing tool that configures reappearance of memory and experiences is shaped through the relationship between geographical form and liquidity that canal has. These phenomenons are experienced as everyday life in the city and this is used as an important factor to make the formation of city. The proposed bridge adopts configured pattern of city at visual level to transform and configure the experiences to 3-dimensional space. Memory and desire through the spatial experiences; and through this, the bridge realizes the geographical, social and imaginative space that seeks for the possibility and relationship with society.

## Bridge beyond Functional Figure

This proposal, as a truth of goal-oriented function based on the speed and direction as a vector, is to reject the bridge. New bridge reveals potential poetic meaning and 'relationship' through the concept of 'field'. The logic of efficiency-focused and goal-oriented in the functionalism is excluded; and as a meaning of bridge, which is not for aesthetic value, the rich event of potential spatial experiences in the city is to be revealed. It recovers the sense of pla ceness through the represent of daily experiences of detouring, slowness, wandering and parking in the city. In other words, it focuses on the reconfiguration of bridge as a tool recovering potential poetic meaning and interrelationship.

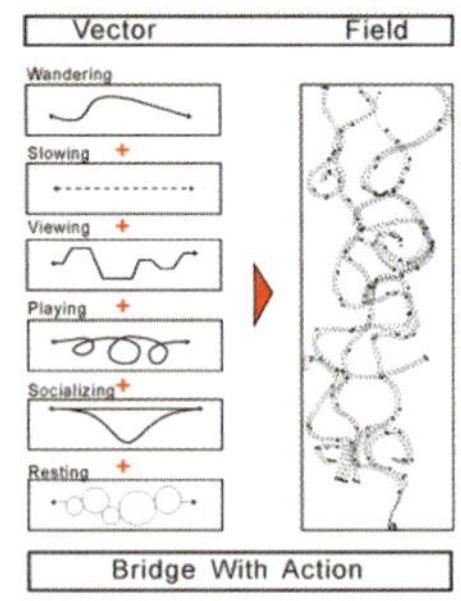


## Bridge as Landform

The continuity of city is drawn and the interrelationship with city, nature and peoples to be made by shape of landform. This goes beyond the image of rupture that bridge has and has its meaning as a tool controlling the relationship to be created at the equipment maximizes the movement. The allness is recovered through the controls of bridge's continuity and boundary and combination of relationship with surroundings. New network of topology is to be realized through reiteration, repeating, and distortion of land.

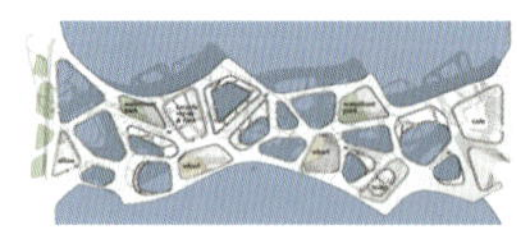

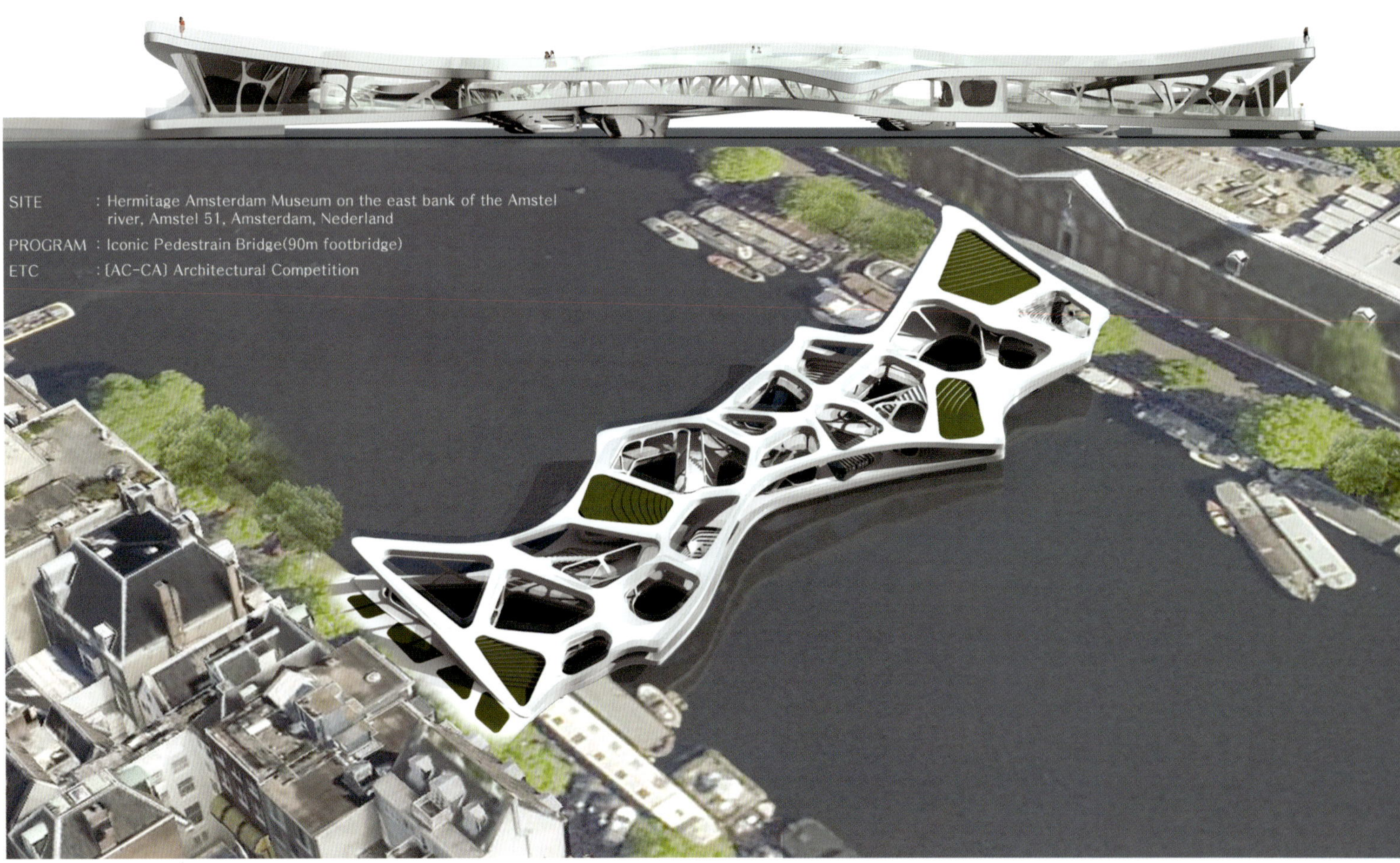

SITE : Hermitage Amsterdam Museum on the east bank of the Amstel river, Amstel 51, Amsterdam, Nederland

PROGRAM : Iconic Pedestrain Bridge(90m footbridge)

ETC : [AC-CA] Architectural Competition

**전유창 Jeon You Chang**
아주대학교 건축학부 부교수

인하대학교 건축과를 거쳐 미국 Columbia University 건축대학원을 졸업하였다. 1999년부터 2007 년까지 뉴욕 Mitchell I Giurgola Architects LLP 에서 디자이너 및 이사로 재직 하였으며 일본 신건축사 주최 센츄럴 글래스 국제 공모전 1 등상 외 다수의 국제공모전 수상경력이 있으며 New York In stitute Technology에서 학생들을 지도하였다. 현재 아주대학교 aDLab+ 건축연구소 공동대표를 맡고 있다.

**김성욱 Kim Sung wook**
아주대학교 건축학부 부교수

홍익 대학교와 예일대학교를 거쳐 Sorg and Associates, SmithGroup, Rafael Vinoly Architects 에서 프로젝트 디자이너 /매니저로서 활동하였고, 다수의건축 외피 연구에 참여하였다. 대한민국 건축대전 대상 (1994) , AIA Foundation Award (2001) , Evolo Skyscraper Competion Special Award (2009) , 행정복합도시국립도서관 현상설계 3위 등의 수상경력이 있으며 현재 아주대학교 aDLab+ 건축연구소 공동대표를 맡고 있다.

Paramatric Data List

| | | | | | | | | | |
|---|---|---|---|---|---|---|---|---|---|
| 63. {2.778563, 1.209106, 0.0} | 63. {4.161386, 5.0, 1.0} | 75. {0.756386, 2.255302, 0.0} | 75. {8.000588, 2.864038, 1.0} | 87. {5.466508, 3.761676, 0.0} | 87. {7.450279, 0.605771, 1.0} | 102. {3.442806, 3.211547, 0.0} | 102. {5.427294, 5.0, 1.0} | 114. {9.322323, 2.659509, 0.0} | 114. {7.098491, 3.406449, 1.0} |
| 64. {10.0, 3.753251, 0.0} | 64. {10.0, 0.0, 1.0} | 76. {3.859125, 2.000259, 0.0} | 76. {5.6383, 2.456863, 1.0} | 88. {0.0, 1.853368, 0.0} | 88. {9.197067, 1.709963, 1.0} | 103. {7.390353, 4.684339, 0.0} | 103. {4.771672, 3.281016, 1.0} | 115. {5.919215, 2.519644, 0.0} | 115. {8.242018, 0.282852, 1.0} |
| 65. {5.33097, 5.0, 0.0} | 65. {0.0, 1.044919, 1.0} | 77. {7.545392, 1.760962, 0.0} | 77. {2.204537, 5.0, 1.0} | 89. {2.485323, 1.238345, 0.0} | 89. {6.028187, 0.51024, 1.0} | 104. {8.486701, 5.0, 0.0} | 104. {9.123905, 4.078358, 1.0} | 116. {3.869462, 3.09296, 0.0} | 116. {10.0, 1.303652, 1.0} |
| 66. {8.070333, 0.0, 0.0} | 66. {10.0, 4.460723, 1.0} | 78. {6.326368, 0.435526, 0.0} | 78. {2.641284, 0.0, 1.0} | 90. {10.0, 2.456077, 0.0} | 90. {0.802071, 3.953401, 1.0} | 105. {7.571232, 3.68782, 0.0} | 105. {4.720998, 0.523961, 1.0} | 117. {8.594245, 2.263456, 0.0} | 117. {7.004741, 5.0, 1.0} |
| 67. {0.0, 4.110903, 0.0} | 67. {4.720998, 0.523961, 1.0} | 79. {1.062945, 5.0, 0.0} | 79. {8.200811, 5.0, 1.0} | 91. {3.828417, 1.953098, 0.0} | 91. {3.602147, 0.266982, 1.0} | 106. {4.665429, 1.107697, 0.0} | 106. {3.686562, 1.414302, 1.0} | 118. {5.238111, 4.835996, 0.0} | 118. {1.732809, 2.747678, 1.0} |
| 68. {6.778709, 1.966326, 0.0} | 68. {0.0, 4.29994, 1.0} | 80. {10.0, 1.135035, 0.0} | 80. {1.363588, 0.0, 1.0} | 92. {10.0, 0.0, 0.0} | 92. {8.587692, 2.818484, 1.0} | 107. {0.594997, 0.596947, 0.0} | 107. {1.818703, 2.082637, 1.0} | 119. {2.785878, 2.871797, 0.0} | 119. {1.101414, 5.0, 1.0} |
| 69. {0.0, 1.17646, 0.0} | 69. {6.586104, 3.672929, 1.0} | 81. {7.571232, 3.68782, 0.0} | 81. {2.168127, 4.628211, 1.0} | 93. {1.251989, 1.471524, 0.0} | 93. {1.761222, 1.056447, 1.0} | 108. {0.0, 4.346725, 0.0} | 108. {7.789901, 3.918644, 1.0} | 120. {1.821241, 2.988983, 0.0} | 120. {0.604534, 1.001779, 1.0} |
| 70. {7.369834, 5.0, 0.0} | 70. {2.473624, 1.846295, 1.0} | 82. {4.815756, 2.888421, 0.0} | 82. {0.0, 2.289509, 1.0} | 94. {3.129261, 0.657446, 0.0} | 94. {0.646748, 3.371603, 1.0} | 109. {9.451372, 1.147209, 0.0} | 109. {6.747605, 2.585243, 1.0} | 121. {1.135291, 0.0, 0.0} | 121. {4.83352, 2.99309, 1.0} |
| 71. {9.322323, 2.659509, 0.0} | 71. {10.0, 2.041377, 1.0} | 83. {3.693445, 5.0, 0.0} | 83. {4.26861, 3.601575, 1.0} | 95. {6.144164, 5.0, 0.0} | 95. {7.155566, 2.67528, 1.0} | 110. {6.133218, 1.558161, 0.0} | 110. {2.769413, 2.212979, 1.0} | 122. {4.19337, 5.0, 0.0} | 122. {8.380566, 1.282668, 1.0} |
| 72. {2.847519, 2.502426, 0.0} | 72. {1.533344, 2.958572, 1.0} | 84. {8.684934, 5.0, 0.0} | 84. {5.622668, 4.357196, 1.0} | 96. {6.674277, 2.282176, 0.0} | 96. {3.52811, 5.0, 1.0} | 111. {9.752029, 5.0, 0.0} | 111. {9.47657, 2.138297, 1.0} | 123. {6.778709, 1.966326, 0.0} | 123. {2.032205, 0.763542, 1.0} |
| 73. {2.247641, 5.0, 0.0} | 73. {7.030032, 1.282394, 1.0} | 85. {2.59974, 3.953424, 0.0} | 85. {3.730045, 1.39481, 1.0} | 97. {0.64574, 2.945299, 0.0} | 97. {0.547912, 5.0, 1.0} | 112. {2.971781, 5.0, 0.0} | 112. {0.41808, 1.087277, 1.0} | 124. {1.957343, 0.388132, 0.0} | 124. {4.408466, 2.263841, 1.0} |
| 74. {4.665429, 1.107697, 0.0} | 74. {6.529015, 5.0, 1.0} | 86. {5.002538, 0.815732, 0.0} | 86. {10.0, 3.077733, 1.0} | 101. {7.569362, 0.0, 0.0} | 101. {3.706593, 3.00798, 1.0} | 113. {1.803863, 2.23519, 0.0} | 113. {6.170181, 1.854606, 1.0} | 125. {6.856637, 4.357346, 0.0} | 125. {10.0, 0.440652, 1.0} |

Vornoi Network sequence

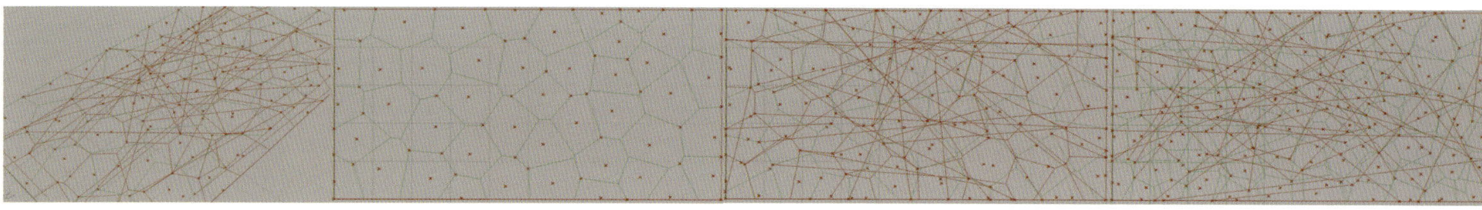

Perspective View

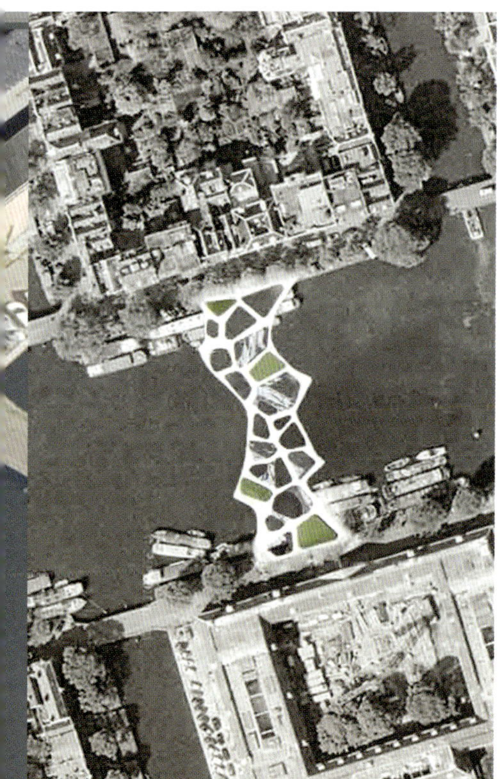

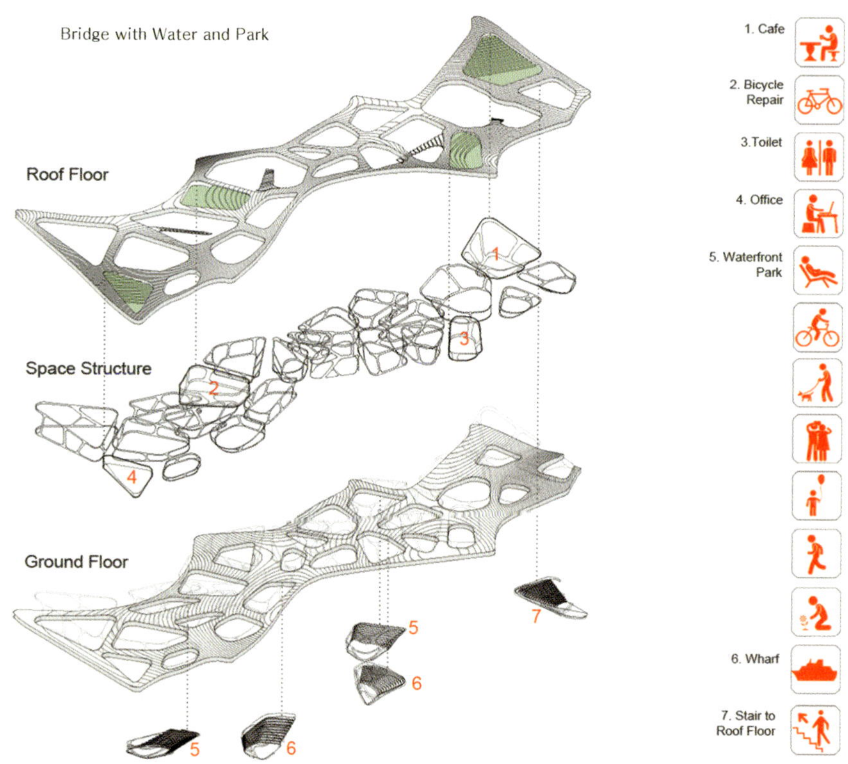

# Living by Water

Project Wuxi SPG Master Plan
Location Wuxi, China
Land Area 248,800㎡
Gross Area 695,400㎡
FAR 280%
Programs Residential, Hotel, Office, Commrcial, Cultural, Recreation, Park
Building Height 280m

Wuxi is a city of canals to the Grand Canal, the largest ancient canal in the world. The plan proposes a new canal to create a central island connected to the extermities of the site and new waterways that permeate the site. This approach provides pleasant waterfront walkways and places for recreation, and divide the site into pedestrian–friendly, functionally unique neighborhoods.

The plan proposes three types of bodues of water:the existing canal, a new canal, and a land–scaped feature that conencts to the canal.

The central island is conceived as low density with low–rise buildings to serve an exclusive clientele, while the edges are characterized by high–densite, tall buildings. This give the site a vally shape, enabling the residents to enjoy its open yet private space.

GROUND

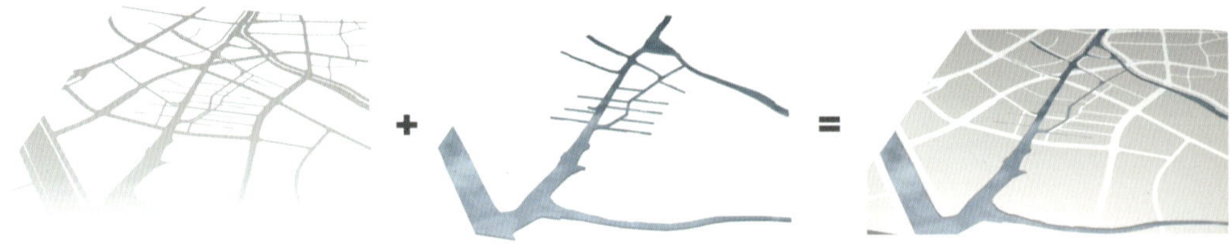

FIGURE

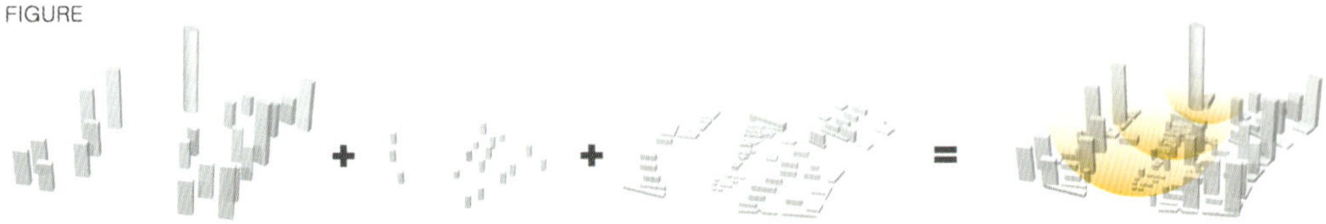

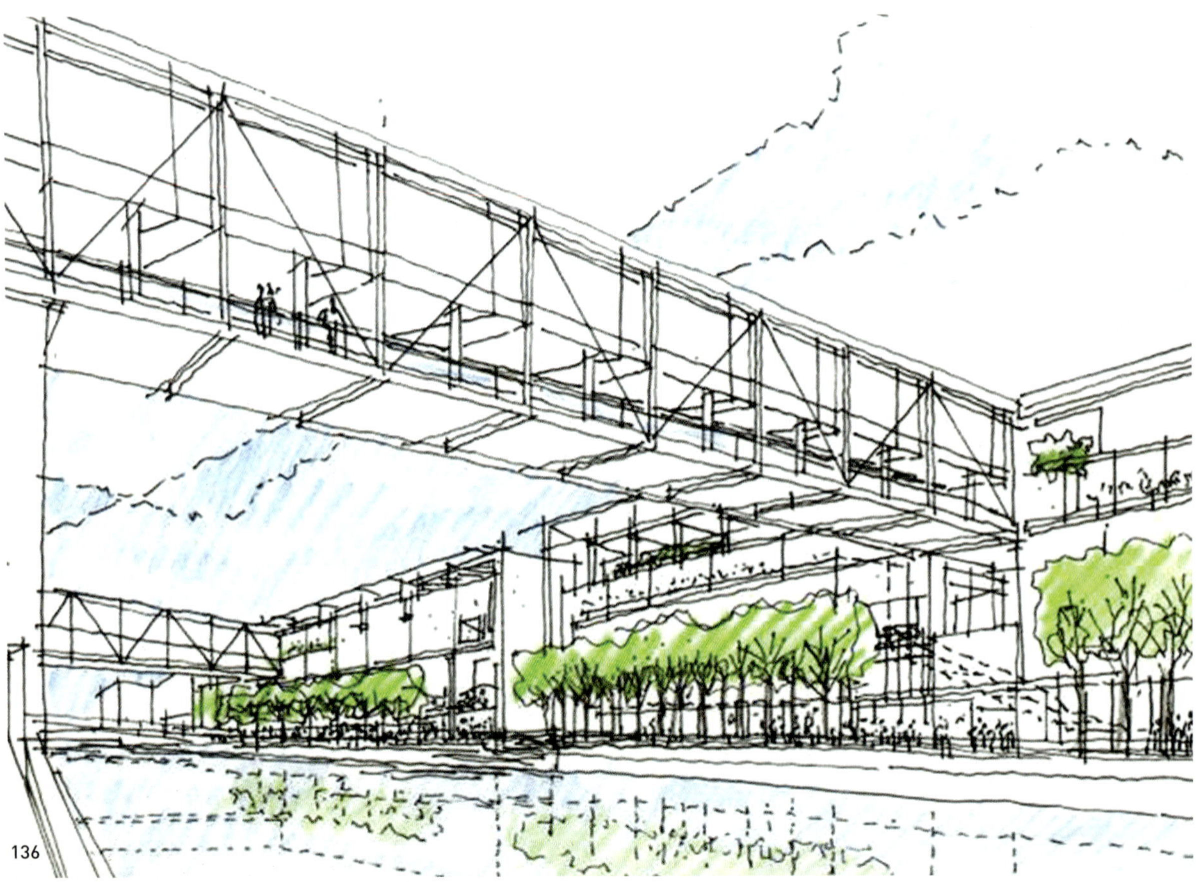

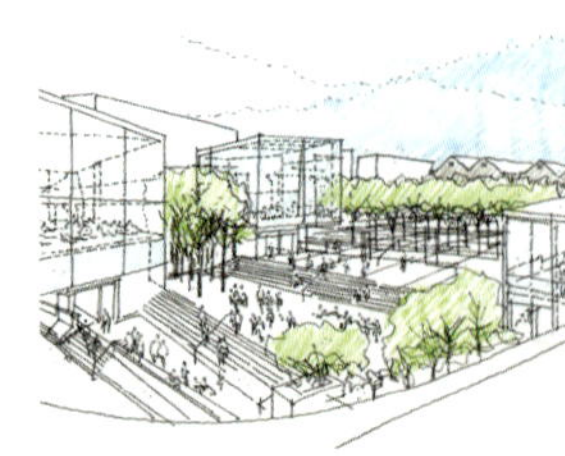

**정재희 jae hee chung**
홍익대학교 건축공학부 조교수

서울대학교 건축학과 졸업 후 건원국제건축과 해안종합건축에서 근무를 하였고, 미국 University of California, Berkeley에서 M. ARCH를 마친 후 SOM을 비롯한 굴지의 설계사무소들에서 4년 넘게 일을 하였다. Foshan Donghuali Master Plan, Treasure Island Master Plan등의 projects로 2009 AIA Honor Award, 2009 AIA California Council Merit Award, 2009 MIPIM Future Project Award: Regeneration and Master Planning 등 다수의 상을 수상한 바 있다. 현재 홍익대학교 건축공학부 조교수로 재직하고 있으며 미국 건축사(LIcensed Architect in New York), LEED AP(Leadership in Energy and Environmental Design Accredited Professional) 를 소지하고 있다.

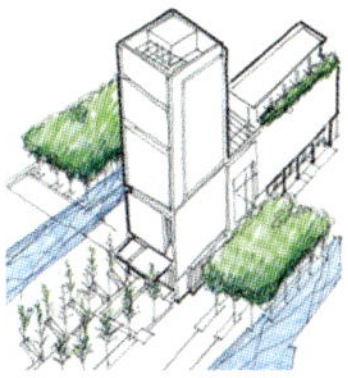

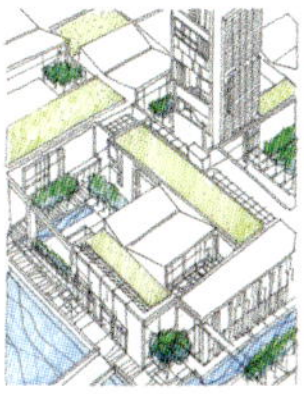

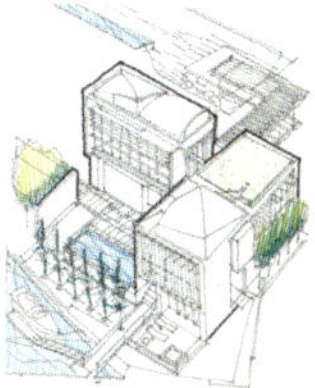

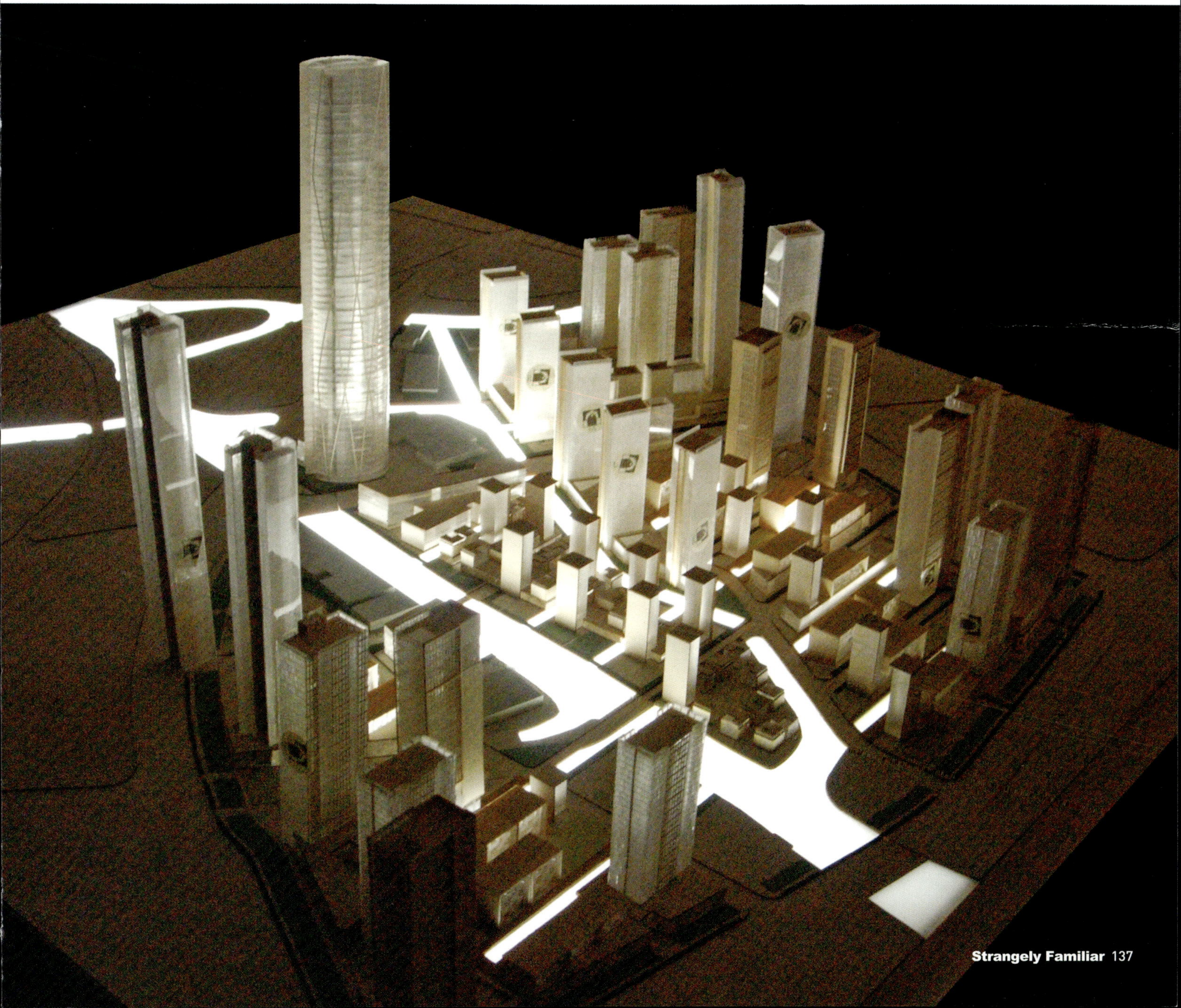

# 차원 전쟁 Demansion War

현실적 체험 공간에서 관찰자는 감각기관을 매개로 대상을 지각하게 된다. 시각, 촉각, 청각, 후각, 미각 등의 다섯 감각기관이 있지만, 대상을 지각하는 데 있어서 시각의 중요성은 이미 알려진 바다. 시각의 주도권은 근대성의 논리와 함께 디지털 기술에 의해 한층 강화되는 듯하다. 그러나 여기에 관한 반론과 대안이 그만큼 활발하게 개진되고 있음도 사실이다. 눈의 권한이 손, 몸으로 확장되어야 하는 당위성을 아무리 언급해도 지나치지 않다. 그럼에도 불구하고 또 다시 시각에 관심을 가져야 하는데, 그 이유는 시각은 감각기관 가운데 측정을 기반으로 상이한 차원으로 구분될 수 있기 때문이다. **점**, **선**, **면** 그리고 **체** 등의 시각적 조형 단위는 차원으로 정의하자면 각각 **영**, **일**, **이**, **삼** 등이다. 그런데 이차원의 평면과 삼차원의 입체는 너비, 두께, 높이 등으로 정의되는 거주 가능한 실제 상황에 놓인 사물을 규정하는 조형 요소로서 오랫동안 예술적 재현의 동기이자 도구로 여겨져 왔다. 회화와 조각과 건축, 이 세 가지 주요 예술이 바로 그것이다. 실제 거주 공간은 이들의 상호작용으로 규정된다고 볼 수 있는데, 르 코르뷔지에는 이와 같은 현상을 주요 예술의 종합이라는 개념으로 설명하곤 했다. 그의 설명이 제기하는 문제는 분명하다. 체험 공간과 상상 공간과의 관계를 통한 감동의 생산이 그것이다. 감동은 관찰자의 지각, 나아가서 인간의 정서 구조에 관한 근원적 물음을 던진다. 바로 이러한 인간 정서 구조를 이해하기 위해서 요청되는 일은 현실 공간을 규정하는 평면과 입체에 관한 탐구이다. 일반적으로 평면의 합이 입체라고 알려져 있다. 이것이 진실이라면, 두 차원들은 연속적이다. 과연 그런가? 현실 공간에서의 이들의 관계는 결코 연속적이지 않다. 각각은 질적 독자성을 바탕으로 서로 긴장하고 경쟁하고 보완하는 불연속의 속성을 가진다. 만일 관찰자에게 어떠한 정서적 사건이 일어날 수 있다면, 그것은 이러한 불연속적 특이성의 공존에 말미암은 새로운 시각적 환영이 존재하기 때문이다. 이제 낯설게 익숙한이라는 전시 주제에 따른 과업을 수행하기 위한 사고의 과정을 설정할 수 있다. 우선 낯섦과 익숙함의 의미적 대립을 인지하고, 다음으로 이들의 대립적 공존의 역설을 이해한다. 마지막으로 건축적 실험을 위한 하나의 가설적 질문을 던진다. 이러한 역설이 회화와 조각과 건축으로 정의하는 일이 가능한가? [2012.04]

1. 조감 투시도
2. 옥상 투시도
3. 내부 투시도

1

**정 진 국 Jin Kouk Jeong**
한양대학교 공과대학 건축학부 교수

건축적 실험은 순수하게 형식성에 관한 탐구로 이루어져야 하지만, 여기서는 특정한 기능을 수행하는 기계 설비와 사무실의 용도를 가진 건축물을 통해서 주제를 개념화하였다. 정사각형의 평면을 가진 건축물은 외피가 내력 구조체이어서 수직 하중을 지지하게 된다. 외피들은 각각 높이가 다르며 모서리가 열려 있어서 불분명하게 공간을 제한한다. 외피들에 의해 강화된 이차원 평면들은 그 안의 계단실이나 승강기실과 같은 삼차원의 입체들과의 관계는 관찰자로 하여금 지각적 차이를 생산하게 만든다. 평면과 입체는 서로 경쟁 관계이며, 이를 차원 전쟁으로 개념화할 수 있을 것이다.

# GALLERY AHN

**대지** 대구광역시 달성군 가창면 냉천리
**대지면적** 200㎡
**연면적** 199.38㎡
**건축면적** 122.96㎡
**용적율** 95.86%
**건폐율** 59.12%
**규모** 지상2층
**건물높이** 7.9m
**구조** 철근콘크리트
**외부마감** 송판노출콘크리트, STO

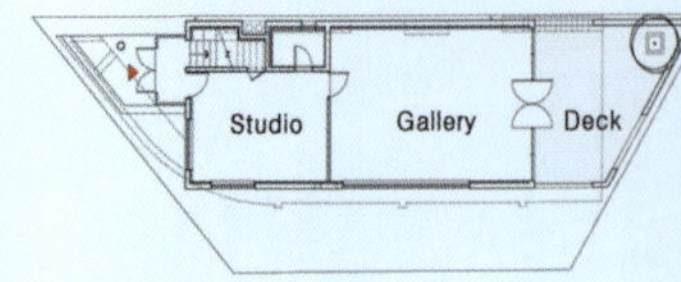


1층평면도

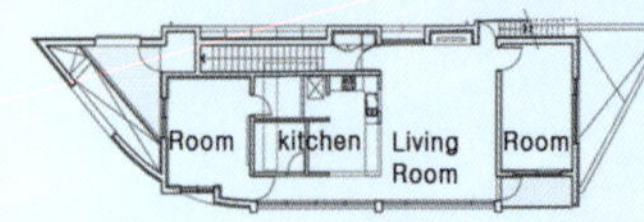


2층평면도

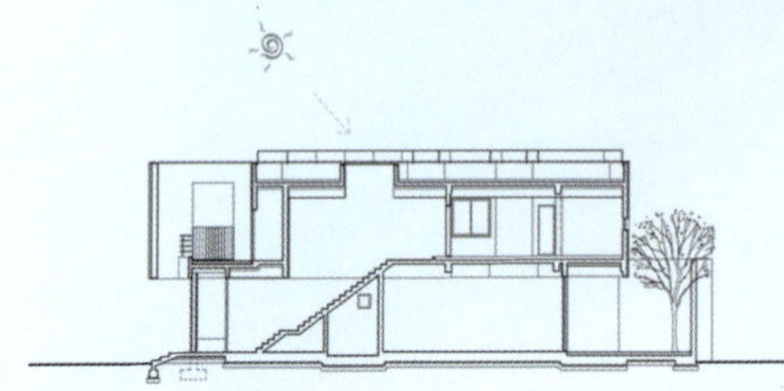

횡단면도

**조 극 래 joe keuk rae**
대구가톨릭대학교 건축학부 부교수

교외로 내달리는 광로, 그 조직과 어울릴 것 같지 않은 자그마한 사다리꼴 부지...휴먼 스케일을 압도하는 도로가 주는 불안함...대지와 프로그램의 조건이 주는 융통성의 한계...자신을 위한 자리 같지 않은 낯선 곳에서 주변과 어울리도록 해 줄 수 있는 익숙한 장치들에 대한 고민에서 디자인은 시작된다. 도시와 떨어진 곳이지만 8차선의 도로가 대지 앞을 무섭게 지나간다. 그 도로에 자그마하게 매달린 비정형의 대지..무엇인가 어울릴 것 같지 않은 배열 속에서 작은 섬이 떠올랐다. 스스로 고독한 존재이지만 빠르게 지나가는 차창 밖으로 보이는 섬이 조금은 친숙하게 느껴질 수 있도록 공간과 형태 그리고 재료와 칼라의 배열을 도입하였다. 거친 재료와 밝은 칼라에 의해 분절 된 매스기능에 충실한 창빛이 드는 가벼운 공간작은 공간들의 연속 내부와 소통하는 외부공간 ... ...건축은 그에 맞는 자리가 분명 존재함을 믿으며 낯선 거리에 익숙한 장소가 되길 기대한다.

## Multipurpose Cultural Center
# TeRRA PReTA

**대지** 충청북도 청주시 흥덕구 송정동 294-21번지 일원
**대지면적** 20,383.67㎡
**연면적** 3,360.96㎡
**건축면적** 2,913.64㎡
**용적율** 16.5%
**건폐율** 12.8%
**규모** 지상3층, 지하1층
**건물높이** 12.8m
**주차** 공원 부지 내 55대

충북 청주시 대농 산업 공단 철거 지역 중 대농 3지구 공공업무 지구 내 도시공원부지를 활용하여 시민을 위한 다목적 문화 공간(Multipurpose Cultural Center)을 제안하였다. 대단위 산업단지의 흥망과 급속한 도시화의 전개에 따른 도시의 수평적 수직적 확장 현상과 지역사회의 가치관 및 생활 수준의 변화를 이해하는 것으로부터 시작하였다. 대지의 지리적, 도시적 맥락의 특성과 사회, 문화적 변화의 흐름에 내재된 의미를 재해석하고 지역사회 시민의 다양한 요구 특성을 충실히 반영하기 위하여 복합적 문화 공간(다목적홀, 전시관, 문화센터, 카페)을 계획하였다.
도시와 주변 점이지역의 경계, 주거지와 산업지역의 경계, 도시와 녹지의 경계, 도시 인프라스트럭쳐의 경계라는 대지의 다양한 경계적 맥락의 특성을 이해하고 이것들의 혼합, 교차, 공존 관계를 반영할 수 있는 건축 매스와 랜드스케이프 디자인을 시도하였다.
도시의 과거와 변화하는 미래상을 반영하여 시민의 다양한 사회적, 문화적, 예술적 요구 사항을 지원하고 사용자의 요구와 상황에 따른 다양한 프로그램들을 혼합, 통합할 수 있는 유연한 공간을 구성하였다.

설계참여자: 김길샘, 강수정 (인하대학교 건축학부생)

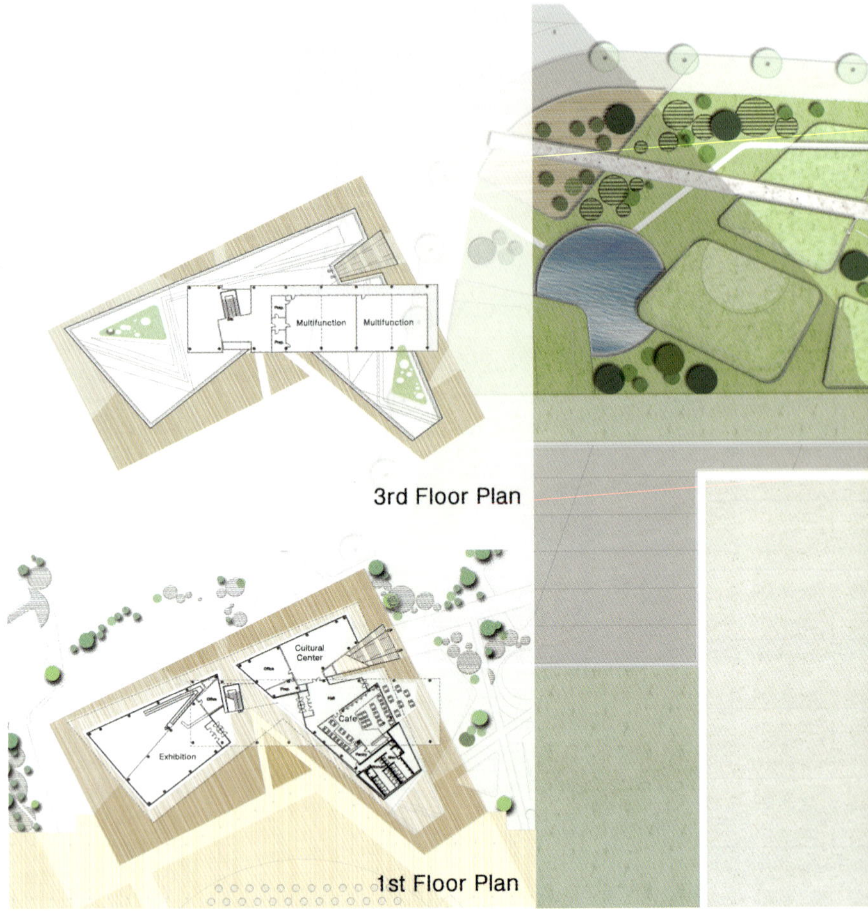

3rd Floor Plan

1st Floor Plan

Bldg & Entrances

Programs

Routes



Vegetation

Perspective from Northeast

**조민정 Cho Min Jung**
인하대학교 건축학부 조교수

연세대학교, 이학사
Univ. of Washington, M.I.T., 건축학 석사
Pei Partnership Architects, NY, NY USA
Samoo Architects, Seoul Korea
Registered Architect, NY USA, AIA

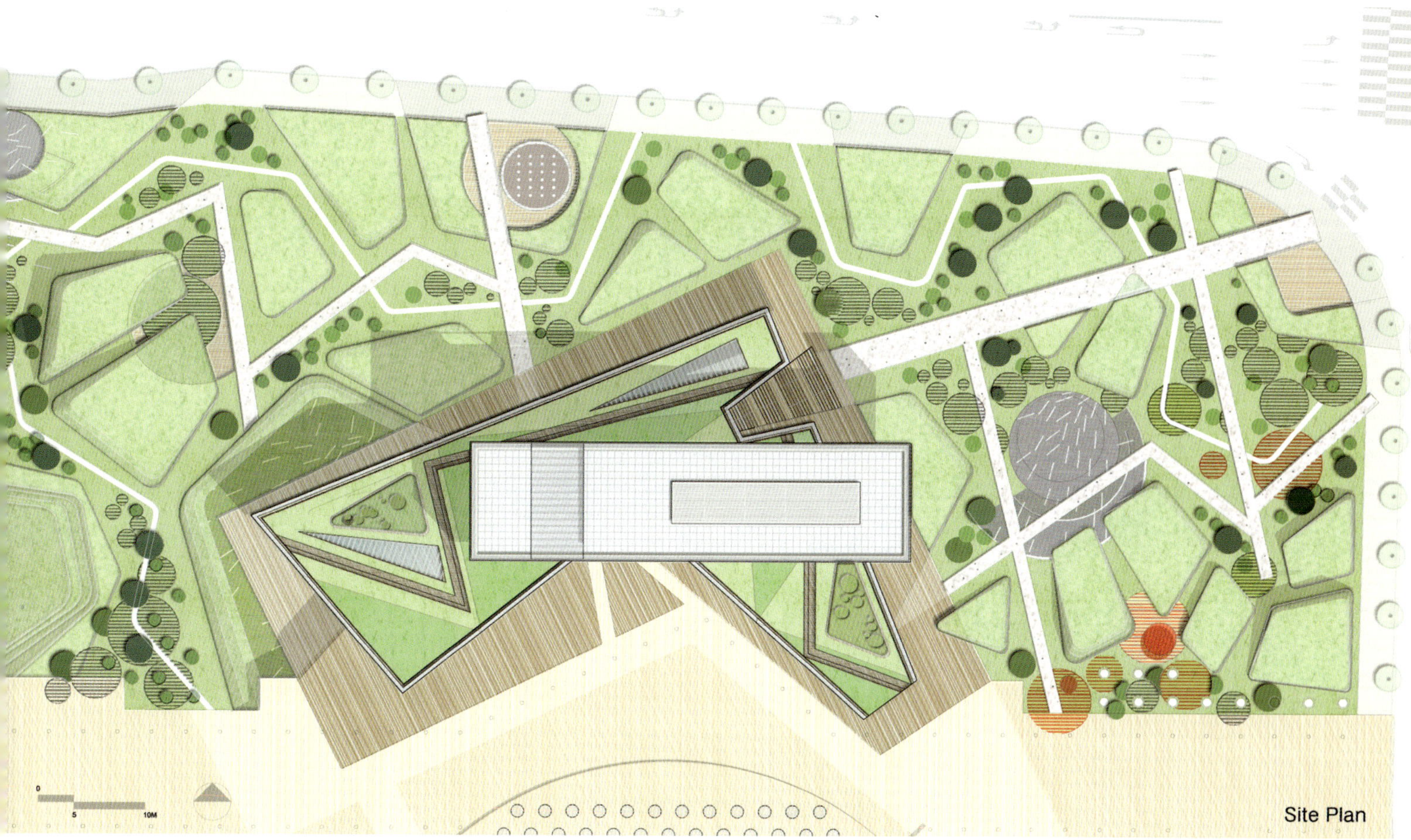

Site Plan

Perspective from Northwest

## 송파구 산모건강증진센터 현상설계
# Everyday's Monument

**대지** 서울시 송파구 장지동
**대지면적** 997.9㎡(301.86평)
**연면적** 2,835.04㎡(859.1평)
**건축면적** 506.15㎡(153.4평)
**용적율** 198.94%
**건폐율** 50.72%
**규모** 지상5층, 지하2층
**건물높이** 20.7m
**주차** 15대
**외부마감** 백색 노출콘크리트

송파구 장지동에 계획한 산모건강증진센터의 현상설계안이다. 산모들이 모여있는 주거단지와 이들이 이용하는 편의시설, 주민들이 이용하는 커뮤니티 시설이라는 다른 성격의 프로그램들이 조화롭게 적층되어 모여있는 마을을 만든다. 산모들이 지내는 시설과 편의시설, 주민센터는 각각 다른 공간을 향해 열려 있어 건물 어디서든 시선이 교차한다. 건물 안의 사람들은 서로의 활동 공간을 건너다 보여 삶의 생동감을 느낀다. 보이드 공간을 통해 시선의 교차가 일어남으로써 이런 생동감을 느낄 수 있는 마을이 형성된다.
기본적인 형태는 패시브 디자인을 적용한 연속된 경사지붕이다. 모든 실의 창문은 외기를 면하고 있어 통기가 잘되는 구조이며, 아트리움을 통해 환기 및 채광 뿐 아니라 사용자의 소통이 원활한 심리적 친환경 디자인을 추구한다. 전체적인 볼륨은 자연을 담는 열린 형태를 취한다. 건물은 정원을 품고 있으며, 남동향으로 개방된 면을 통해 햇빛을 실내에 담는다.

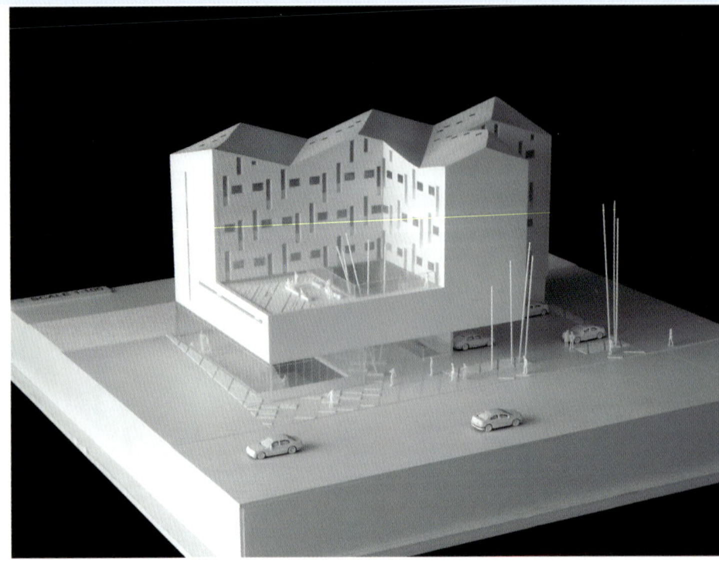

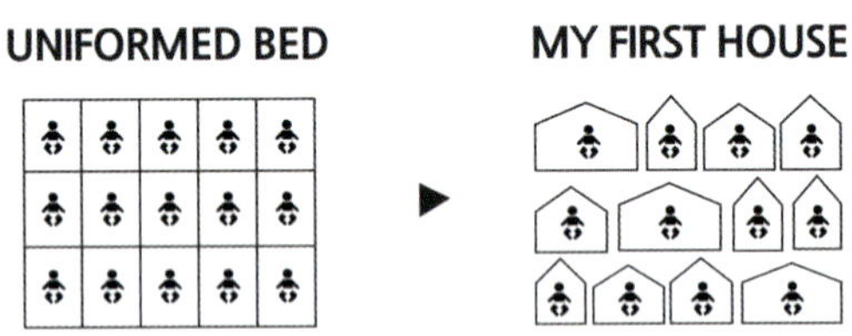


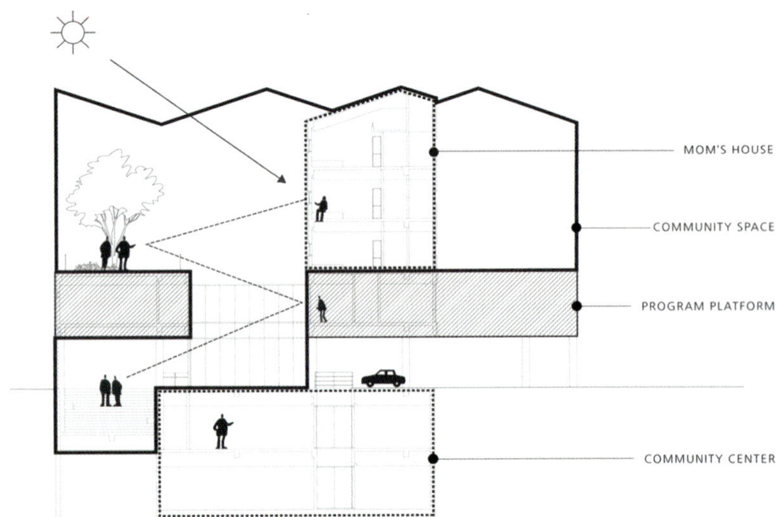


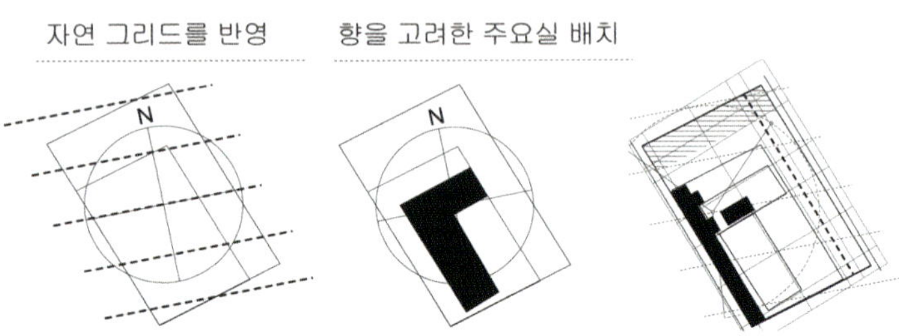


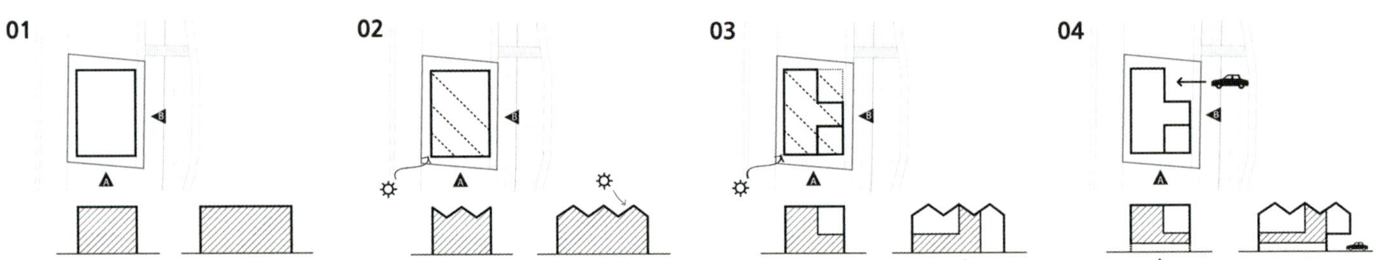


01 대지의 공지와 높이제한에 따른 건축 가능 구간을 설정

02 친환경 계획에 기반하여 남향 대응 지붕면 생성 및 형태적 리듬 형성

03 OPEN SPACE와 차량공간 확보를 위한 MASS 절개

04 MASS Foating으로 도시가로에 대응하는 보행 및 차량 인입

**조 성 익 Sungik cho**
홍익대학교 건축대학 전임강사

홍익대학교 건축대학 전임강사 겸 건축사 사무소 TRU 대표. 서울대 건축학과와 예일대학교 대학원에서 건축을 공부하고 미국 뉴욕의 SOM에서 실무를 익혔다. 건물과 장소의 스토리를 만들고 이를 설계에 반영하는데 관심을 가지고 작업하고 있다. 프로젝트의 초기 단계부터 통합적인 기획을 통해 디자인을 진행해나가는 프로세스를 실험 중이다.

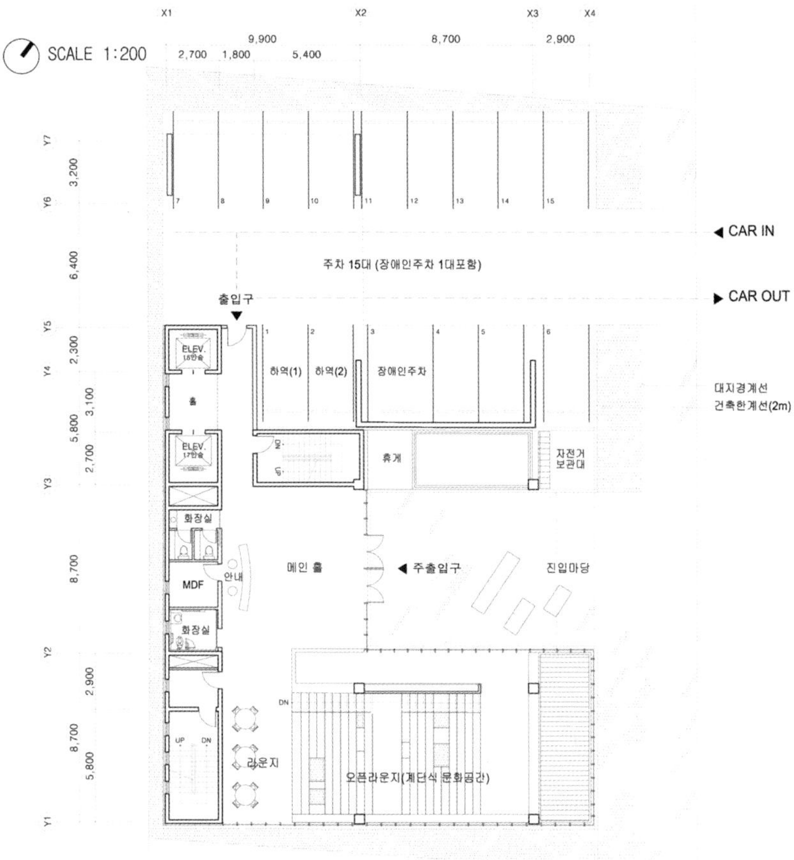

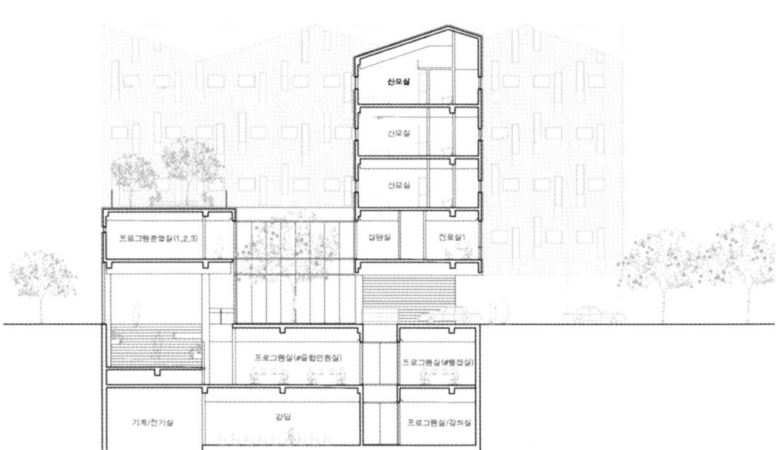

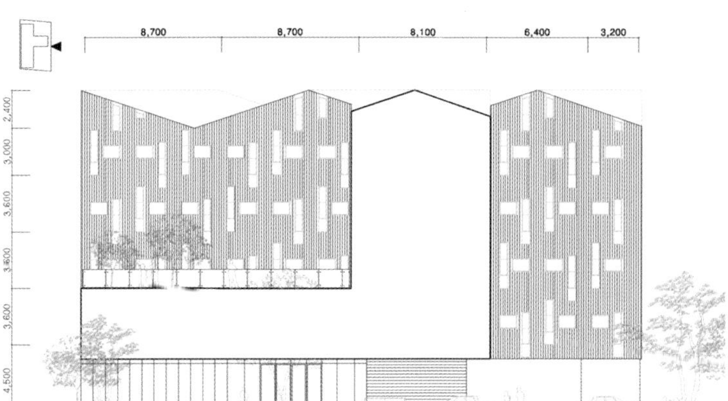

# 경북문화콘텐츠지원센터 계획안

**대지** 안동시 동부동 123-1번지
**대지면적** 1,660.00㎡
**연면적** 3,719.76㎡
**건축면적** 1,058.45㎡
**용적율** 203.14%
**건폐율** 63.69%
**규모** 지상6층, 지하1층
**건물높이** 26.80m
**주차** 25대
**구조** 철근콘크리트조, 철골조
**도로현황** 8M,20M 도로
**지역지구** 일반상업지구
**조경면적** 256.11㎡(15.41%)
**마감** 전벽돌, 화강석사고석, 펀칭메탈, THK24복층유리

문화의 근본 요소는 천(天),지(地) 인(人)에서 시작된다. 하늘과 땅이라는 대자연 속에서의 인간의 삶은 자연스럽게 형성된 유,무형의 결과물인 문화를 만든다.
경북 안동지역의 문화 특성은 하회16경(河回十六景), 오방색(五方色),하회12탈(河回十二탈)에서 찾을 수 있다. 여기서 우리는 한폭의 산수화속에서 낙도(安貧樂道)를 꿈꾸던 선비정신을 엿본다. 과거의 역사적 에너지가 충만하였던 이곳이 이제 현재에 이르러 풍요로운 문화생활 인구가 증대되고 전통문화의 특성이 배여있는 슬로시티(Slow City)를 지향하면서, 과거, 현재-미래가 공존하는 문화콘텐츠 지원센터가 되도록 구성하여, 국내-국제적으로 경북문화콘텐츠 위상을 제고시키는 것을 목표로 하였다.

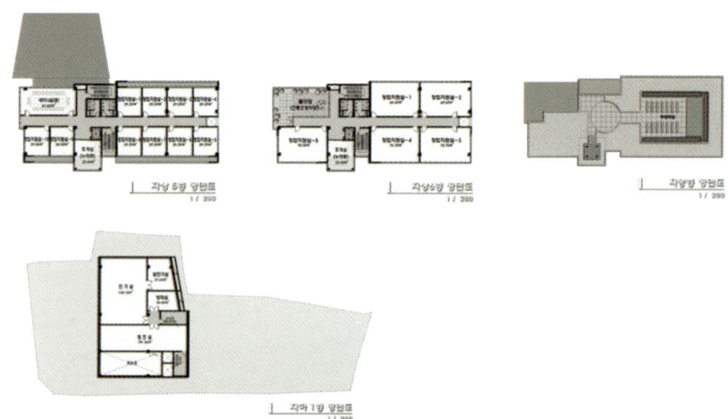

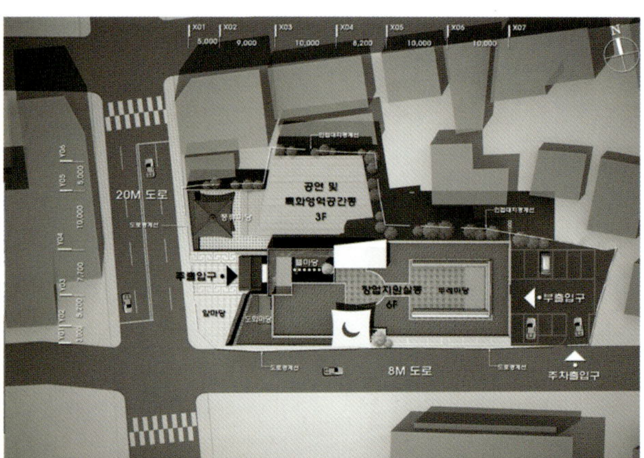


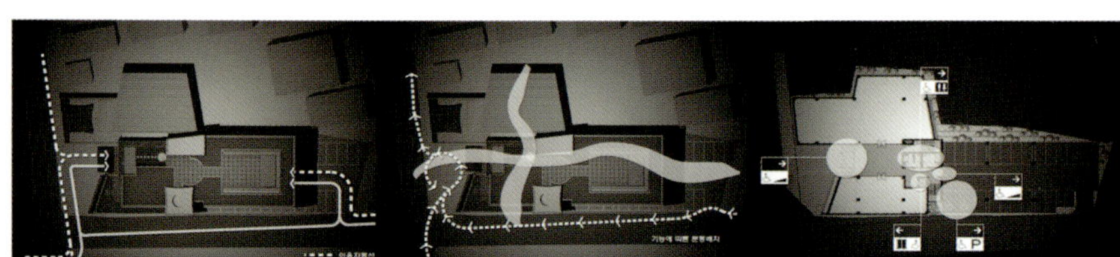

|보행자동선 |동선 흐름도 |장애우 편의시설

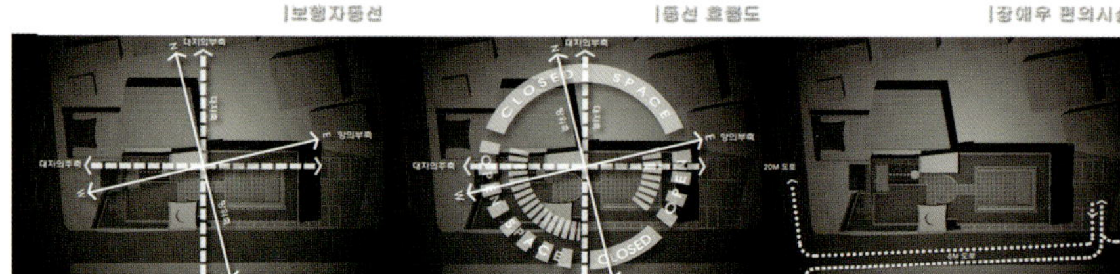


|축 분석 |조경 및 시계분석 |차량진입동선

## 주 진 형 (JU JIN HYEUNG) 朱 鎭 瀅
/안산대학교 건축디자인과 부교수/ Lake Washington Instiute of Technology, WA. USA (Visiting Scholar)

대한건축학회 학회지편집 위원(2005년), 대한건축사사협회 정책전문 자문위원(2008-2010년)
안산시 지방건축위원회 심의위원2011년-2013)/ 안산시 도시 건축 공동 심의위원(2011년-2013)
대한민국 건축대전 초대작가(2001년,2003년,2004년) "영종도 신공항 마스터플랜 국제현상 최우수상 당선 ",
,(1992)" 목5동 성당", 서울의심장 " " 안빈낙도 " UIA국제현상설계입상" 혈도 "(2004),안양복합문화센터계획우수상(2008), 도촌동교회현상설계 당선(2009)
Private exhibition for architectural drawings at Seattle & Kirkland, WA. U.S.A (Drawings of Sustainable Design: Memories of Living Architecture)(2012.1.09-13)
Private exhibition for architectural Potograph at Seattle & Kirkland, WA. U.S.A (Photographs of Sustainable Design Harmony and Balance in Contemporary Architecture)(2012.1.23-27)

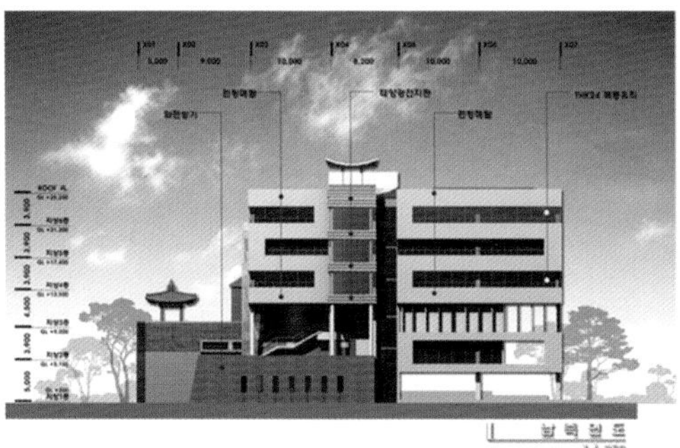
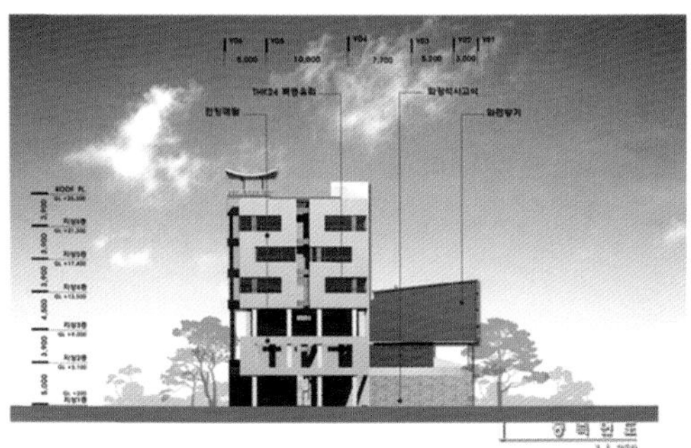
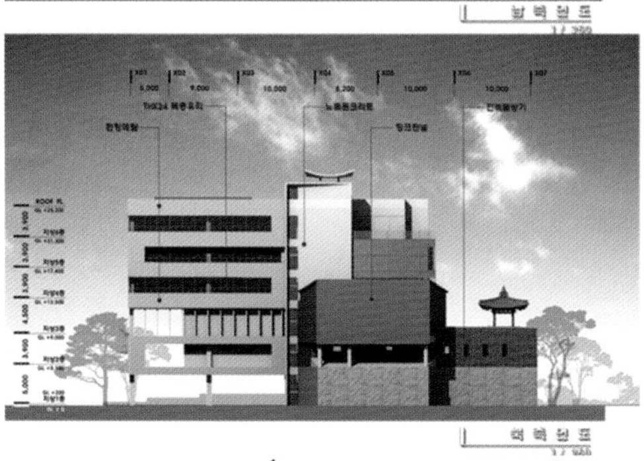

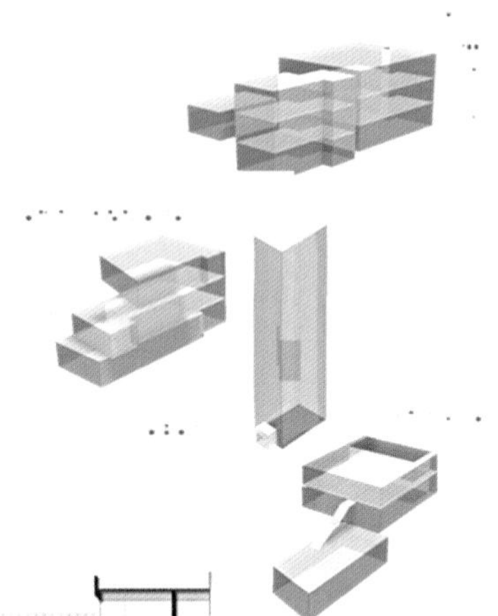
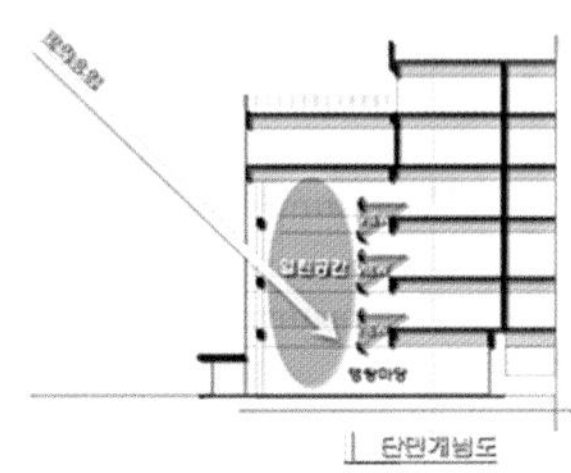

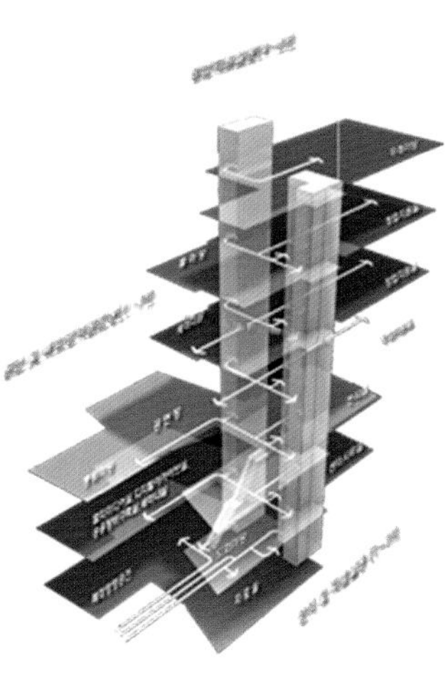
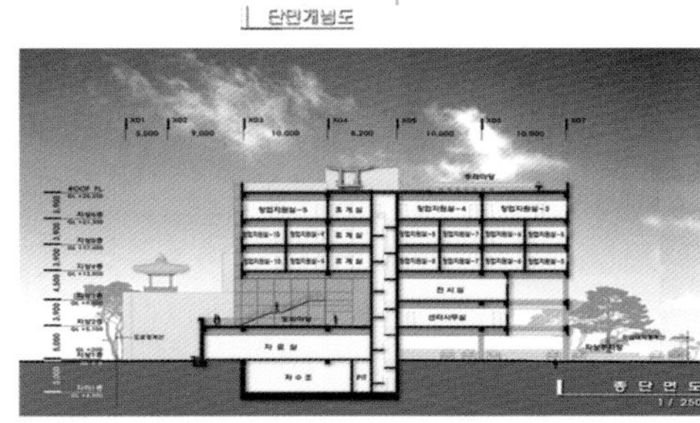
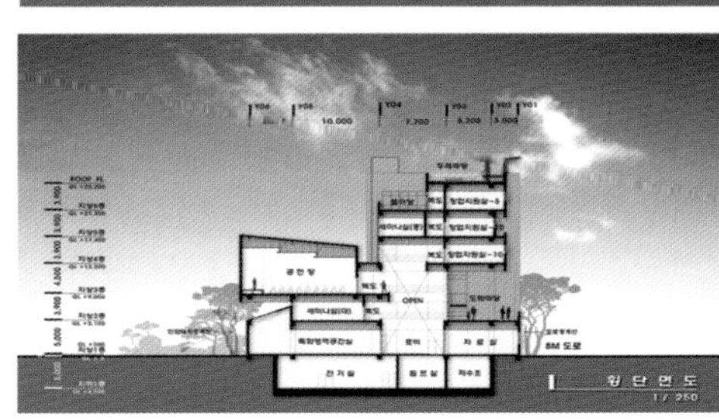

## 공장건축 타이폴로지의 응용과 재해석
# Typological Vestige

**대지** 인천시 부평구
**대지면적** 980.5㎡(297평)
**연면적** 2,995㎡(907평)
**건축면적** 513㎡(155평)
**용적율** 291%
**건폐율** 52%
**규모** 지상 7층
**건물높이** 29m
**주차** 8대

산업현장의 공장건축만큼 우리에게 익숙하면서도 상상력이 결핍된 건축환경이 또 있을까? 그 뻔한 익숙함은 '효율성의 극대화' 라는 20세기적 Fordism에 입각한 공간 구성 방식에서 벗어나지 못하는 우리 산업현장의 단조로움을 보여준다. 제조업의 현장은 2차 산업의 쇠퇴와 함께 더 이상 진화하지 못하고 멸종의 길을 걷게 될까? 너무나도 익숙한 공장의 구성 방식에서 더 이상의 반란은 불필요하며 불가능한 것일까?

중소규모 제조업의 현장이 모여 있는 인천시 부평구는 엇비슷하게 생긴 박공 지붕의 단층형 공장들이 지루한 모습으로 블록을 채운 채, 모두 같은 은색 샌드위치 판넬과 규격화된 리듬의 유리창을 통해 겨우 숨을 쉬고 있다. 20세기의 역동적 모더니즘의 새로운 모델이 되었던 공장 건축의 모습을 여기서 더 이상 떠올리기 힘들다. 화려한 행보에 어울리지 않는 종말이다.

건축주는 건축을 통해 제조업의 이미지를 변화시키는 마케팅 전략을 짜고 싶어했다. 기름때와 환경오염, 소모적 노동의 이미지를 혁신적으로 바꾸어서 새로운 경쟁력의 공간을 구축함과 동시에, 30년 전 창업 당시의 초심을 연상시키는 장소적 연속성을 반영하는 것이 본 설계의 목표다.

그 구체적 전략으로 내부 공간의 시각적 투명성과 개방성을 증대시켜 화이트칼라와 블루칼라 간의 소통 공간을 마련하는 것, 외관의 독창성을 통해 무미건조한 공장지대에 참신한 액센트를 찍는 것, 그리고 지금은 세계적인 기업으로 성장한 기업의 인큐베이터였던 첫 공장의 익숙한 형태를 음각으로 남겨놓아 그 발전의 흔적을 공간적으로 번역해보았다.

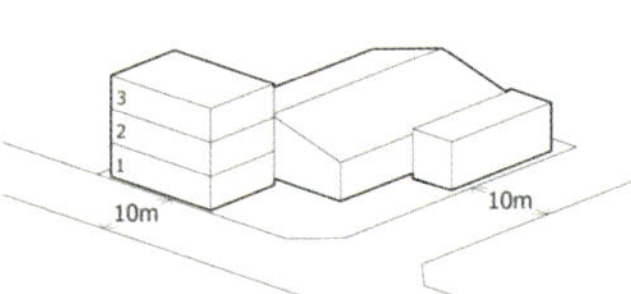

EXISTING PLANT #1

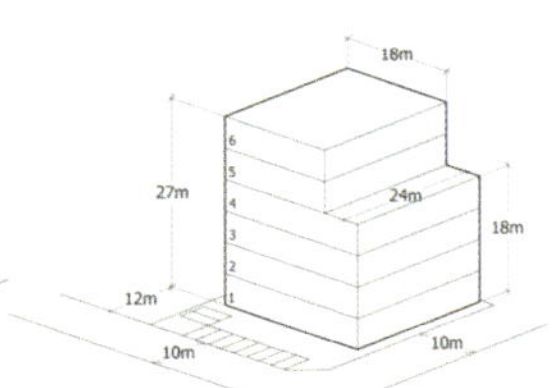

TYPICAL MASS

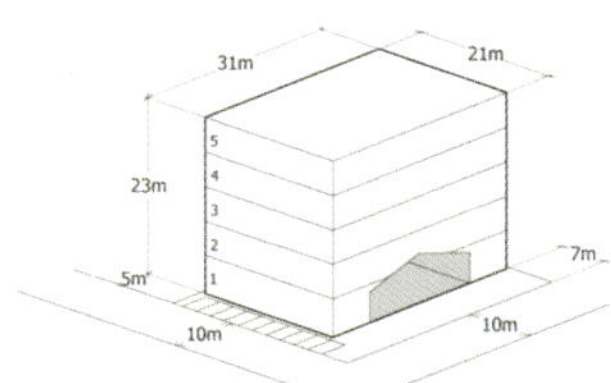

PRESERVE MEMORY

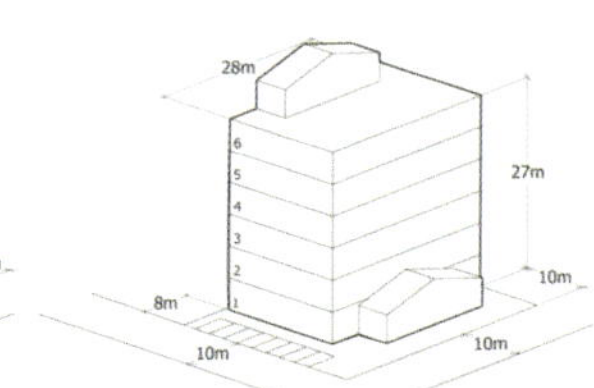

MONUMENTALIZE

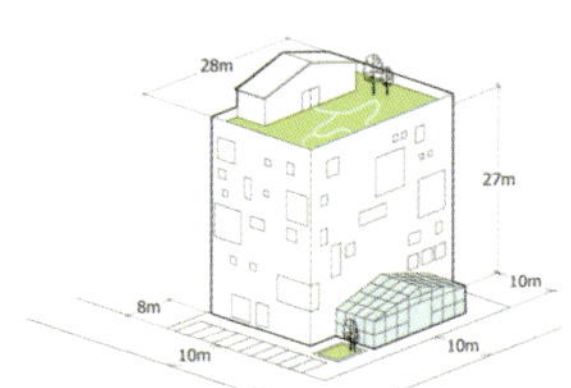

NEUTRAL SURFACE

**최상기 Sanki Choe**
서울시립대학교 도시과학대학 조교수

뉴욕주 등록 건축사이자 서울시립대학교에서 설계와 건물시스템을 가르치며 실무와 학술적 리서치를 접목시키고 있는 최상기 교수는 연세대학교 건축공학과를 졸업하고 이로재와 아이아크에서 건축실무를 수련한 후 하바드 서울시립대학교대학원에서 건축학 석사학위를 받고 SOM과 Tsao & McKown, KyuSungWoo Architects에서 Project Architect으로 실무를 하며 SCA를 설립하여 뉴욕과 서울을 중심으로 프로젝을 진행해왔다.

PROGRAM DIAGRAM

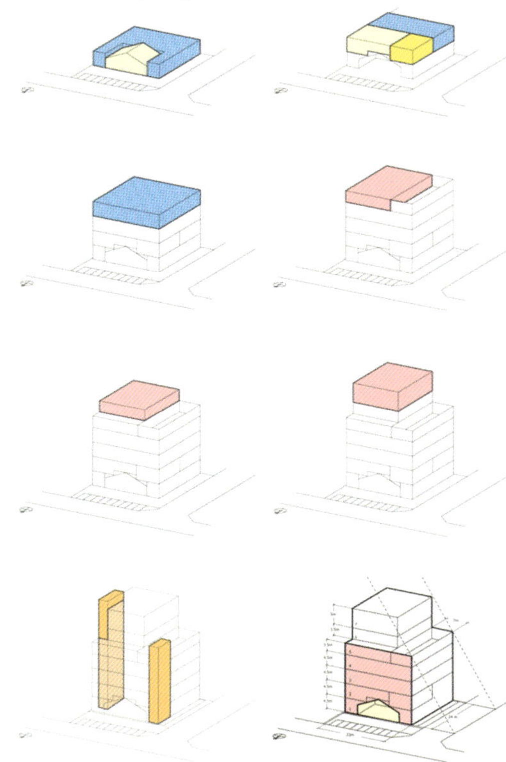

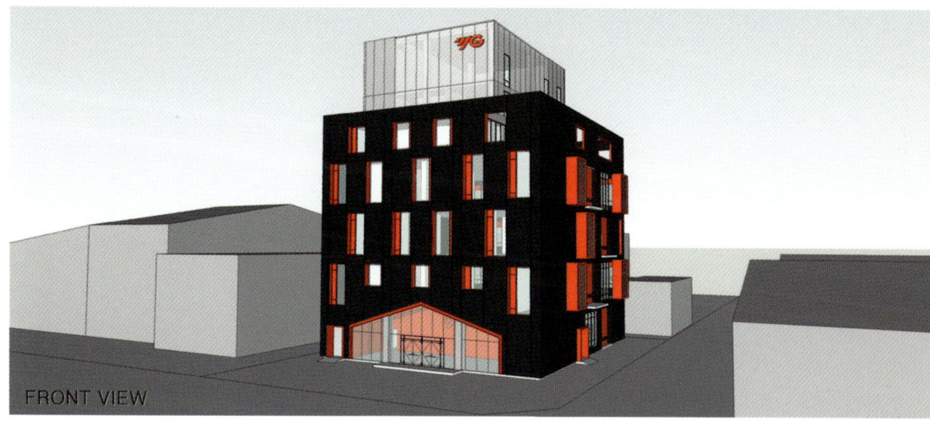


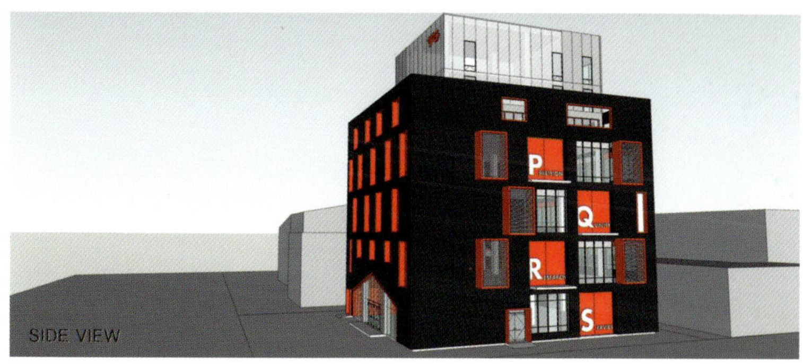


SECTION DIAGRAM

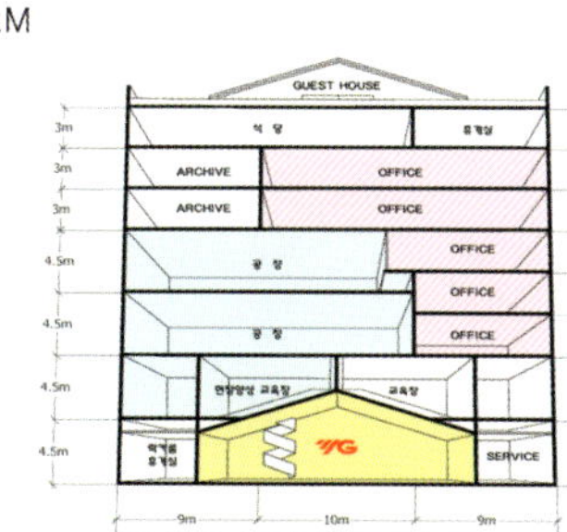


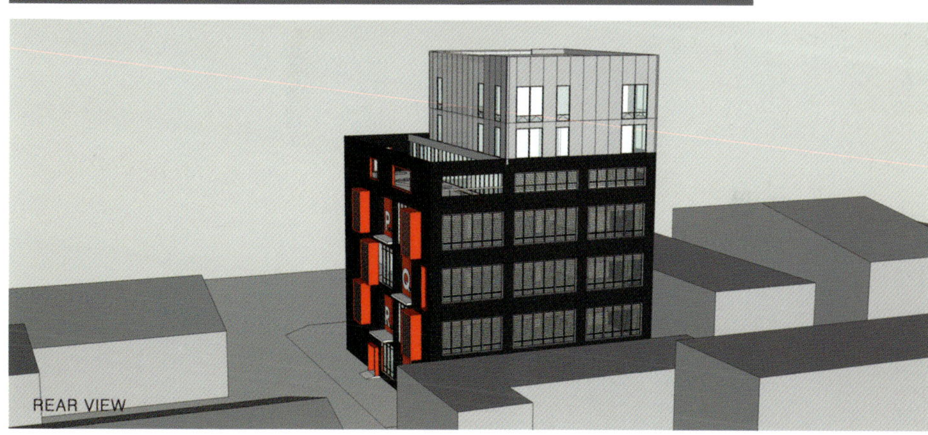


IDEA SKETCH

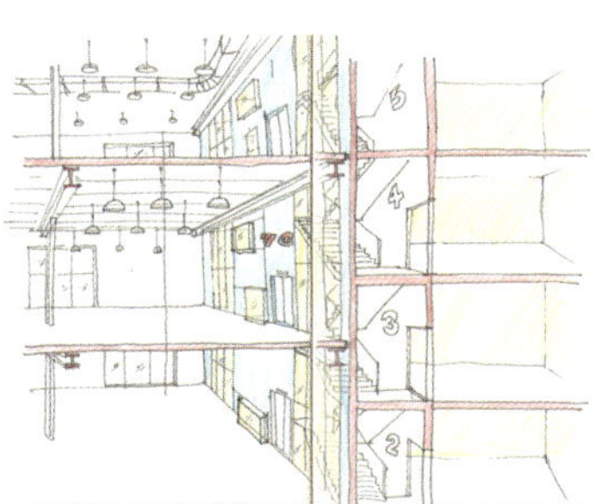

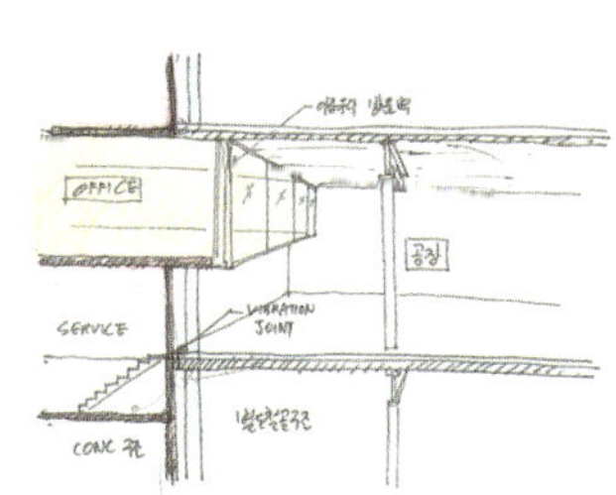

## 전원 속 도시형 상가주택
# "Urban Life in Nature"

| | |
|---|---|
| **대　　지** | 경기도 성남시 분당구 판교동 |
| **대지면적** | 257.4㎡ |
| **연 면 적** | 436.26㎡ |
| **건축면적** | 128.1㎡ |
| **용 적 율** | 119.72% (법정 120%) |
| **건 폐 율** | 49.77% (법정 50%) |
| **규　　모** | 지하 1층 지상 3층 |
| **건물높이** | 14.1 m |
| **주　　차** | 4대 |
| **외장마감** | 화강석, 벽돌, 노출콘크리트 |

전원 속 도시형 건축,
도시 속 전원, 정원, 녹지 공간, 쉼터.

대지의 북쪽, 건물의 뒤편으로는 산으로 둘러쌓여 있다.
대지의 남쪽, 건물의 앞쪽으로는 실개천이 흐른다.

대지는 전원에 있는데, 그곳에 사는 삶은 도시형 삶을 원한다.
대지와 남쪽으로 인접한 전면 도로는 동네의 메인도로이다.

도심 속 번화한 상가가 어울리는 대지.
건물은 녹지, 자연에 둘러쌓여 푸르러지고
전원의 일부가 되고자 한다.

자연 속 전원에 낯선 도시형 상가주택...
자연색 화강암, 노출콘크리트, Human Scale 적벽돌의 조화.

자연 전원 환경 속에, 도시형 상가주택 공간 속에,
인간의 도시형 생활이 어우러진다.

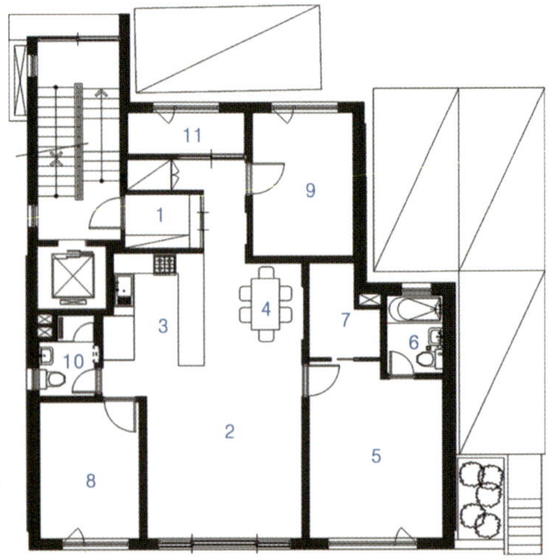


1 MAIN ENTRANCE
2 LIVING ROOM
3 KITCHEN
4 DINING ROOM
5 MASTER BEDROOM
6 MASTER BATH
7 DRESS ROOM
8 BEDROOM 1
9 BEDROOM 2
10 PUBLIC BATH
11 UTILITY

RESIDENCE UNIT PLAN

LOCATION

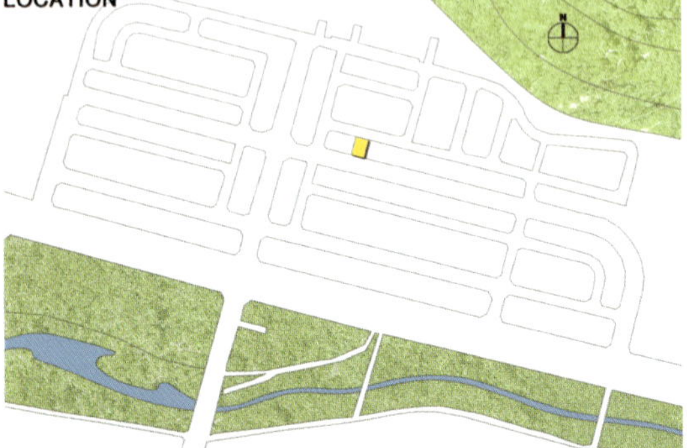

EXTERIOR MASS CONCEPT

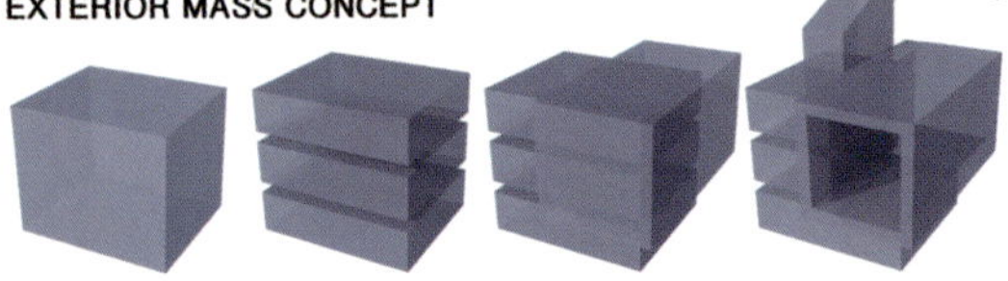


INTERIOR SPACE CONCEPT

PERSPECTIVE SOUTH

PERSPECTIVE EAST

PERSPECTIVE NORTH

PERSPECTIVE WEST

**최상헌 Choi Sang-Hun**
중앙대학교 건축학부 교수

서울대학교 건축학과 학사/석사/박사
(미) PRATT INSTITUTE 건축대학원 M.ARCH
(미) JOHANSEN & BHAVNANI ARCHITECTS
(미) HAMBRECHT & TERRELL INTERNATIONAL

부산 일신기독병원 건축 및 실내건축 디자인
서울대학교 분당병원 건축 및 단지계획 현상설계 참여
서울 역삼동 근린생활 빌딩 건축 및 실내건축 디자인
서울 광림교회 외부환경디자인 계획안
서울 회기동 오피스텔 및 근린생활시설 계획안
경기도 판교동 근린생활 빌딩 건축 및 실내건축 디자인

ROOF GARDEN

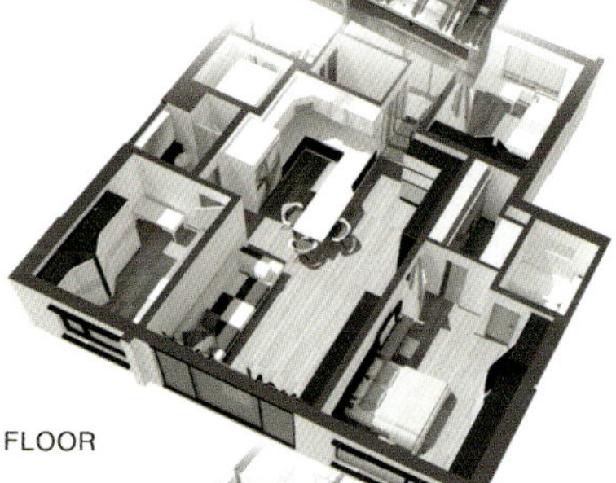
3rd FLOOR

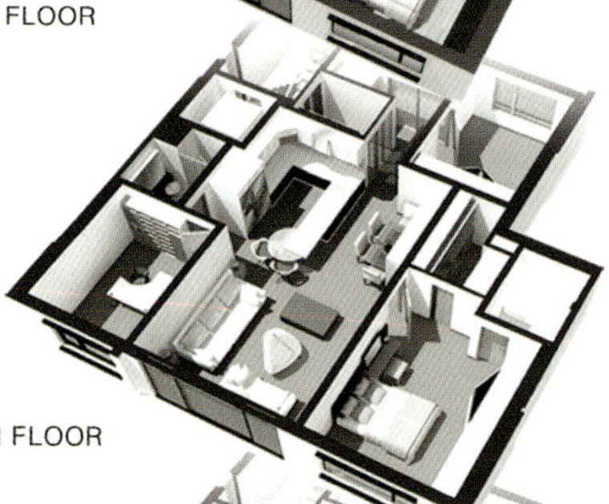
2nd FLOOR

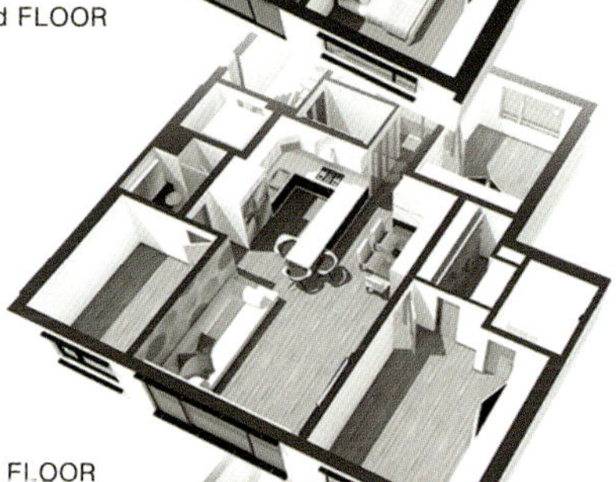
1st FLOOR

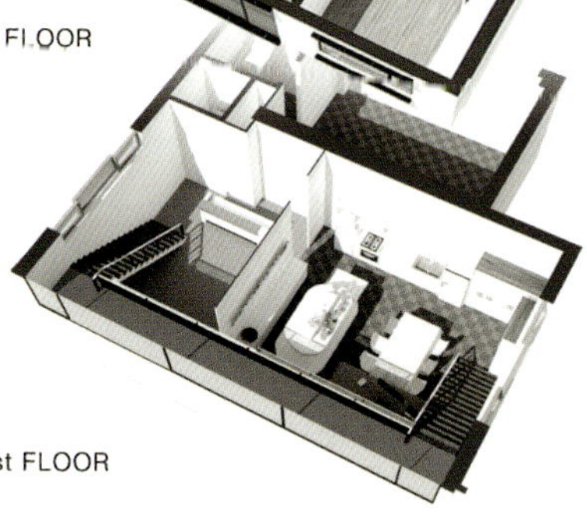
B1st FLOOR

INTERIOR IMAGES

SOUTH ELEVATION

EAST ELEVATION

NORTH ELEVATION

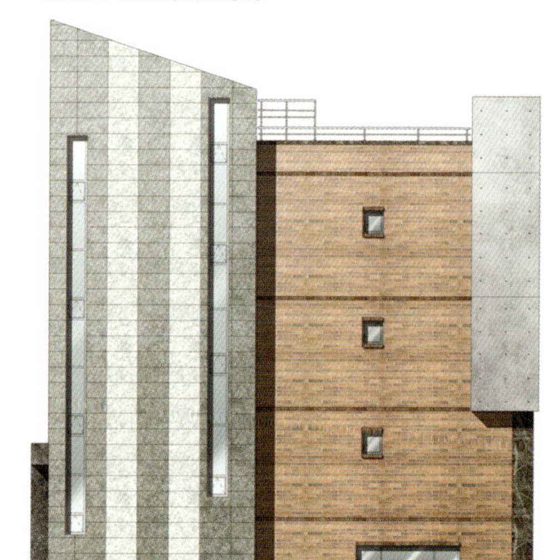
WEST ELEVATION

서울대학교 유전공학연구소 증축 공사 현상설계

# Inter-Weaving Void

대지 서울시 관악구 신림동 산56-1번지
대지면적 3,895,659.00㎡
연면적 3,353.40㎡
건축면적 928.80㎡
규모 지상5층, 지하2층
건물높이 27.07m
주차 17대

## 설계 개요

I 건축개요 및 시설 면적표

| | | | |
|---|---|---|---|
| | 사업명 | | 서울대학교 유전공학연구소 증축공사 |
| | 대지위치 | | 서울시 관악구 신림동 산56-1번지 |
| | 도시계획사항 | | 자연녹지지역/학교시설용지 |
| | 대지면적 | | 3,895,659.00㎡ |
| | 건축면적 | | 928.80㎡ |
| 건물개요 | 연면적 | 전체 | 3,353.40㎡ |
| | | 지하층 | 678.50㎡ |
| | | 지상층 | 2,662.3㎡ |
| | 구조 | | 철근 콘크리트 조 |
| | 층수 | | 지하 2층 / 지상 5층 |
| | 최고높이 | | 23.07m |
| 주차개요 | 계 | | 17대(장애인주차1대포함) |

## 배치 개념

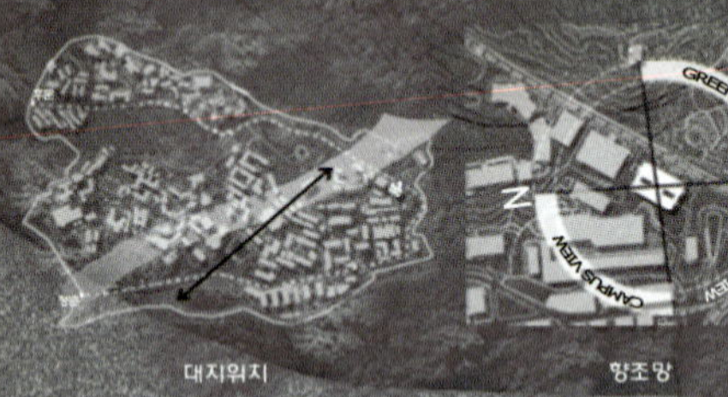


대지위치 향조망

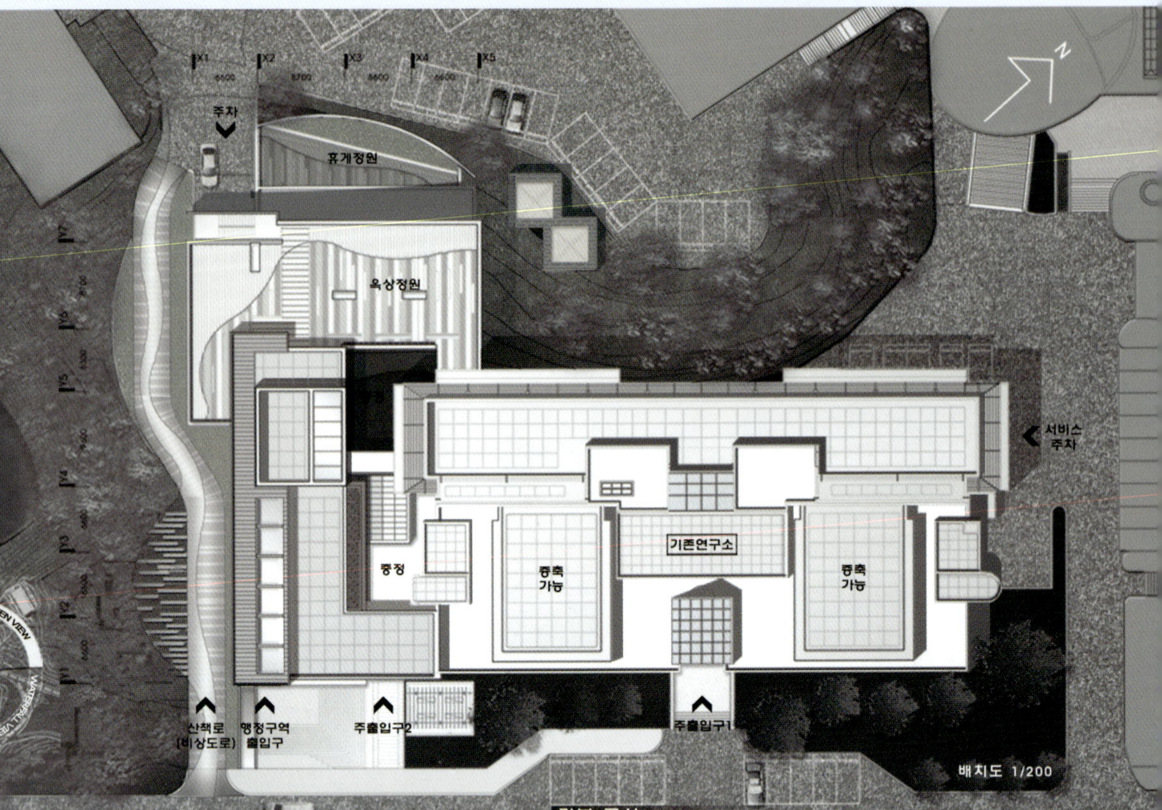


배치도 1/200

## 매스 개념

## 기본 구상

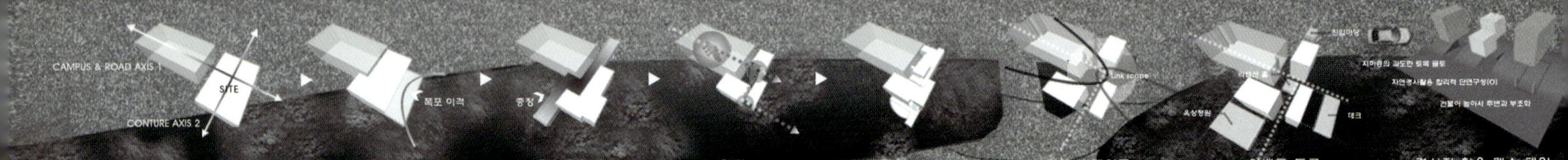


기본 매스 컨텍스트 전이공간 연결 종합 링크 스케이프 이벤트 통로 경사지 활용 매스 대안

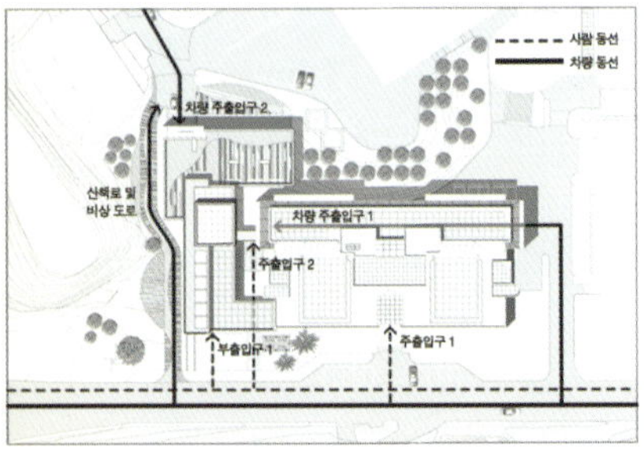


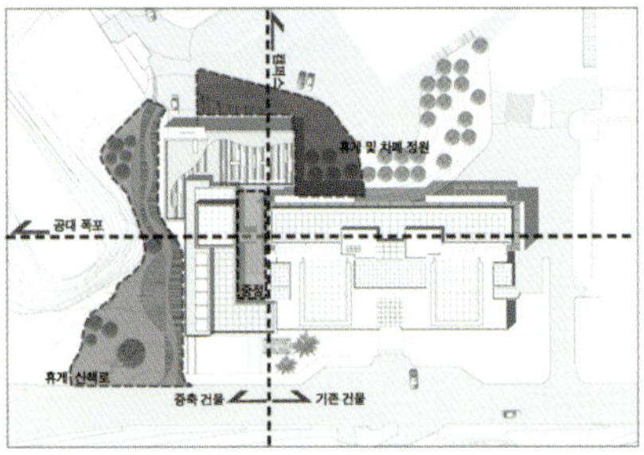


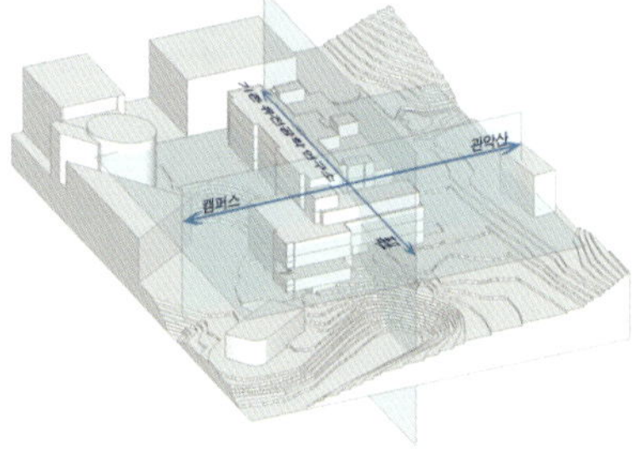


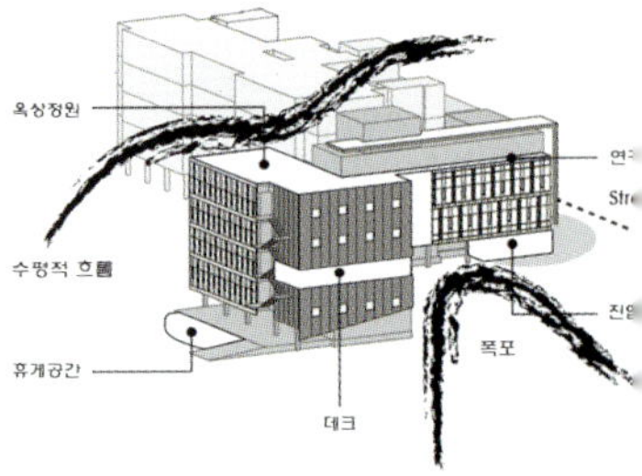

대지종단면도 1/500

대지횡단면도 1/500

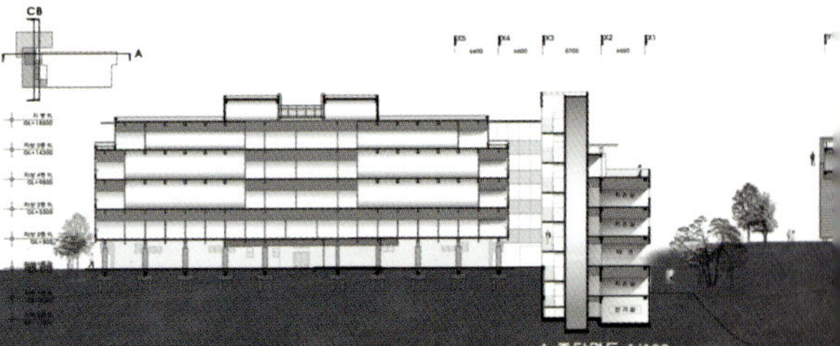

A.종단면도 1/300

최성우 Choi, Sung Woo
강원대학교(춘천) 건축학과 조교수

과거의 기억 속 풍경에서 새로운 건물을 계획할 때 기존 환경과의 충돌을 고민하게 되며 익숙한 장소성을 구현하고 새로운 프로그램을 수용하고자 한다. 본 계획은 보행 축에서 접근하며 비워지는 공공영역, 즉 '비움(void)' 이 계획의 출발점이다. 자연을 감상하고 체험하는 환경적 공간의 유입 지향함으로서 interweaving void는 대지와 건축사이의 소통을 유도한다. 인간과 자연의 경계(edge)에서 두 영역을 엮어주는 void는 내외부와의 입체적 관계성을 만들어내어, 자연과 프로그램들을 소통시켜주는 움직임과 시선을 만들어낼 것이다. 인간과 자연, 인간과 프로그램, 프로그램과 프로그램, 즉, 주변의 환경과 프로그램을 연계하고 '엮어나가는' interweaving void로 소통하는 건축, 낯섦(Unfamiliar)을 새로운 익숙함(New Familiar)으로 유도하는 건축을 기대한다.

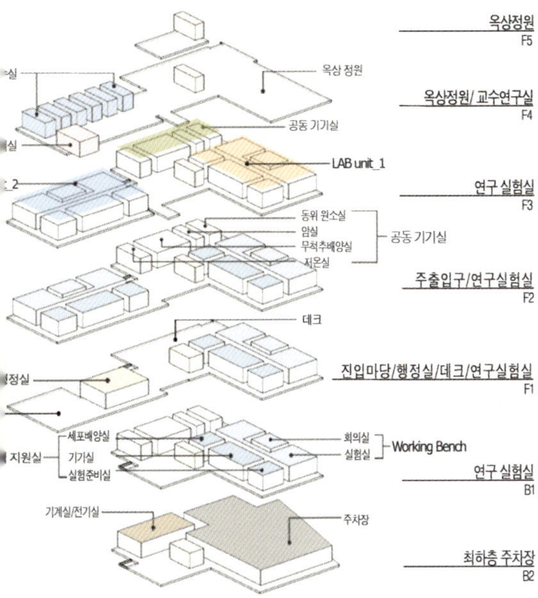

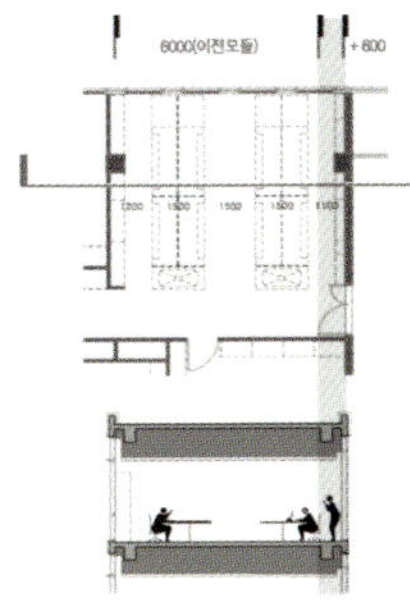

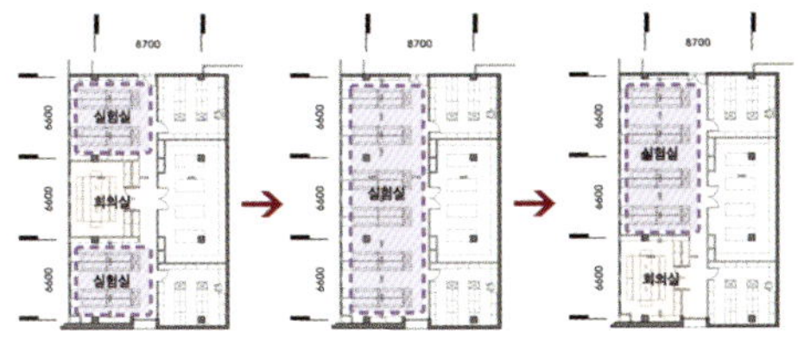

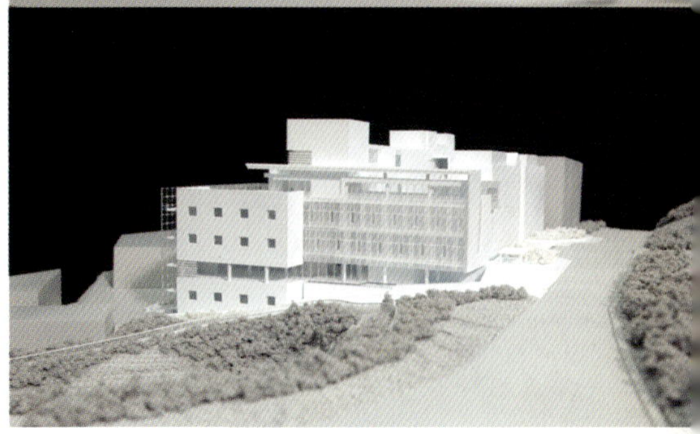

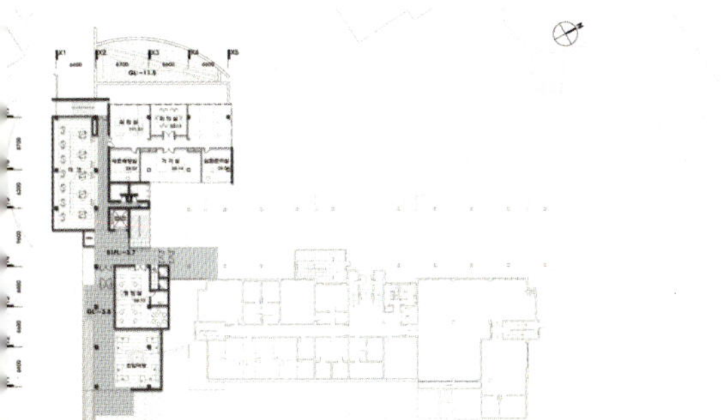

지상1층평면도 1/300

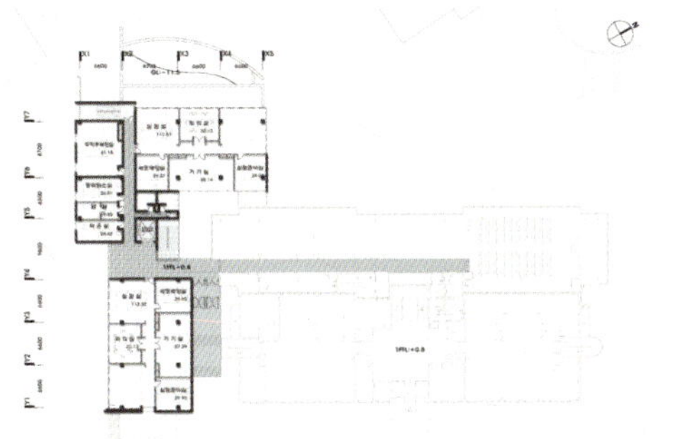

지상2층평면도 1/300

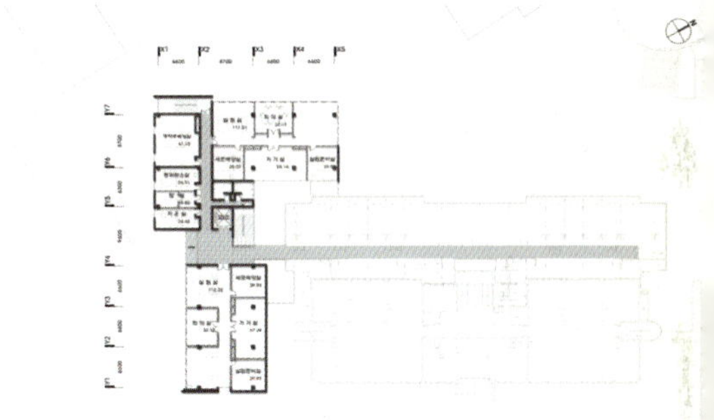

지상3층평면도 1/300

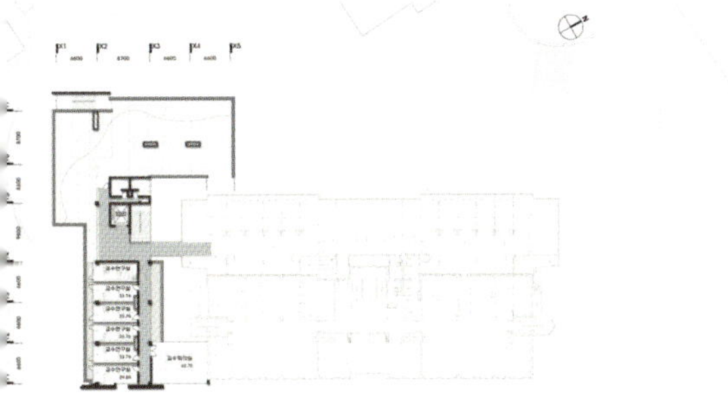

지상4층평면도 1/300

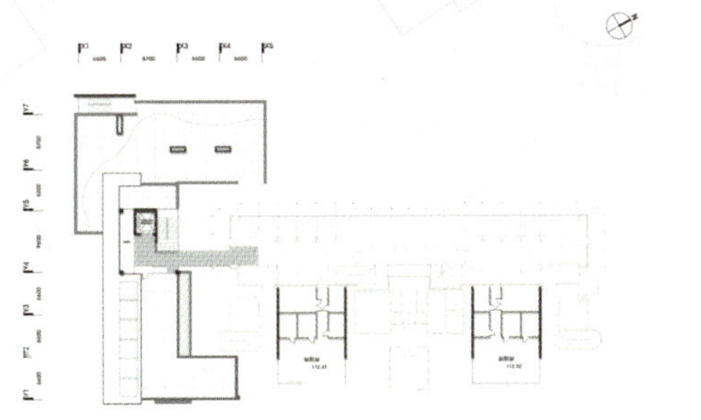

지상5층평면도 1/300

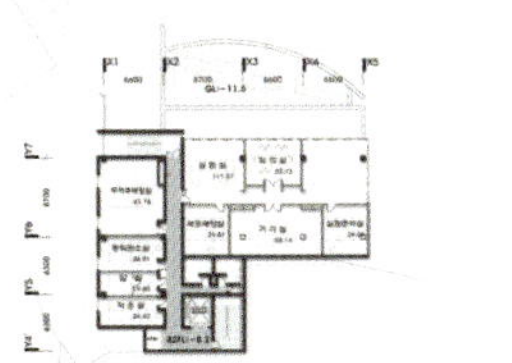

지하1층평면도 1/300

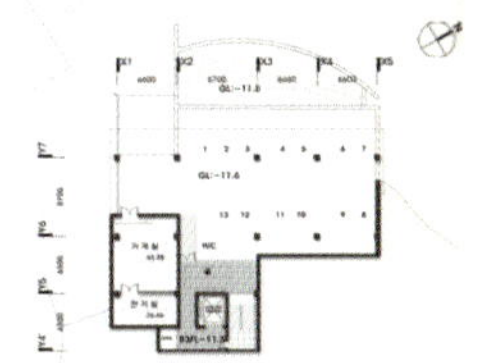

지하2층평면도 1/300

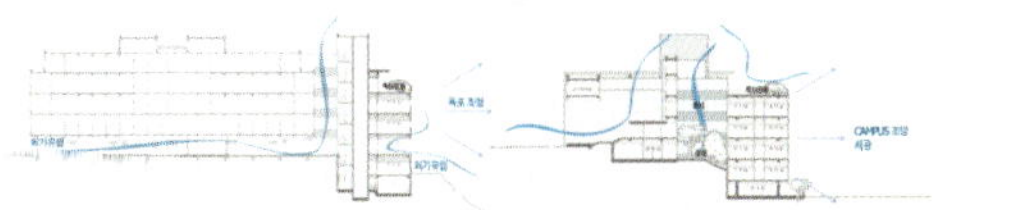

B.횡단면도-1 1/300　C.횡단면도-2 1/300　남측면도 1/300　동측면도 1/300　서측면도 1/300　북측면도 1/300

지속가능한 발전(Sustainable development)을 위한 공공디자인

# 친환경 공공화장실 계획안

*"흔히 오브제로서 희화화 되거나 구태의연한 디자인으로 간주되는 공중화장실이 건축적 공간 개념으로 이해될 수는 없는 것인가?*
*개성적이면서도 주변 건축물과 환경에 잘 어울려지도록 계획되어질 수 없는 것인가? "*

공공적인 것과 사적인 것, 남성과 여성이 구별되는 원초적 건축공간으로서의 공공 화장실 디자인은 개성적이면서도 주변 건축물과 환경에 잘 어울려지도록 계획되어져야 하며, 사회구성원 모두에게 편안하고 쾌적한 환경을 제공하는 공공시설물이어야 한다.

지역의 문화적 특성과 정체성을 표출하고, 기존 자연경관과 또는 주변 시설물과의 조화와 균형을 유지해야 하며, 화장실 고유의 기능적 측면과 사용자의 편의성을 포괄하는 기능을 갖추어야 한다.

시민 모두 안전하고 평등하게 사용할 수 있는 공간으로서 일관성 있는 이미지와 주변경관과 조화를 이룰 수 있는 새로운 공공화장실의 유형은 단순한 디자인을 넘어 공공공간의 본질에 대한 논의의 가능성을 제시한 프로젝트로 발전시켜야만 한다.

인간의 기본적인 욕구를 해결하는 원초적인 공간인 화장실을 하나의 문화나 건축적 공간 개념으로 이해하는 이러한 접근방식은 우리가 익숙하지만 낯설게 만들어야 하는 건축적 의도의 또 다른 표현 이유이기도 하다.

보편적(Universal) 디자인

- 모듈화로 설치와 유지/보수 편리
- 주변 환경과 조화되는 디자인
- 인간 친화적 재료의 사용
- 인지가 용이한 명료한 디자인

**친환경적(eco-friendly) 디자인**

- 태양열 차단
  : 브리즈 솔레유(Brise soleil)
- 자연 환기 시스템
- 우수의 재활용
  : 거울못

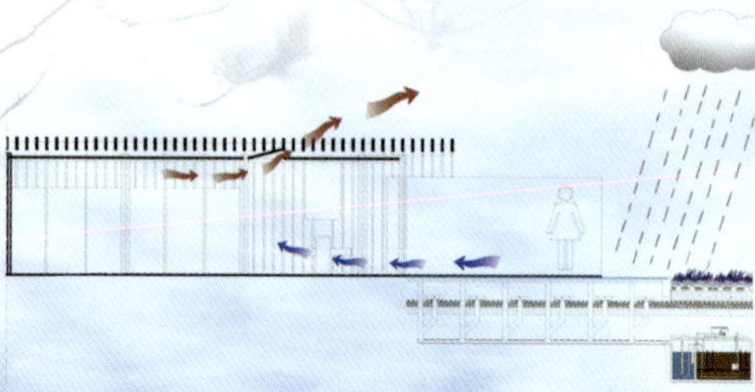

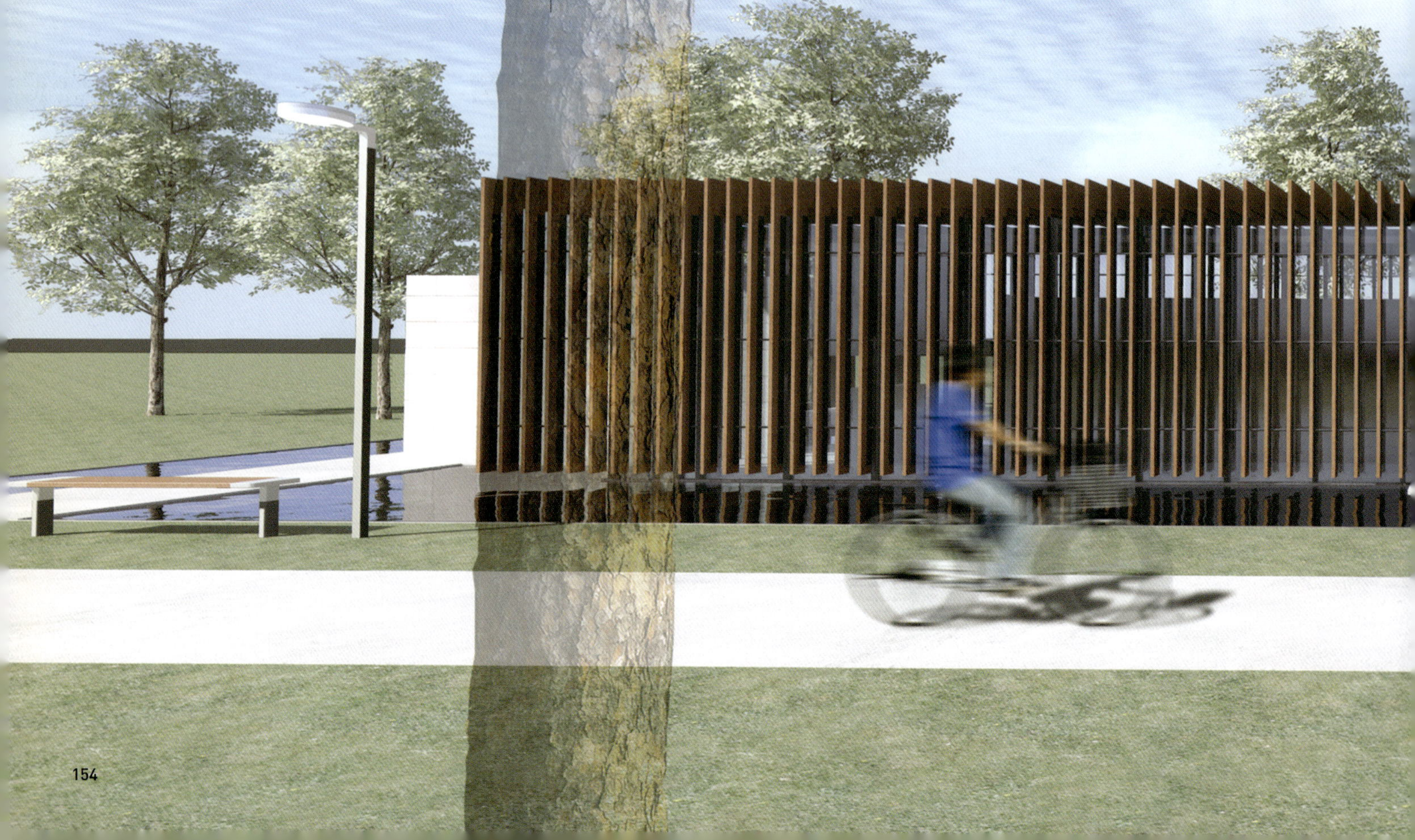

**최 유 종 CHOI Yu-Jong**
충북대학교 건축학과 조교수

프랑스 마르느 라 발레 건축대학(L'ecole d'architecture de la ville & des territoires à Marne-la-Vallée)에서 프랑스 공인건축사(DPLG, 2002). 프랑스 파리 벨빌(Paris-belleville) 건축대학에서 박사준비과정(DEA,2000), 프랑스 낭시(Nancy) 건축대학에서 건축전문학위(DESS,1999)를 취득하고 프랑스 장미셀 빌모트(Jean-Michelle Wilmotte) 건축사무소에서 근무(2000-2009)하면서 LVMH사옥, 권진규미술관, 판교집합주거, 인천공항 여객 터미널 환경 및 실내디자인 등 다수의 프로젝트를 이끌었으며 2009년부터 충북대학교에 재직중이다. 김종영미술관 사미루(2010), 스바루 자동차 청담 전시장(2009), 양평주택(2009), 가평주택(2008), 장흥조각아틀리에(2006)등의 건축 설계작업을 통한 개인 작품 활동을 꾸준히 하고 있다.

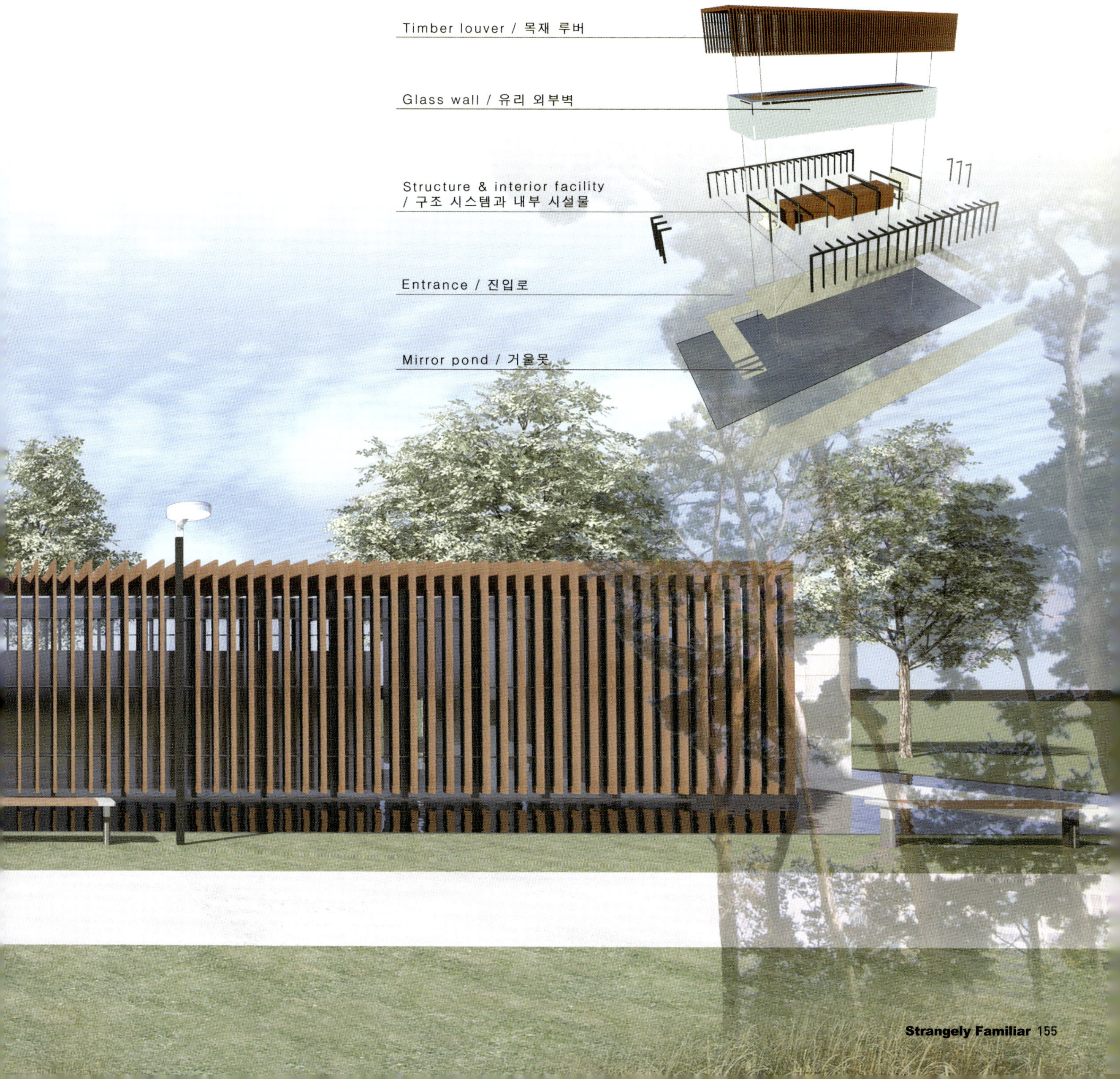

Renovation for an old dental clinic

# 새 옷 입히기

실내건축의 주요한 장르 중 하나가 [illegible] 다.

이 작업을 통해서 이루어지는 것들은 '익숙한 맥락에 덧입혀지는, 낯선 새로움' 이다. 만약에 사용자들에게 너무나 오랫동안 익숙해져 온 어떤 환경을 새롭게 재구축한다면, 기존의 맥락을 존중하면서 대중적으로 친숙한 어휘들을 사용하되 새로운 이야기를 구성하는 것이 어쩌면 더 호소력 있는 결과를 가져올 수 있을지 모른다.

건축의 이상은 결국 사람들을 위한 공간을 제공하는 것에 있어야 하는 것이다.

서울 강북의 오래된 동네, 지은 지 30년이 훌쩍 넘은 건물에 개원한 지 50년이 넘은 치과의원이 있었다. 동네 치과의원으로 신뢰는 높았지만 최근 의료기기와 서비스의 발달을 수요하기에는 많이 부족한 공간 환경이었다.

기존의 공간은 주 출입구로, 엘리베이터홀과 계단실에 면한 비상구 하나만 있을 뿐, 좌우로 길쭉한 장방형의 공간이다. 리노베이션을 거쳐 기존의 복도형 공간형태는, 중첩된 평아치로 원근법적으로 지각되는 리셉션 공간을 중심으로 의사실 매스와 부속실 매스가 관입된 공간형태로 치환되었다. X자 동선체계가 만들어 내는 효율성은 소수의 인력으로 운영하는 이 치과의원의 특성을 반영한 것이다. 주철제 래이디에이터와 스탠드형 에어콘은 각각 수납장과 그릴로 기능과 의장 효과를 더하였다. 색채와 마감재료, 그리고 다른 조형요소들은 모두 건축적으로 그다지 새로울 것은 없을 수도 있는 것들이다. 그런데 재개원을 하고 나니 내원하는 환자들이 모두 새로운 치과의원이 개원한 줄 알았다는 이야기들을 한다고 한다. 하지만 편안한 느낌만은 여전하다고 한다.

'쉬운 건축' 도 나름의 가치가 있다고 생각하게 하는 증언이다.

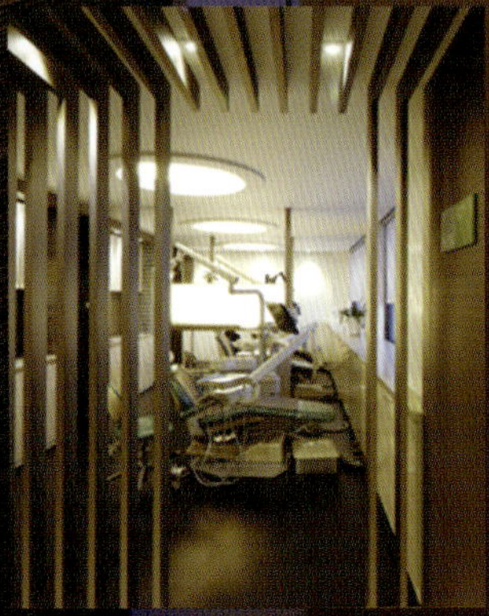

한동욱 Han, Dong - wook
남서울대학교 건축학과 교수

# 한국건축설계교수회 10년 2002~2012

## 1. 설립취지

본회는 건축교육에 참여하는 설계교수들의 교육, 실무 및 관련 연구 활동을 지원하고, 회원 상호간의 친목과 협력을 도모함으로써 건축문화 창달에 기여함을 목적으로 하며, 다음과 같은 사업을 한다.

### (1) 교육프로그램 개발사업

**1) 정기적인 회의**

설계교육에 관한 논문 등을 발표할 수 있는 정기적인 모임의 장을 마련한다. 스튜디오프로젝트의 구성과 교육적 성과, 설계교육방법론을 함께 나눌 수 있는 모임으로 하며 건축학교육의 정립과 더불어 건축학교육에서 절대적인 위상을 차지하게 될 설계스튜디오 교육의 질을 향상하기 위한 토론의 장으로 삼는다.

**2) 정기적인 워크샵 및 설계교수 훈련과정**

학생을 대상으로 한 새로운 설계교수법의 시도가 가능하도록 파이롯 스터디의 성격을 띤 워크샵을 정례화 한다. 또한 이에 대한 준비과정으로서의 모임부터 교육적 성과를 논할 수 있는 모임까지 새로운 교육방법론에 대한 토론과 결과에 대한 집필이 가능한 이벤트를 모색한다.

**3) 설계교육과 관련된 다양한 요구를 수용할 수 있는 교육프로그램들을 개발한다.**

### (2) 연구활동

**1) 설계와 관련된 연구프로젝트의 수행**

현재 한국의 건축계가 당면한 문제의식을 기반으로 건축설계와 관련된 사회의 제 문제를 개선할 수 있는 제도를 마련한다.

**2) 건축설계, 단지설계, 컴퓨터설계 등의 설계프로젝트 수행**

### (3) 전시/발표활동

**1) 건축교육에 관련된 학술저널과 설계작품집 발간작업**

설계교육과 관련된 논문을 정기적으로 실을 수 있는 논문집을 발간한다. 또한 정기 또는 부정기 전시회를 통한 설계교수들의 작품과 작업을 작품집으로 발간한다.

**2) 교수작품전시회 개최**

설계교수들에게 그들의 건축적 사고와 행위에 대한 작품을 전시하고 발표할 수 있는 기회를 제공한다. 이는 설계교수의 자질이 단지 교육자로서 뿐만 아니라 현실적 실천자로서 또는 창작적인 예술가로서의 전문성을 홍보하는 데 있다.

### (4) 특별활동

1) 실무/교육 연계 활성화 사업
2) 교수업적평가방법 개발 사업
3) 교육프로그램 인증 사업

## 2. 건축설계교수회 연혁

### 2002

| | |
|---|---|
| 04. 13 | 건축설계교수협의회 창립총회(대한건축학회 대회의실) |
| 06. 28~29 | 건축설계교수협의회 워크샵(보광 피닉스 파크) |
| 12. 11~17 | 건축설계교수협의회 창립 교수설계작품전 및 심포지움(대한건축사협회 1층 전시실) |

### 2003

| | |
|---|---|
| 06. 20 | 《교수건축가 작품집 (2002-2003)》 발간 |
| 06. 28 | 제2회 정기총회 및 분임토의, 프로젝트 세미나(한양대학교 신소재공학관) |
| 09. 27 | '건축설계교수회' 로 개칭 |
| 10. 01 | e-News 창간 |
| 11. 01 | 정기세미나(연세대학교) |
| 12. 13 | 정기세미나(경희대학교 건축조경전문대학원) |
| 12. 20 | 《설계스튜디오 리뷰 01》 발간 |

### 2004

| | |
|---|---|
| 03. 06 | 정기세미나(세종대학교) |
| 05. 01 | 정기세미나(고려대학교) |
| 05. 21 | 《2004 교수건축가 작품집》 발간 |
| 05. 21~26 | 제3회 정기총회 / 제2회 교수건축가 작품전시회 및 세미나(홍익대 대학로 캠퍼스(구 디자인포장센터 2층)) |
| 10. 23 | 정기세미나(홍익대학교) |
| 12. 11 | 정기세미나(명지대학교) |

## 2005

| | |
|---|---|
| 02. 26 | 정기세미나(동국대학교) |
| 04. 30 | 정기세미나(단국대학교) |
| 06. 08~14 | 제4회 정기총회 / 2005 건축설계교수회 작품전 및 세미나(인사동 토포하우스) |
| 06. 10 | 《2005 교수건축가 작품집 및 설계강의노트(통합본)》 발간 |
| 09. 03 | 정기세미나(건국대학교) |

## 2006

| | |
|---|---|
| 04. 14 | 정기세미나(중앙대학교) |
| 05. 15 | 건축설계교수회 공식 홈페이지 오픈(www.ssdf.or.kr) |
| 06. 01 | 《2006 건축설계교수 초대작품집》 발간 |
| 06. 01~07 | 제5회 정기총회 / 2006 건축설계교수 초대작품전 및 세미나(쇳대박물관) |
| 08. 04~07 | 일본주거환경 견학 및 세미나-타마, 세타가야 |
| 09.~10 | 하우징 리뷰 집필 관련 은평, 판교 턴키설계안 세미나(4회 실시) |

## 2007

| | |
|---|---|
| 04. | 성남시 수정구청에 출판사업자 등록 |
| 04. 14 | 정기세미나(경원대 새롬관) |
| 05. 31 | 《하우징 리뷰 은평, 성남판교》 발간 |
| 06. 09 | 《2007 건축설계교수 작품집》 발간 |
| 06. 09~14 | 제6회 정기총회 / 2007 건축설계교수 초대전 및 세미나(평창동 서울옥션센터) |
| 07. 24 | 공공청사 리뷰 워크샵(공간사옥) |
| 08. 19~22 | 해외건축답사-도쿄, 사이타마 일대 |
| 11. 23 | 2008 경기문화재단 문화예술지원금 지원신청 |

## 2008

| | |
|---|---|
| 01. 28~02. 08 | 해외건축답사-북인도 일대 |
| 05. 03~10 | 제7회 정기총회 / 2008 건축설계교수 초대전 및 세미나(푸르지오 밸리) |
| 05. 13~25 | 블라디보스톡 건축비엔날레 참가 - "ARCHidea-2008" |
| 05. 15 | 《2008 건축설계교수 작품집》 발간 |
| 08. 23 | 정기세미나(이화여대 ECC센터 142호) |
| 10. 24 | 건축설계교수회 법인화 완료, 문화체육관광부로부터 사단법인허가증 수령 |

11. 01　정기세미나 및 법인창립기념 학술토론회(단국대학교 죽전캠퍼스 법경관)
12. 03　단체고유번호 수령

## 2009

03. 14　정기세미나(금호 Kring)
04. 09　(사)한국공간디자인단체총연합회 가입
04. 23　《2008년 Vladivostok Russia 작품집》 발간
05. 23　《2009 건축설계교수 초대작품집》 발간
05. 23~29　제8회 정기총회 / 2009 건축설계교수 초대작품전 및 세미나(푸르지오 밸리)
07. 14~21　북유럽 건축기행
10. 17　2009년 가을 심포지엄(코엑스 컨퍼런스 룸)
12. 05　정기세미나 및 2009년 송년의 밤(푸르지오 밸리)

## 2010

03. 13　정기세미나(대한건축학회 세미나실)
05. 14　《2010 건축설계교수 초대작품집》 발간
05. 14~19　제9회 정기총회 / 2010 건축설계교수 초대작품전 및 세미나(푸르지오 밸리)
07. 08~16　동 · 서유럽 건축기행
09. 11　정기세미나(대림주택문화관)
12. 11　건축설계교수회 발전방향논의 및 2010년 송년의 밤(대림주택문화관)

## 2011

03. 26　정기세미나 및 견학(경원대학교 비젼타워)
05. 16　《2011 한국건축설계교수 초대작품집》, 《회원명부》 발간
05. 16~21　제10회 정기총회 / 2011 건축설계교수 초대작품전 및 세미나(부띠끄 모나코 미술관)
07. 01　2011 한국건축신인전 작품 접수
08. 24　2011 한국건축신인전 공개토론회 및 결과발표(한양대학교 제2공학관)
10. 10~15　2011 한국공간디자인 문화제_ 2011 한국건축신인전 전시회(동대문역사문화공원 이벤트 홀)
10. 12　정기세미나(동대문역사문화공원 홍보관)
12. 10　2011 송년회(세종원)

## 2012

04. 07 정기세미나_ 창립 10주년 기념 연속세미나 시리즈1(홍익대 홍문관 720호)

# 3. 주요활동과 사업

## (1) 전시회

**건축설계교수협의회 창립 교수설계작품전**

주제 : 건축의 경계를 넘어서 Architecture Beyond Boundary

일시 : 2002년 12월 11일 ~ 17일

장소 : 대한건축사협회 1층 전시실

**제2회 교수건축가 작품전시회**

주제 : 건축설계의 현실을 넘어서 Architecture Design Boundary Beyond Reality

일시 : 2004년 5월 21일 ~ 26일

장소 : 홍익대 대학로 캠퍼스(구 디자인포장센터 2층)

**2005 건축설계교수회 작품전**

주제 : 건축의 이미지를 넘어서 Architecture Beyond Image

일시 : 2005년 6월 8일 ~ 14일

장소 : 토포하우스 갤러리(인사동)

**2006 건축설계교수 초대전**

주제 : 도시와 지형학 Urban Topology

일시 : 2006년 6월 1일 ~ 7일

장소 : 쇳대박물관(동숭동)

**2007 건축설계교수 초내진**

주제 : 건축경관 Archiscape

일시 : 2007년 6월 9일 ~ 14일

장소 : 서울옥션센터

**2008 건축설계교수 초대전**

주제 : 공공건축 Ontology

일시 : 2008년 5월 3일 ~ 10일

장소 : 푸르지오 밸리

**ARCHidea 2008 Biennale Vladivostok, Russia**

일시 : 2008년 5월 13일 ~ 25일

장소 : Vladivostok, Russia

**2009 건축설계교수 초대작품전**

주제 : 건축의 공공성-지속가능성 Sustainability

일시 : 2009년 5월 23일 ~ 29일

장소 : 푸르지오 밸리

**2010 건축설계교수 초대작품전**

주제 : PUBLIC ARCHITECTURE

일시 : 2010년 5월 14일 ~ 19일

장소 : 푸르지오 밸리

**2011 한국건축설계교수 초대작품전**

주제 : 경계상황 BORDER CONDITION

일시 : 2011년 5월 16일 ~ 21일

장소 : 부띠끄모나코 미술관

**2011 한국공간디자인 문화제 _ 2011 한국건축신인전**

일시 : 2011년 10월 10일 ~ 15일

장소 : 동대문역사문화공원 이벤트 홀

## (2) 세미나

2002. 04. 13

**건축설계교수협의회 창립 특강**

장소 : 대한건축학회 대회의실

건축설계교육 : 체험과 교육관 / 원정수(인하대학교 명예교수, 간삼건축 고문)

2002. 06. 28~29

**건축설계교수회 워크샵**

장소 : 보광 피닉스 파크

1. 건축설계스튜디오 과제물과 건축설계교육 기준/ 이선영(서울시립대 교수)
2. 건축설계 담당교수 연구실적 평가 / 장림종(연세대 교수)

2002. 12. 14

**심포지엄**

장소 : 대한건축사협회 1층 전시실

주제 : 건축의 경계

2003. 06. 28

**프로젝트 세미나**

장소 : 한양대학교 신소재공학관

1. 주상복합아파트 캐슬 IVY 외 1 / 김우영(성균관대 교수)
2. 서울시청 광장/ 서현(한양대 교수)

2003. 11. 01

**정기세미나**

장소 : 연세대학교

연세대학교 2. 3학년을 사례로 한 설계교육 내용과 방법/ 장림종, 민선주(연세대 교수)

2003. 12. 13

**정기세미나**

장소 : 경희대학교 수원캠퍼스 건축조경전문대학원 시청각실

1. 경희대학교의 교과과정 / 조대희(경희대 교수)
2. 와세다 대학의 교과과정 및 UNESCO-UIA Validation System과정 / 후루야 노부아키(와세다대 교수)

2004. 03. 06

**정기세미나**

장소 : 세종대학교 충무관 205호

1. 독일의 건축교육 / Christiane Bunderlich(세종대 교수)
2. 세종대학교 건축학과 교육과 미국 Syracuse University Curriculum의 비교 / 심재현(세종대 교수)

2004. 05. 01

**정기세미나**

장소 : 고려대학교 자연계캠퍼스 공학관 362호

1. 고려대학교 Curriculum 소개 및 2학년 설계 강의 / 김광배(고려대 교수)
2. 열린 Process를 통한 디자인 / 여영호(고려대 교수)

2004. 05. 21

**세미나**

장소 : 홍익대 대학로 캠퍼스(구 디자인포장센터 2층)

주제 : 건축설계의 현실을 넘어서

1. 도구적 존재로서의 건축 : 아이디어와 구축 사이 / 김낙중(건국대 교수)
2. 한칸의 미학_ 보기방식 / 이강훈(충북대 교수)
3. 건축에서의 시 · 공간과 '건축적 산책' / 이관석(한남대 교수)

2004. 10. 23

**정기세미나**

장소 : 홍익대학교 인문관 208호

1. 홍익대학교 건축교육 프로그램 소개 / 이영수(홍익대 교수)
2. 건축학과 5년제 현황 및 시행과정 소개 / 최재희(홍익대 교수)

2004. 12. 11

**정기세미나**

장소 : 명지대학교 방목기념관

1. 건축교육의 혁신적 방안 / 김석철(명지대 건축대학장)
2. 명지대학교 건축교육프로그램 특성화 사업 소개 / 박인석(명지대 교수)
3. 최근 미국의 건축교육인증실사 참관기 / 이준석(명지대 교수)

2005. 02. 26

**정기세미나**

장소 : 동국대학교 원흥관 606호

1. 공학교육인증을 통한 건축공학교육의 변화 / 이재섭(동국대 교수)
2. 건축학인증을 위한 4+2 프로그램 / 이명식(동국대 교수)

2005. 04.30

**정기세미나**

장소 : 단국대학교 서관 1층

1. 단국대학교 건축학과 설계프로그램 소개-2학년 1학기 / 이재훈(단국대 교수)
2. 단국대학교 건축학과 설계프로그램 소개-3학년 1학기 / 성우철(단국대 교수)

2005. 06. 08

**세미나**

장소 : 토포하우스 갤러리(인사동)

주제 : Topos / 도시와 건축의 지형학

1. 기억의 켜(도시건축에 관한 10제) / 전진영(명지대 교수)
2. 대지와 건축_ anyscape / 박상현(원광대 교수)
3. 도시와 건축의 관계 맺기를 통한 공공성 회복 / 김의용(동명 정보대 교수)

2005. 09. 03

**정기세미나**

장소 : 건국대학교 공대 A동 1400호

1. 건국대학교 건축설계 교육과정 소개 / 주범(건국대 교수)
2. 건국대학교 건축전문대학원 스튜디오 교육소개 / 정태용(건국대 건축전문대학원 교수)

2006. 04.15

**정기세미나**

장소 : 중앙대학교 공과대학 제2공학관 1층 세미나실

1. 중앙대학교 건축학과 3, 4학년 설계 프로젝트 / 김인철(중앙대 교수)
2. 중앙대학교 건축학과 2학년 설계 프로젝트 / 최윤경(중앙대 교수)
3. 중앙대학교 건축학과 1학년 기초설계 / 전영훈(중앙대 교수)

2006. 06. 01

**세미나**

장소 : 쇳대박물관(동숭동)

주제 : Topos_ 도시와 건축의 지형학

1. 도시와 지형학 / 장윤규(국민대 교수)
2. 건축과 지형학 / Daniel Valle(서울시립대 교수)

2006. 09~10. **하우징 리뷰 출판 관련 은평, 판교 뉴타운 턴키설계안 세미나(4회)**
장소 : 무영건축, 단우건축 회의실

2007. 04. 14 **정기세미나**
장소 : 경원대학교 새롬관 233호
명지대학교 건축교육인증실사 준비과정 및 인증심사 / 이준석(명지대 교수)

2007. 06. 09 **세미나**
장소 : 서울옥션센터
Cubic Croquis / 구승민(스튜디오 구시노 대표)

2007. 07.24 **공공청사 리뷰 워크샵**
장소 : 공간건축 소극장
1. 이상림(공간 종합건축사사무소 대표)
2. 요꼬야마 카츠키(일본 여자미술대학 예술디자인학부 교수)

2008. 05. 03 **세미나**
장소 : 푸르지오 밸리
공공건축과 도시의 아우라 / 이종관(성균관대 철학과 교수)

2008. 08. 23 **정기세미나**
장소 : 이화여자대학교 ECC센터 142호
1. ECC(Ewha Campus Complex, Dominique Perrault 설계) 친환경계획에 대한 설명회
2. 환경친화 설계스튜디오에 대한 발표 / 이선영(서울시립대 교수)
3. 이화여자대학교 건축교육 프로그램 소개

2008. 11. 01 **정기세미나**
장소 : 단국대학교 죽전캠퍼스 법경관 209호
1. 디지털 스튜디오 / 김찬중(경희대 교수)
2. BIM / 정태승(오토데스크 코리아 부장)

| | |
|---|---|
| 2008. 11. 01 | **법인창립기념 학술토론회**<br>장소 : 단국대학교 죽전캠퍼스 법경관 209호<br>주제 : 공공건축물 디자인을 위한 턴키제도의 개선방향<br>1. 턴키제도의 목적과 성과 / 김재준(한양대 교수)<br>2. 디자인분야에서 턴키제도의 한계 / 함인선(건원건축 대표)<br>토론 : 김형우(홍익대 교수), 백문기(공간종합건축사사무소 사장), 이영(경원대 교수), 이영수(홍익대 교수), 최철(한화건설 상무), 이선영(서울시립대 교수) |
| 2009. 03. 14 | **정기세미나**<br>장소 : 금호 Kring<br>1. 금호 Kring 소개 및 투어 / 장윤규(국민대 교수)<br>2. 디지털 스튜디오 / 박정대(호서대 교수)<br>3. 공간디자인 마케팅 / 박성신(대우건설 차장) |
| 2009. 05. 23 | **세미나**<br>장소 : 푸르지오 밸리<br>"계속되는 변화가 지속되는 문화의 모습이다" / 유걸(아이아크 대표)<br>토론 : 김광현(서울대 교수), 이종건(경기대 교수) |
| 2009. 10. 17 | **2009년도 가을 심포지엄**<br>장소 : 코엑스 컨퍼런스룸 남-403호<br>주제 : 키워드를 통해 본 설계스튜디오<br>발제 : 설계스튜디오의 다양성 / 이영(경원대 교수)<br>스튜디오 사례발표 :<br>1. Re-creation(홍익대 1학년) / 김주원(홍익대 교수)<br>2. 원형과 변형(영남대 2학년) / 구본덕(영남대 교수)<br>3. 물성/제작성(이화여대 2학년) / 김광수(이화여대 교수)<br>4. 관계(인하대 3학년) / 구영민(인하대 교수)<br>5. Tectonic(서울시립대 4학년) / 조남호(서울시립대 교수)<br>6. Consistency(건국대 건축전문대학원) / 김낙중(건국대 건축전문대학원 교수) |

2009. 12. 05

**정기세미나**

장소 : 푸르지오 밸리

주제 : 외국인 설계교수 주제발표

1. Eric D. Reeder(건국대 건축전문대학원 교수)
2. Peter W. Ferretto(서울대 교수)
3. Tomii Masanori(한양대 교수)

2010. 03. 13

**정기세미나**

장소 : 대한건축학회 세미나실(B2)

주제 : 설계스튜디오+$\alpha$ : 설계교수의 재료강의

1. 재료의 물성과 구법 / 성우철(단국대 교수)
2. 건축재료계획 / 김승회(서울대 교수)

2010. 05. 14

**세미나**

장소 : 푸르지오 밸리

주제1 : 한국건축설계시장의 현실과 전망

1. 건축설계산업의 현황과 미래 / 김진욱(건축도시공간연구소 부연구위원)
2. 건축사사무소운영 무엇이 문제인가? / 김용미(금성종합건축사사무소 소장)
3. BIM기반 통합설계업무에 따른 설계비 및 계약체결의 변화 / 이명식(동국대 교수)

토론 : 건축설계비 적정한가?

주제2 : Projective Architecture

한국현대건축에서의 Projective Architecture의 시각 / 남수현(명지대 교수)

토론 : 한국현대건축의 방향

2010. 09. 11

**정기세미나**

장소 : 대림주택문화관

주제 : 설계스튜디오+$\alpha$ Series II : 도시

1. 도시와 건축설계스튜디오 / 정재용(홍익대 교수)
2. 건축과 도시설계스튜디오 / 유석연(서울시립대 교수)

| | |
|---|---|
| 2011. 03. 26 | **정기세미나**<br>장소 : 경원대학교 비젼타워<br>주제 : 설계스튜디오+α Series III : 구조<br>1. 건축설계를 위한 구조교육의 역할 / 박선우(한예종 교수)<br>2. 설계스튜디오 사례발표; 한양대학교 / 서현(한양대 교수)<br>3. 경원대학교 비젼타워 소개 및 투어 / 심재호(J Partners Architects 대표) |
| 2011. 05. 18 | **세미나**<br>장소 : 부띠끄모나코 미술관<br>주제 : 경계상황<br>1. 도시 · 이념 · 경계 : 근대건축 이후 사라지는 이념과 현실의 경계 / 이종우 박사<br>2. 철학과 경계 : 차이와 경계 / 장용순(홍익대 교수) |
| 2011. 05. 18 | **정기세미나**<br>장소 : 동대문역사문화공원 홍보관<br>주제 : 설계스튜디오+α Series IV : 전통건축<br>1. 전통건축 설계교육의 필요성 / 김왕직(명지대 교수)<br>2. 전통건축과 설계교육_ 스튜디오 사례발표 / 김상태(한국전통문화대 교수) |
| 2012. 04. 07 | **창립 10주년 기념 연속세미나_ 열린 좌담회**<br>장소 : 홍익대학교 홍문관 세미나실(720호)<br>주제 : 2012 대한민국 건축설계교수의 자화상_ 시리즈 I : 건축설계교수와 설계작업, 연구, 봉사)<br>사회 : 이선영(서울시립대 교수)<br>토론 : 권문성(성균관대 교수), 이충기(서울시립대 교수), 장윤규(국민대 교수), 류호섭(동의대 교수), 김용승(한양대 교수), 유방근(경상대 교수), 이영범(경기대 교수) |

### (3) 도서발간

**건축의 경계를 넘어서 Architecture Beyond Boundary_ 교수건축가작품집 2002-2003**

발간일 : 2003년 6월 20일

발행사 : 문운당 출판사

**설계스튜디오 리뷰 01**

발간일 : 2003년 12월 20일

발행사 : 도서출판 대가

**건축설계의 현실을 넘어서 Architecture Design Boundary Beyond Reality_ 2004 교수건축가작품집**

발간일 : 2004년 5월 21일

발행사 : 도서출판 대가

**건축의 이미지를 넘어서 Architecture Beyond Image_ 2005 교수건축가작품집**

발간일 : 2005년 6월 10일

발행사 : 도서출판 대가

**도시와 지형학 Urban Topology_ 2006 건축설계교수 초대작품집**

발간일 : 2006년 6월 1일

발행사 : 도서출판 대가

**하우징 리뷰 성남판교 뉴타운/은평 뉴타운**

발간일 : 2007년 5월 31일

발행사 : (주)해인기획

**건축경관 Archiscape_ 2007 건축설계교수 작품집**

발간일 : 2007년 6월 9일

발행사 : 도서출판 대가

**공공건축 Ontology_ 2008 건축설계교수 작품집**

발간일 : 2008년 5월 15일

발행사 : 도서출판 대가

**ARCHIIDEA 2008 BIENNALE VLADIVOSTOK, RUSSIA**

발간일 : 2009년 4월 23일

발행사 : 시공문화사

**건축의 공공성-지속가능성 Sustainability_ 2009 건축설계교수 초대작품집**

발간일 : 2009년 5월 23일

발행사 : 도서출판 대가

**PUBLIC ARCHITECTURE_ 2010 건축설계교수 초대작품집**

발간일 : 2010년 5월 14일

발행사 : 도서출판 대가

**경계상황-BORDER CONDITION_ 2011 한국건축설계교수 초대작품집**

발간일 : 2011년 5월 16일

발행사 : 도서출판 대가

**한국건축설계교수회 회원명부**

발간일 : 2011년 5월 16일

## (4) 해외건축답사

| | |
|---|---|
| 2006. 08. 04~07 | 일본주거환경 견학- 타마, 세타가야 |
| 2007. 08.19~22 | 공공청사 건축 답사- 도쿄, 사이타마 일대 |
| 2008. 01.28~02. 08 | 북인도 건축 답사 |
| 2009. 07.14~21 | 북유럽 건축기행- 핀란드, 스웨덴, 노르웨이, 덴마크 |
| 2010. 07. 08~16 | 동 · 서유럽 건축기행- 체코, 헝가리, 오스트리아, 독일, 스위스 |

## 4. 역대 임원진

### 제1대 임원진

**회　　장** 이정만
**부 회 장** 이정근 김형우 이 영
**감　　사** 서기영 이정호
**총　　무** 서 현
**이　　사** 김낙중 김도식 김승제 김정곤 김혜정 김홍일 류전희 민선주
박항섭 심재현 여영호 오건수 윤재신 이강훈 이상호 이선영
이세준 이영수 이영한 이은석 이재훈 장림종 정진국 조대희
최재필 황태주

### 제2대 임원진

**회　　장** 김형우
**부 회 장** 이 영 김혜정 이영수
**감　　사** 고성룡 서기영
**총　　무** 황태주
**이　　사** 강대호 강미선 김광배 김낙중 김대익 김도식 김성홍 김승제
김홍일 민선주 서 현 신재억 심재현 여영호 오건수 우동주
이강훈 이관석 이선영 이은석 이재훈 이정호 이호정 임용민
임채진 장림종 정진국 조대희 최 일

### 제3대 임원진

**명예회장** 이정만 김형우
**회　　장** 이 영
**부 회 장** 김혜정 이영수 이재훈
**감　　사** 고성룡 이정호
**총　　무** 최동혁
**이　　사** 구본덕 구영민 권순정 김광배 김낙중 김대익 김도식 김동진

김동현 김소라 김우영 김준경 김홍일 남수현 류전희 류창수
민선주 민현준 박진호 서 현 성우철 신재억 심재현 여영호
오건수 유석연 윤재신 이강훈 이관석 이경훈 이상훈 이선영
이영한 이은석 이준석 이현호 이호정 장림종 정진국 정태용
조 한 최 일 최재필 최준성 황태주

## 제4대 임원진

**명예회장** 이정만 김형우 이 영
**회 장** 김혜정
**부 회 장** 고성룡 이영수 이재훈 이선영
**감 사** 최 일 김정곤
**총 무** 이명주
**이 사** 강대호 구본덕 구영민 권순정 김광배 김낙중 김도식 김동진
김소라 김승회 김우영 김준경 김진욱 김홍일 류전희 민현준
박창근 서 현 성우철 심재현 여영호 오건수 우신구 유현준
이강훈 이관석 이명식 이상진 이상훈 이영한 이윤희 이은석
이준석 이호정 전영훈 전진영 정진국 정태용 천의영 최동혁
최상헌 최준성 황태주

## 제5대 임원진

**명예회장** 이정만 김형우 이 영 김혜정
**회 장** 이영수
**부 회 장** 이재훈 이선영 정진국 구영민 황태주 고성룡
**감 사** 강대호 오건수
**총 무** 임영환
**이 사** 권순정 김도식 김동진 김소라 김정곤 김준경 김진모 김진욱
김호정 남수현 노승범 박상현 박진호 박창근 서 현 심재현
오준걸 유명희 유용현 유현준 이강훈 이명식 이명주 이상진
이용재 이윤희 이은석 전진영 정태용 천의영 최 일 최동혁
최준성 황희준

2012년 5월 10일 초판1쇄인쇄
2012년 5월 15일 초판1쇄발행

**기획**
한국건축설계교수회

| | |
|---|---|
| 회장 | 이영수(홍익대학교 건축대학 교수) |
| 전시작품 추천위원회 위원장 | 이정만(한양대학교 건축대학 교수) |
| 위원 | 김형우(홍익대학교 건축대학 교수) |
| | 이　영(경원대학교 건축학과 교수) |
| | 김혜정(명지대학교 건축대학 교수) |
| | 이영수(홍익대학교 건축대학 교수) |
| | 이재훈(단국대학교 건축대학 교수) |
| | 이선영(서울시립대 건축학부 교수) |
| | 정진국(한양대학교 건축대학 교수) |
| | 구영민(인하대학교 건축학과 교수) |
| | 황태주(서원대학교 건축학과 교수) |
| | 고성룡(경상대학교 건축학부 교수) |
| 전시위원회 위원장 | 구영민(인하대학교 건축학과 교수) |
| 위원 | 황희준(한양대학교 건축학과 교수) |
| | 김진모(광운대학교 건축학과 교수) |
| | 전유창(아주대학교 건축학부 교수) |
| | 정재희(홍익대학교 건축공학부 교수) |

**편집인**
이영수(홍익대학교 건축대학 교수)

**편집담당**
전유창(아주대학교 건축학부 교수)
정재희(홍익대학교 건축공학부 교수)

**발행인**
김호석

**발행사**
도서출판 대가
서울시 마포구 상수동 6-1 대한실업빌딩 301호
전화 : 02)305-0210, 팩스 : 02)305-0224
E-mail : dga1023@hanmail.net
Homepage : www.bookdeaga.com

등록번호 제311-47호
ISBN 978-89-6285-110-6　93610
정가 25,000원

**후원 :** 문화체육관광부 / 대한건축학회 / 한국건축가협회 / 대한건축사협회

**협력업체 :** (주)간삼파트너스, (주)공간그룹, (주)금성종합건축사사무소, (주)단우건축사사무소, (주)대우건설, (주)디엠피건축사사무소, (주)삼우종합건축사사무소, (주)원양건축사 사무소, (주)유선엔지니어링건축사사무소, (주)이가종합건축사사무소, (주)정림건축, (주)창조, (주)토문엔지니어링 건축사사무소, (주)해안건축, (주)행림종합건축사사무소, (주)DA그룹, (주)ITM Coperation, 대림산업(주) , 동부건설(주), 동우건축(주), 롯데건설(주), 무영건축, 삼성물산(주), 울트라 건설(주), 포스코건설(주), 현대건설, 희림건축, A&U건축사사무소, GS건설(주)(한글 가나다, 영문 순)

건축설계교수전시회 초대작품은 전시작품 추천위원회의 심사를 거친 작품입니다.